U0263021

文 明 之 路
数学史演讲录
(第二版)

林 寿 编著

科 学 出 版 社

北 京

内 容 简 介

本书是作者在宁德师范学院和闽南师范大学及国内部分中学、大学作数学史讲座的演讲录，按数学史的分期及学科的发展状况分为 14 讲，每讲 90 分钟，讲述了从数学的起源到 20 世纪数学发展的主流思想和重要成果. 它从一般公众的角度认识数学，以希望对"数学家做些什么"有所了解为出发点，阐述数学的发展历程，注重世界文明对数学发展的促进作用及数学发展对人类科技进步的影响，展现数学家丰富多彩的人生. 本书配有光盘，每讲均有多媒体课件，直观、生动、适用性强.

第三版对部分内容作了修正，充实了多媒体课件.

本书是福建省精品课程《数学史》的教材，可作为大学各专业"数学史"或"数学与文化"课程的参考书，也可供中学教师、数学工作者和一般的科学爱好者阅读使用. 中学生、大学生、数学爱好者或科技工作者都可从中了解到所需的知识.

图书在版编目(CIP)数据

文明之路：数学史演讲录/林寿编著. —2 版. —北京：科学出版社，2012

ISBN 978-7-03-035560-7

Ⅰ. ①文⋯ Ⅱ. ①林⋯ Ⅲ. ①数学史–普及读物 Ⅳ. ①O11–49

中国版本图书馆 CIP 数据核字(2012) 第 217039 号

责任编辑：王丽平 唐保军 / 责任校对：张怡君
责任印制：吴兆东 / 封面设计：陈 敬

科 学 出 版 社 出版
北京东黄城根北街 16 号
邮政编码：100717
http://www.sciencep.com

北京凌奇印刷有限责任公司 印刷
科学出版社发行 各地新华书店经销
*
2010 年 1 月第 一 版 开本：B5(720 × 1000)
2012 年 9 月第 二 版 印张：13 1/4
2022 年 2 月第九次印刷 字数：262 000

定价：55.00 元（附光盘）
(如有印装质量问题，我社负责调换)

目　录

引　言

1. 学习数学史对于了解数学与文化的作用

数学史研究数学概念、数学方法和数学思想的起源与发展及数学与社会、经济和一般文化的联系. 无论对于深刻认识作为科学的数学本身, 还是全面了解整个人类文明的发展都具有重要意义[1].

庞加莱 (法, 1854 ~ 1912 年): "如果我们想要预见数学的将来, 适当的途径是研究这门科学的历史和现状."

萨顿 (比利时–美, 1884 ~ 1956 年): "学习数学史倒不一定产生更出色的数学家, 但它产生更温雅的数学家, 学习数学史能丰富他们的思想, 抚慰他们的心灵, 并且培养他们的高雅品质."

萨顿, 1911 年在比利时根特大学获得数学博士学位, 号称 "科学史之父" 是当之无愧的, 因为科学史在他手中终于成为一门独立的学科. 1955 年, 美国科学史学会以萨顿的名字设立了科学史最高奖 (图片[1]), 并把第一枚奖章授予他本人, 说明国际科学史界对他的承认与崇敬.

数学史的分期方法很多[1 ~ 5], 我们采用下述分法:

(1) 数学的起源与早期发展 (公元前 6 世纪前).

(2) 初等数学时期 (公元前 6 世纪 ~ 公元 17 世纪中叶).

(3) 近代数学时期 (17 世纪中叶 ~ 19 世纪末).

(4) 现代数学时期 (19 世纪末至今).

---

[1]图片指所附的光盘中有相应的图片, 下同.

    科学史要追究的不只是谁在何时提出了什么, 更要理解每一个科学进展的时代背景和思想前提. 数学史背后蕴含着的观念变迁是科学发展的一条线索. 本演讲涉及处于数学中心区发展的主要成就, 介绍 100 多位著名数学家的工作及其重要著作, 各个历史时期中国数学的状况, 在传统的几何、代数、三角基础上发展起来的近代数学的主要成就: 解析几何与微积分学及近现代数学分支, 如射影几何、非欧几何、微分几何、复变函数论、微分方程、动力系统、变分法、实变函数论、数论、布尔代数、逻辑代数、数理逻辑、抽象代数、集合论、图论、拓扑学、概率论等. 同时, 涉及促进数学发展的相关学科, 如力学、物理学、天文学的近代发展.

    数学是一种文化. 我们简要论及文明背景 (古代埃及、古代巴比伦、古代印度、古代中国、古代希腊简史)、帝国兴衰 (马其顿帝国、罗马帝国、阿拉伯帝国、拜占庭帝国、神圣罗马帝国、波旁王朝、哈布斯堡王朝、普鲁士王国、奥匈帝国)、宗教特色 (婆罗门教、印度教、犹太教、基督教、天主教、伊斯兰教、佛教)、社会变革 (百年翻译运动、十字军东征、欧洲翻译运动、文艺复兴运动、宗教改革运动、哥白尼革命、英国资产阶级革命、法国启蒙运动、法国大革命、欧洲 1848 年革命、日本明治维新) 等.

    数学史家汉克尔 (德, 1839 ~ 1873 年) 形象地指出过数学和其他自然科学的显著差异: "在大多数的学科里, 一代人的建筑为下一代人所摧毁, 一个人的创造被另一个人所破坏. 唯独数学, 每一代人都在古老的大厦上添砖加瓦." [1]

2. 演讲工作安排

    哈尔莫斯 (匈–美, 1916 ~ 2006 年): "一个公开的演讲就应该简单而且初等, 它应该不是复杂的和技术性的." [2]

    本演讲按数学史的分期及学科的发展, 分 14 讲, 每讲约 90 分钟.

第 1 讲: 数学的起源与早期发展.

第 2 讲: 古代希腊数学.

第 3 讲: 秦至元朝的中国数学.

第 4 讲: 中世纪的印度、阿拉伯与欧洲数学.

第 5 讲: 文艺复兴时期的数学.

第 6 讲: 牛顿时代: 解析几何与微积分的创立.

第 7 讲: 18 世纪的数学: 分析时代.

第 8 讲: 19 世纪的代数.

第 9 讲: 19 世纪的几何.

---

[2] J. Ewing. Paul Halmos: 他的原话. 数学译林, 2009, 28(2): 150.

第1讲

数学的起源与早期发展

下面开始第1讲: 数学的起源与早期发展, 主要内容: 数与形概念的产生、河谷文明与早期数学, 包括秦以前的中国数学.

1.1 数与形概念的产生

数学思想萌芽于漫长的历史进程中. 所有文明均对数学的进步作出了贡献, 促进了数学的普遍性, 而可追溯至非洲旧石器时代晚期的伊尚戈骨, 可能是人类最早的数学表达[1]. 从原始的 "数" (shǔ) 到抽象的 "数" (shù) 的概念的形成, 是一个缓慢、渐进的过程. 人类从生产活动中认识到了具体的数, 导致了计数法. "屈指可数" 表明人类计数最原始、最方便的工具是手指.

例如, "手指计数" (邮票: 伊朗, 1966)[2]、"结绳计数" (邮票: 秘鲁, 1972)、"文字 5000 年" (邮票: 伊拉克, 2001)、"西安半坡遗址出土的陶器残片" (距今六七千年) (图片)、"$1+1=2$" (邮票: 尼加拉瓜, 1971).

"早期计数系统" (图片[6]), 如古埃及象形数字 (公元前 3400 年左右)、古巴比

---

[1] 联合国教科文组织第 40C/30 号决议. 伊尚戈骨发现于非洲乌干达与扎伊尔交界处的伊尚戈村, 骨头上面的刻符为公元前 8500 年左右的作品.

[2] 邮票指所附的光盘中有主题 "手指计数" 的邮票, 于 1966 年由伊朗发行, 下同.

伦楔形数字 (公元前 2400 年左右)、中国甲骨文数字 (公元前 1600 年左右)、古希腊阿提卡数字 (公元前 500 年左右)、古印度婆罗门数字 (公元前 300 年左右)、玛雅数字 (公元 3 世纪) 等.

世界上不同年代出现了五花八门的进位制和眼花缭乱的计数符号体系, 足以证明数学起源的多元性和数学符号的多样性.

1.2 河谷文明与早期数学

介绍早期的古代埃及数学、古代巴比伦数学、古代印度数学和古代中国数学.

1.2.1 古代埃及的数学

背景: 古代埃及简况.

图片 "古代埃及地图".

古希腊历史学家希罗多德 (约公元前 484 ~ 前 425 年) 曾说: "埃及是尼罗河的赠礼." 古代埃及人凭借尼罗河的沃土, 创造了自己灿烂的文明. 埃及文明上溯到距今 6000 年左右, 从公元前 3500 年左右开始出现一些小国家, 公元前 3100 年左右开始出现初步统一的国家.

古代埃及可以分为 5 个大的历史时期: 早期王国时期 (公元前 3100 ~ 前 2686 年)、古王国时期 (公元前 2686 ~ 前 2181 年)、中王国时期 (公元前 2133 ~ 前 1786 年)、新王国时期 (公元前 1567 ~ 前 1086 年)、后期王国时期 (公元前 1085 ~ 前 332 年).

(1) 古王国时期: 公元前 2686 ~ 前 2181 年. 埃及第一个繁荣而伟大的时代, 开始建造金字塔.

(2) 新王国时期: 公元前 1567 ~ 前 1086 年. 埃及进入极盛时期, 建立了地跨亚、非两洲的大帝国.

直到公元前 332 年, 马其顿亚历山大大帝征服埃及为止.

埃及人创造了连续 3000 多年的辉煌历史, 建立了国家, 有了相当发达的农业和手工业, 发明了铜器, 创造了文字 (象形文字), 掌握了较高的天文学和几何学知识, 建造了巍峨宏伟的神庙和金字塔.

例如, "吉萨金字塔" (邮票: 刚果, 1978) 建于公元前 2600 年, 它显示了埃及人极其精确的测量能力, 其中它的边长和高度的比例约为圆周率的一半. 古埃及留下的数学文献极少, 金字塔作为现存的活文献 (图片), 却给后人留下许多数学之谜.

古埃及最重要的传世数学文献是 "纸草书", 来自现实生活的数学问题集[7].

《莱茵德纸草书》(图片). 1858 年, 苏格兰收藏家莱茵德 (1833 ~ 1863 年) 购得, 现藏伦敦大英博物馆, 主体部分由 85 个数学问题组成, 其中还有历史上第一个尝试 "化圆为方" 的公式.

《莫斯科纸草书》(图片). 1893 年, 俄国贵族戈列尼雪夫 (1856 ~ 1947 年) 购得, 现藏莫斯科普希金精细艺术博物馆, 包含了 25 个数学问题.

《埃及纸草书》(邮票: 民主德国, 1981).

数学贡献: 记数制, 基本的算术运算, 分数运算, 一次方程, 正方形、矩形、等腰梯形等图形的面积公式, 近似的圆面积, 锥体体积等. 其中, 正四棱台体积计算公式, 用现在的符号表示是 $V = h(a^2 + ab + b^2)/3$, 这是埃及几何中最为出色的成就之一[8].

《莱茵德纸草书》的第 56 题: 金字塔的计算方法. "360 为底, 250 为高. 请让我知道它的倾角."

公元前 4 世纪, 希腊人征服埃及以后, 这一古老的数学完全被蒸蒸日上的希腊数学所取代.

1.2.2　古代巴比伦的数学

背景: 古代巴比伦简况.

图片 "古代巴比伦地图".

两河流域 (美索不达米亚, 希腊文的含意是河流之间) 文明上溯到距今 6000 年之前[3], 几乎和埃及人同时发明了文字 —— "楔形文字".

(1) 古巴比伦王国: 公元前 1894 ~ 前 729 年. 汉谟拉比 (公元前 1792 ~ 前 1750 年在位) 统一了两河流域, 建成了一个强盛的中央集权帝国, 颁布了著名的《汉谟拉比法典》(图片).

(2) 亚述帝国: 公元前 8 世纪 ~ 前 612 年, 建都尼尼微 (今伊拉克的摩苏尔市).

(3) 新巴比伦王国: 公元前 612 ~ 前 538 年. 尼布甲尼撒二世 (公元前 604 ~ 前 562 年在位) 统治时期达到极盛, 先后两次攻陷耶路撒冷, 建成世界古代七大奇观之一的巴比伦 "空中花园"[4].

公元前 6 世纪中叶, 波斯国家逐渐兴起, 并于公元前 538 年灭亡了新巴比伦王国.

---

[3] "巴比伦文明" 的名称并不确切, 只是一种习惯的说法, 因为巴比伦城最初不是, 后来也不总是两河流域文化的中心.

[4] 世界古代七大奇观指埃及胡夫金字塔、巴比伦空中花园、阿尔忒弥斯神庙、摩索拉斯基陵墓、奥林匹亚宙斯神像、亚历山大灯塔、罗德岛太阳神巨像. 记录者古希腊哲学家费隆 · 拜占廷说过: "心眼所见, 永难磨灭."

古代美索不达米亚文明的主要传世文献是 "泥板" [1]. 迄今已有约 50 万块泥板出土, 如 "巴比伦泥板和彗星" (邮票: 不丹, 1986).

现存泥板文书中, 有 300 多块是数学文献 (邮票 "苏美尔计数泥板": 文达, 1982). 它们是以六十进制为主的楔形文记数系统, 表明古巴比伦人长于计算, 已知勾股数组, 发展程序化算法的熟练技巧 (开方根), 能处理 3 项 2 次方程, 有 3 次方程的例子, 三角形、梯形的面积公式, 棱柱、方锥的体积公式. 此外, 把圆周分成 360 等份, 也是古巴比伦人的贡献.

"泥板楔形文"、"普林顿 322 号" (图片). 现存美国哥伦比亚大学图书馆, 年代在公元前 1600 年以前. 1945 年, 考古学家成功解释了此数学泥板, 数论意义为整勾股数 [7].

1.2.3　吠陀时代的印度数学

背景: 古代印度简况.

图片 "印度地图".

古代印度位于亚洲南部次大陆, 包括今天印度河与恒河流域的印度、巴基斯坦、孟加拉、尼泊尔、斯里兰卡、不丹、锡金等国. 印度古文明的历史可追溯到公元前 3000 年左右. 雅利安人 (梵文: 高贵的、土地所有者) 大约在公元前 20 世纪中叶出现在印度西北部, 逐渐向南扩张, 征服了土著居民达罗毗荼人, 影响逐渐扩散到整个印度. 在到达以后的第一个千年里, 雅利安人建立了吠陀 (梵文: 知识、光明) 教, 创造了梵文, 在印度创立了更为持久的文明. 古代印度的文化便是根植于吠陀教和梵语之上.

史前时期: 公元前 2300 年前. 公元前 2500 年前后, 先民开始使用文字.

哈拉帕文化 (1922 年印度哈拉帕地区发掘发现): 公元前 2300 ~ 前 1750 年. 印度河流域出现早期国家. 哈拉帕文化的分布中心在印度河流域, 故又称印度河文明.

吠陀时代: 公元前 1500 ~ 前 600 年. 印度文明的中心渐次由西向东推进到恒河流域, 后雅利安人侵入印度并形成国家, 婆罗门教产生.

列国时代: 公元前 6 ~ 前 4 世纪. 摩揭陀国在恒河流域中部称霸, 开始走上统一北印度的道路, 佛教产生.

帝国时代: 公元前 4 ~ 公元 4 世纪, 从孔雀王朝 (公元前 324 ~ 前 187 年) 到贵霜帝国 (公元 45 ~ 375 年).

印度历史上曾出现过多个强盛的王朝, 如孔雀王朝、笈多王朝 (公元 320 ~ 540 年). 但总体而言, 整个古代和中世纪, 富庶的南亚次大陆几乎不断地处于外族的侵扰之下, 所以古代印度文化不可避免地呈现出多元复杂的背景, 最显著的特色是其宗教性.

印度的宗教主要是婆罗门教、印度教. 梵天是婆罗门教、印度教的创造神 (图片).

婆罗门教是印度古代宗教之一, 起源于公元前 20 世纪的吠陀教, 形成于公元前 7 世纪. 公元前 6 ～ 公元 4 世纪是婆罗门教的鼎盛时期. 公元 4 世纪以后, 由于佛教和耆那 (梵文: 胜利者、征服者) 教的发展, 婆罗门教开始衰弱. 公元 8、9 世纪, 婆罗门教吸收了佛教和耆那教的一些教义, 结合印度民间的信仰, 经商羯罗 (788 ～ 820 年) 改革, 逐渐发展成为印度教.

印度教与婆罗门教没有本质上的区别, 其教义基本相同, 都信奉梵天、毗湿奴、湿婆三大神, 主张善恶有报、人生轮回. 轮回的形态取决于现世的行为, 只有达到 "梵我同一" 方可获得解脱, 修成正果.

在这样复杂的历史与宗教条件下, 古印度科学的发展在各个时期不同程度地受到抑制, 但自古以来数学却始终受到重视.

早期印度数学分为达罗毗荼人时期或河谷文化时期 (约公元前 3000 ～ 前 1400 年) 和吠陀时期 (约公元前 10 ～ 前 3 世纪) [1].

"《吠陀》手稿" (邮票: 毛里求斯, 1980).

《吠陀》是印度雅利安人的作品, 成书于公元前 15 ～ 前 5 世纪, 历时 1000 年左右, 是婆罗门教的经典. 《吠陀》最初由祭司口头传诵, 后来记录在棕榈叶或树皮上. 虽然大部分已经失传, 但幸运的是, 残留的《吠陀》中也有论及庙宇、祭坛的设计与测量的部分 ——《测绳的法规》, 即《绳法经》(公元前 8 ～ 前 2 世纪). 这是印度最早的数学文献, 包含几何、代数知识, 如毕达哥拉斯定理, 给出 $\sqrt{2}$ 相当精确的值, 圆周率的近似值等.

《绳法经》中记载了 [1]

$$\sqrt{2} = 1 + \frac{1}{3} + \frac{1}{3 \times 4} - \frac{1}{3 \times 4 \times 34} \approx 1.414215686,$$

精确到小数点后 5 位,

$$\pi = 4 \left(1 - \frac{1}{8} + \frac{1}{8 \times 29} - \frac{1}{8 \times 29 \times 6} + \frac{1}{8 \times 29 \times 6 \times 8} \right)^2 \approx 3.0883.$$

佛教是古印度的迦毗罗卫国 (今尼泊尔境内) 王子乔达摩·悉达多 (公元前 565 ～ 前 486 年) 所创. 因其父为释迦族, 得道后被尊称为释迦牟尼, 即 "释迦族的圣人", 门徒称他为佛.

阿育王 (约公元前 268 ~ 前 232 年在位) 被认为是印度历史上最伟大的君主, 印度第一个信奉佛教的君主, 毕生致力于佛教的宣扬和传播, 是释迦牟尼之后使佛教成为世界性宗教的第一人 (邮票 "阿育王狮形柱头": 印度, 1947).

"阿育王石柱" (邮票: 尼泊尔, 1996) 记录了现在阿拉伯数码的最早形态.

公元前 2 世纪至公元 3 世纪的印度数学, 可参考的资料主要是 1881 年发现的书写在白桦树皮上的 "巴克沙利手稿" (图片)[5], 其数学内容十分丰富, 涉及分数、平方根、数列、收支与利润计算、比例算法、级数求和、代数方程等, 出现了完整的十进制数码, 其中用 "•" (点) 表示 0, 后来逐渐演变为现在通用的 "0". 这一过程至迟于公元 9 世纪完成, 因为在公元 876 年, 人们在印度的瓜廖尔 (位处恒河平原至温德亚山区天然走廊中, 今印度中央邦西北部城市) 发现了一块刻有 "270" 数字的石碑 (图片). "0" 的出现是印度数学的一大发明[6].

1.2.4　秦以前的中国数学

中华文化的发展, 波澜壮阔, 几千年绵延不断. 黄河的沃土造就了华夏文化, 数学是华夏文明的重要组成部分.

"黄河壶口瀑布" (邮票: 中, 2002).

《史记 · 夏本纪》(图片) 中提到, 大禹治水 (公元前 21 世纪) 时 "左规矩, 右准绳", 表明使用了规、矩、准、绳等作图和测量工具, 而且知道 "勾三股四弦五".

尽管夏、商、周三代没有任何数学著作流传, 但考古学的成就, 说明了中国数学的起源与早期发展.

1952 年在陕西省西安半坡村出土的, 距今六七千年的陶器上刻画的符号中, 有一些就是表示数字的符号. 在河南省安阳殷墟出土的商代甲骨文中, 有一些是记录数字的文字, 表明古代中国已经使用了完整的十进制计数, 包括从一至十, 以及百、千、万, 最大的数字为三万.

"殷墟甲骨上的数字" (商代, 公元前 1400 ~ 前 1100 年) (图片, 1983 ~ 1984 年间河南安阳出土).

算筹是中国古代的计算工具, 它的起源大约可上溯到公元前 5 世纪, 后来写在纸上便成为筹算计数法[7]. 从春秋末期起一直到元末, 中国数学的主要计算工具是算筹. 至迟到春秋战国时代, 就开始出现严格的十进位制筹算计数 (约公元前 300 年) [9]. 怎样用算筹计数呢? 公元 400 年前后成书的《孙子算经》记载: "凡算之法, 先识其位, 一纵十横, 百立千僵, 千十相望, 万百相当."

---

[5]巴克沙利当时和古代大部分时间属于印度, 位于今天巴基斯坦西北部距离白沙瓦约 80 公里处的一座村庄.

[6]零号的真正来源至今仍是数学史上的待解之谜. 事实上, 瓜廖尔石碑并不是载有圆圈零号的最早文物. 在柬埔寨境内已发现有公元 683 年的石碑, 其上的纪年数字 (605) 已使用了圆圈零号 [1].

[7]"运筹帷幄, 决胜千里" 出自《史记 · 高祖本纪》, 这里的筹指算筹.

"算筹" (图片, 1971 年陕西千阳县西汉墓出土).

中国传统数学的最大特点在于它是以筹算为基础建立的数学体系[8]. 这是中国传统数学对人类文明的特殊贡献, 与西方及印度、阿拉伯数学是明显不同的.

我国是世界上首先发现和认识负数的国家[10]. 战国时李悝 (约公元前 455 ~ 前 395 年) 曾任魏文侯相, 在我国第一部比较完整的法典《法经》(现已失传) 中已应用了负数, "衣五人终岁用千五百不足四百五十", 意思是说, 5 个人一年开支 1500 钱, 差 450 钱. 甘肃居延海附近 (今甘肃省张掖市管领) 发现的汉简中有 "负四筭 (suàn, 筹码, 同算), 得七筭, 相除得三筭" 的句子.

在 2002 年中国考古发现报告会上, 介绍了继秦始皇陵兵马俑坑之后秦代考古的又一重大发现: 湖南龙山里耶战国–秦汉时期城址及秦代简牍 (图片). 2002 年 7 月, 考古人员在湖南龙山里耶战国–秦汉古城出土了 36000 余枚秦简 (图片), 记录的是秦始皇二十六年至三十七年 (公元前 221 ~ 前 210 年) 的秦朝历史, 其中有一份完整的 "九九乘法口诀表" (图片): 自 "九九八十一" 始, 到 "二二四" 止. 在《管子》、《荀子》、《战国策》等先秦典籍中, 都提到过 "九九", 但这是所发现的实物中年代最早的, 同时也是我国有文字记录最早的乘法口诀表 (邮票 "里耶秦简": 中国, 2012). 直到南宋 (1127 ~ 1279 年) 时期才改为现在形式的 "九九表".

宋朝理学家邵康节 (1011 ~ 1077 年, 中国占卜界的主要代表人物) 写了一首数字诗《山村咏怀》, 描绘像花园一样美丽的地方, 一幅朴实自然的乡村风俗画, 宛如一幅淡雅的水墨画 (图片):

> 一去二三里, 烟村四五家.
> 亭台六七座, 八九十枝花.

提问与讨论题、思考题

1.1 数学是什么?

1.2 数学史的分期.

1.3 简述古埃及最重要的传世数学文献.

1.4 古埃及 "金字塔" 的数学之谜.

1.5 简述古巴比伦最重要的传世数学文献.

1.6 简述古印度吠陀时期最重要的传世数学文献.

---

[8]为了避免涂改, 在唐代以后, 我国创用了一种商业大写数字, 又叫会计体: 壹、贰、叁、肆、伍、陆、柒、捌、玖、拾、佰、仟、万.

1.7 简述早期数学时期古代中国对人类数学的一些重要贡献.

1.8 从数学的起源简述人类活动对文化发展的贡献.

1.9 数字崇拜与数字忌讳.

1.10 数的概念的发展给我们的启示.

1.11 谈谈您的理解: 数学是什么?

1.12 您对 "数学史演讲" 的一些期望.

第 2 讲

古代希腊数学

主要内容: 论证数学的发端、亚历山大学派、古希腊数学的衰落, 简述 11 位哲学家或科学家的数学工作.

恩格斯 (德, 1820 ~ 1895 年): "没有希腊的文化和罗马帝国所奠定的基础, 也就没有现代的欧洲."[1]

外尔 (德, 1885 ~ 1955 年): "如果不知道远溯古希腊各代前辈所建立和发展的概念、方法和结果, 我们就不可能理解近 50 年来数学的目标, 也不可能理解它的成就."[2]

背景: 古希腊的变迁.

图片 "古希腊地图".

古希腊的历史分为希腊时期和希腊化时期.

希腊时期 (公元前 11 世纪 ~ 前 4 世纪末).

公元前 11 世纪 ~ 前 6 世纪, 其中公元前 11 世纪 ~ 前 9 世纪希腊各部落进入爱琴地区, 公元前 9 世纪 ~ 前 6 世纪希腊各城邦先后形成. 公元前 776 年, 召开了第 1 次奥林匹克运动会, 标志着古希腊文明进入了兴盛时期. 希波战争 (公元前 499 ~ 前 449 年) 以后, 雅典成为希腊的霸主.

[1]《马克思恩格斯选集》第 3 卷, 人民出版社, 1972 年, 220 页.
[2]H. Weyl. A half-century of mathematics. Amer. Math. Monthly, 1951, 58(8): 523 ~ 553.

公元前 6 世纪 ~ 前 4 世纪末. 伯罗奔尼撒战争 (公元前 431 ~ 前 404 年), 不久希腊各城邦陷入混战之中.

马其顿帝国: 公元前 6 世纪 ~ 前 323 年. 马其顿位于希腊的北部, 处于希腊文明的边缘. 公元前 4 世纪起, 马其顿逐渐成为希腊北部的重要国家. 正当希腊的各城邦经历将近 100 年的内战而精疲力竭时, 马其顿的菲利普二世 (公元前 359 ~ 前 336 年在位) 把整个希腊统一于其统治之下. 公元前 337 年, 希腊各城邦承认马其顿的霸主地位. 公元前 334 年, 亚历山大 (公元前 336 ~ 前 323 年在位) 率大军渡海东征, 拉开了征服世界的序幕. 亚历山大先后从波斯人手中夺取了叙利亚和埃及, 攻下巴比伦, 波斯帝国灭亡. 公元前 323 年, 亚历山大病死, 庞大的帝国随之分裂, 古希腊历史结束. 但在帝国扩张的过程中将希腊文明传播至东方, 史称希腊化时期或泛希腊时期 (公元前 4 世纪末 ~ 前 30 年).

古典希腊结束后的希腊数学称为亚历山大时期的数学.

亚历山大前期: 公元前 4 世纪末 ~ 前 30 年. 公元前 48 ~ 前 30 年, 罗马人占领埃及, 埃及托勒密王朝末代女王克利奥帕特拉七世 (即通常所说的 "埃及艳后", 公元前 70/69 ~ 前 30 年) 自杀身亡.

亚历山大后期: 公元前 30 ~ 公元 640 年. 公元 640 年, 阿拉伯人焚毁亚历山大城藏书.

罗马帝国: 公元前 27 ~ 公元 395 年. 公元 330 年, 君士坦丁大帝 (306 ~ 337 年在位) 迁都拜占庭 (现土耳其伊斯坦布尔). 公元 395 年, 罗马帝国分裂. 西罗马帝国: 公元 395 ~ 476 年, 被日尔曼人所灭. 东罗马帝国: 公元 395 ~ 1453 年, 后人称为拜占庭帝国, 后被奥斯曼土耳其人所灭.

希腊文明最辉煌的时期大致对应于中国百家争鸣的春秋战国时期.

本讲分 3 节介绍: 古典希腊时期的数学、亚历山大前期的数学、希腊数学的衰落.

2.1 古典希腊时期的数学

公元前 600 ~ 前 300 年.

2.1.1 爱奥尼亚学派 (米利都学派)

泰勒斯 (约公元前 625 ~ 约前 547 年) (图片), 生于爱奥尼亚的米利都城, 早年经商, 游历过埃及、巴比伦, 被称为 "希腊哲学、科学之父" (邮票: 希腊, 1994).

哲学思想: 万物源于水, 即 "水生万物, 万物复归于水". 其思想的影响是巨大的, 在他的带动下, 人们开始摆脱神的束缚, 去探索宇宙的奥秘, 经过数百年的努力, 出现了希腊科学的繁荣. 泰勒斯首创之功, 不可磨灭.

数学贡献: 泰勒斯开创数学命题之逻辑证明, 他是希腊几何学的鼻祖, 是最早留名于世的数学家. 他证明了一些几何命题, 如 "圆的直径将圆分为两个相等的部分", "等腰三角形两底角相等", "两相交直线形成的对顶角相等", "如果一个三角形有两角、一边分别与另一个三角形的对应角、边相等, 那么这两个三角形全等", "半圆上的圆周角是直角" (泰勒斯定理), 测量过金字塔的高度, 预报了公元前 585 年的一次日食 (图片)[3].

泰勒斯墓碑: "他是一位圣贤, 又是一位天文学家, 在日月星辰的王国里, 他顶天立地、万古流芳."

2.1.2 毕达哥拉斯学派

毕达哥拉斯 (约公元前 560 ~ 约前 480 年) (邮票: 圣马力诺, 1983), 古典希腊时期最著名的数学家, 生于小亚细亚的萨摩斯岛, 曾师从爱奥尼亚学派, 年轻时曾游历埃及和巴比伦, 在克罗托内 (今意大利半岛南端) 建立了具有宗教、哲学、科学性质的学派, 致力于哲学和数学的研究. 毕达哥拉斯学派繁荣兴旺达一个世纪以上. 毕达哥拉斯与中国的孔子 (公元前 551 ~ 前 479 年) 同时.

哲学 ($\varphi\iota\lambda o\sigma o\varphi\iota\alpha$, 智力爱好) 思想: 万物皆为数. 没有数人们既不可能表达、也不可能理解任何事物, 宣称宇宙万物的主宰者用数来统御宇宙, 试图通过揭示数的奥秘来探索宇宙永恒的真理. 毕达哥拉斯学派著名的科学成就是按照整数之比来解释音乐的和声结构[12].

数学贡献: 数学研究抽象概念的认识归功于毕达哥拉斯学派. 该学派创造了词 "$\mu\alpha\theta\eta\mu\alpha\tau\iota\chi\alpha$" (可学到的知识), 证明了 (图片) "毕达哥拉斯定理" (邮票: 希腊, 1955)[4], 对自然数的性质给予极大关注, 如完全数 (等于除它本身以外的全部因子之和, 如 $6, 28, 496, \cdots$)、亲和数 (一对数, 其中每一个数除它本身以外的所有因子之和是另一个数, 如 220 与 284), 正五角星作图 (图片) 与 "黄金分割" (正五角星是该学派的标志, 正五角星相邻两个顶点的距离与其边长之比, 或简单说正五边形边长与其对角线之比, 正好是黄金比)[5], 发现了 "不可公度量" (现称为无理数), 困惑古希腊的数学家, 出现的逻辑困难史称 "第 1 次数学危机". 由于整数的尊崇地位受到挑战, 于是几何学开始在希腊数学中占有统治地位, 同时也反映出

---
[3]《诗经》中记载了发生在公元前 776 年 9 月 6 日的一次日食:"十月之交, 朔日辛卯, 日有食之." 这是世界上最早的可靠日食记载[11].
[4]古埃及人、古巴比伦人、古代印度人和中国人早已知道这个定理的特殊情况, 不过只有古希腊人最早以一般的形式给予证明. 关于该定理的种种证明, 见: 李迈新. 挑战思维极限: 勾股定理的 365 种证明. 清华大学出版社, 2016.
[5]"黄金分割" 这一术语在毕达哥拉斯学派之后两千多年才启用, 它首先出现在德国数学家欧姆 (1792 ~ 1872 年) 的著作《纯粹初等数学》(第 2 版, 1835) 中.

推理与证明才是可靠的.

　　毕达哥拉斯学派在政治上倾向于贵族制, 在希腊民主力量高涨时期受到冲击并逐渐解体. 希波战争 (公元前 499 ~ 前 449 年) 以后, 雅典成为希腊民主政治与经济文化的中心, 希腊数学也随之走向繁荣, 可谓哲学盛行、学派林立、名家辈出.

　　雅典古卫城最宏伟、最精美、最著名的建筑是为敬奉城市庇护女神雅典娜建造的 "帕提农神庙" (也称 "巴台农神庙", 建造于公元前 447 ~ 前 432 年) (图片; 邮票: 中, 2004), 其中应用了一些数学原理.

　　雅典时期: 开创演绎数学. 希腊人一枝独秀, 提出知识的本质是非经验的, 从而发展出独具特色的演绎科学[13].

　　图片 "掷铁饼者" (米隆, 约公元前 450 年).

2.1.3　伊利亚学派

　　芝诺 (约公元前 490 ~ 约前 425 年) (图片), 生于意大利南部半岛的伊利亚城邦, 是毕达哥拉斯学派成员的学生.

　　芝诺悖论 1: 两分法, 即运动不存在. 事物在达到目的地之前必须先抵达一半处, 即不可能在有限的时间内通过无限多个点, 所以, 如果它启动了, 它永远不了终点, 或者, 它根本启动不了.

　　芝诺悖论 2: 阿基里斯追不上乌龟 (图片). 阿基里斯是荷马史诗《伊利亚特》中的希腊名将, 善跑. 若乌龟的起跑点领先一段距离, 阿基里斯必须首先跑到乌龟的出发点, 而在这段时间里乌龟又向前爬过一段距离, 如此直至无穷.

　　芝诺悖论 3: 飞矢不动 (图片). 飞着的箭是静止的, 因为它在每一个瞬间都占有一个特定位置, 在此位置它是不动的, 无限不动瞬间总和还是不动.

　　芝诺悖论 4: 运动场. 时间和空间不能由不可分割的单元组成. 假设不然, 运动场跑道上排列 3 队 A, B, C, 令 C 往右移, A 往左移, 其速度相对于 B 而言都是每瞬间移动一个点. 这时, A 上的点就在每瞬间离开 C 两个点的距离, 因而必存在一更小的时间单元.

　　芝诺的功绩在于把动和静的关系、无限和有限的关系、连续和离散的关系以非数学的形态提出, 并进行了辩证的考察.

2.1.4　诡辩学派 (智人学派)

　　第 1 次数学危机后, 几何的地位逐渐上升, 最终成为希腊数学的主力学科. 诡辩学派活跃于公元前 5 世纪下半叶的雅典城, 代表人物均以雄辩著称. 诡辩的希腊原词含智慧之意, 故也称 "智人学派". 该学派的著名之作是深入研究了尺规作图的三大问题 (图片)[7]: 三等分角 (三等分任意角)、化圆为方 (作一正方形其面积为已知圆的面积)、倍立方体 (作一立方体其体积为已知立方体体积的 2 倍). 一些问题起因于祭坛的设计与建造.

安蒂丰 (约公元前 480 ~ 前 411 年) 是智人学派的代表人物, 其生平至今没有确切的定论, 只知他在雅典从事学术活动, 在数学方面的突出成就是用 “穷竭法” 讨论化圆为方问题 (图片). 他从一个圆内接正方形出发, 将边数逐步加倍到正 8 边形、正 16 边形 ····· 持续重复这一过程, 随着圆面积的逐渐穷竭, 将得到一个边长极微小的圆内接正多边形. 安蒂丰认为这个内接正多边形将与圆重合. 既然通常能够作出一个等于任何已知多边形的正方形, 那么就能作出等于一个圆的正方形. 这种推理当然没有真正解决化圆为方问题, 但安蒂丰却因此成为古希腊 “穷竭法” 的始祖, 孕育着近代极限论的思想.

希腊人对三大作图问题的所有解答都无法严格遵守尺规作图的限制. 这三大作图问题的提出, 讨论了 2000 多年, 其魅力经久不衰, 耗费了许多数学家的聪明才智, 甚至是毕生的精力. 直到 19 世纪, 数学家们才弄清了这三大问题实际上是不可解的. 1837 年, 旺策尔 (法, 1814 ~ 1848 年) 给出三等分角和倍立方体问题都是尺规作图不可能问题的证明. 1882 年, 林德曼 (德, 1852 ~ 1939 年) (图片) 证明了数 π 的超越性, 确立了尺规化圆为方的不可能性.

2.1.5 柏拉图学派

柏拉图 (公元前 427 ~ 前 347 年) (邮票: 希腊, 1998), 生于雅典的显贵世家, 曾师从毕达哥拉斯学派, 是哲学家苏格拉底 (公元前 469 ~ 前 399 年) 的学生. 作为一名哲学家, 柏拉图对于欧洲的哲学乃至整个文化的发展, 有着深远的影响, 特别是他的认识论、数学哲学和数学教育思想. 在古代希腊社会条件下, 对于科学的形成和数学的发展, 柏拉图起了不可磨灭的推进作用. 代表作是《理想国》.

柏拉图说: “上帝按几何原理行事” (图片), 认为打开宇宙之谜的钥匙是数与几何图形, 发展了用演绎逻辑方法系统整理零散数学知识的思想. 后人将分析法和归谬法的使用归功于柏拉图.

柏拉图本人并没有任何一项数学发现留传于世, 却赢得了 “数学家的缔造者” 的美称, 公元前 387 年以万贯家财在雅典创办学院 (图片), 在其门前写道 “不懂几何者免进”, 讲授哲学与数学等知识[6]. 该学院直到 529 年东罗马皇帝查士丁尼 (527 ~ 565 年在位) 下令关闭所有的希腊学校才告终.

“雅典学院” (图片). 意大利文艺复兴三杰之一拉斐尔·桑蒂 (1483 ~ 1520 年) 的壁画, 创作于 1509 ~ 1510 年.

---

6 古希腊的数学包含四个科目: 算术、几何、天文与音乐. 柏拉图的著作《蒂迈欧篇》主要讨论了宇宙的创造, 强调了球形或圆周运动的至高地位, 为希腊天文学奠定了基调. 柏拉图的学生欧多克索斯 (约公元前 408 ~ 约前 355 年) 创立了宇宙的同心球模型. 在中世纪大学教育中, 数学四科与文法、修辞、逻辑并称自由七艺[14].

2.1.6 亚里士多德学派 (吕园学派)

亚里士多德 (公元前 384 ~ 前 322 年) (邮票: 乌拉圭, 1996) 是古希腊最著名的哲学家.

亚里士多德 (邮票: 希腊, 1978), 生于马其顿的斯塔吉拉镇, 是柏拉图的学生, 公元前 335 年建立了自己的学派, 讲学于雅典的吕园, 所以亚里士多德学派又称 "吕园学派" (邮票 "柏拉图与亚里士多德": 希腊, 1978). 相传亚里士多德做过亚历山大大帝的老师. 名言: "吾爱吾师, 吾尤爱真理."

亚里士多德集古希腊哲学之大成, 把其推向最高峰, 将前人使用的数学推理、规律规范化和系统化, 创立了独立的逻辑学, 堪称 "逻辑学之父", 努力把形式逻辑的方法运用于数学的推理上, 为欧几里得演绎几何体系的形成奠定了方法论的基础. "矛盾律" (一个命题不能同时是真的又是假的)、"排中律" (一个命题或是真的, 或是假的, 二者必居其一) 已成为数学中间接证明的核心.

亚里士多德第一次对大地是球形作出论证并最先提出 "地心说" 的思想 [11]. 至 12 世纪末, 亚里士多德作品的主要部分都已被译成拉丁文. 中世纪最著名的神学家和经院哲学家托马斯·阿奎那 (意, 1225 ~ 1274 年) 对亚里士多德哲学稍加修改用来适应基督教教义, 试图从哲学上以理性的名义来论证上帝的存在.

2.2 亚历山大前期的数学

亚历山大时期的数学 (公元前 300 ~ 公元 640 年).

图片 "亚历山大大帝的帝国"、"亚历山大帝国版图"、"亚历山大帝国解体".

亚历山大去世后, 帝国一分为三: 安提柯王朝 (马其顿)、托勒密王朝 (埃及)、塞琉古王朝 (叙利亚).

"亚历山大灯塔" (邮票: 匈, 1980). 亚历山大城是由亚历山大大帝于公元前 331 年下令建造的, 它现在是埃及最大的海港城市. 邮票中的主图是世界古代七大奇观之一的亚历山大 (法罗斯) 灯塔 (图片), 建于托勒密王朝鼎盛时期的公元前 285 ~ 前 247 年, 灯塔高达 117 米. 1375 年的一次猛烈地震, 灯塔全毁, 法罗斯岛连同附近海岸地区慢慢沉入海底, 千古奇观从此烟消云散[7].

托勒密一世 (托勒密·索特尔, 公元前 305 ~ 前 283 年在位) 统治下的希腊埃及, 定都亚历山大城, 于公元前 300 年左右, 开始兴建亚历山大艺术博物馆和图书馆 (图片), 提倡学术, 罗致人才. 希腊数学进入了亚历山大前期: 公元前 300 ~ 前 30 年 —— 希腊数学黄金时代. 先后出现了欧几里得、阿基米德和阿波罗尼乌斯三

---

[7]1978 ~ 1979 年, 美国和埃及的考古专家历尽艰辛, 从亚历山大城城东海港的水下找到灯塔的遗骸, 经过大规模的清淤、发掘, 渐露端倪, 证明历史上记载的亚历山大灯塔绝无夸大不实之词.

大数学家, 他们的成就标志了古典希腊数学的巅峰.

2.2.1　欧几里得 (约公元前 325 ~ 约前 265 年)

欧几里得 (邮票: 马尔代夫, 1988), 早年学习于雅典, 公元前 300 年应托勒密一世之请来到亚历山大, 成为亚历山大学派的奠基人. 欧几里得通过逻辑方法运用几何知识建成一座巍峨的大厦——《原本》[8], 被后人奉为演绎推理的 "圣经", 他的公理化思想和方法历尽沧桑而流传千古, 成为后人难以跨越的高峰.

《原本》($\Sigma\tau o\iota\chi\varepsilon\tau\alpha$, 学科中具有广泛应用的最重要的定理) (图片: 埃及古城奥斯莱卡斯发现, 约公元 75 ~ 125 年的埃及纸草书; 邮票 "欧几里得及其学生": 塞拉利昂, 1983; 梵蒂冈, 1986) 13 卷:

第 1 卷: 直边形, 全等、平行公理、毕达哥拉斯定理[9]、初等作图法等.

第 2 卷: 几何方法解代数问题, 求面积、体积等.

第 3、4 卷: 圆、弦、切线、圆的内接、外切.

第 5、6 卷: 比例论与相似形.

第 7 ~ 9 卷: 数论.

第 10 卷: 不可公度量的分类.

第 11 ~ 13 卷: 立体几何、穷竭法.

《原本》采用了亚里士多德对公理、公设的区分, 由 5 条公理、5 条公设、119 条定义和 465 条命题组成, 构成了历史上第一个数学公理体系 (图片).

5 条公理: (1) 等于同量的量彼此相等; (2) 等量加等量, 和相等; (3) 等量减等量, 差相等; (4) 彼此重合的图形是全等的; (5) 整体大于部分.

5 条公设: (1) 从任意一点到任意一点可作一直线; (2) 一条有限直线可不断延长; (3) 以任意中心和直径可以画圆; (4) 凡直角都彼此相等; (5) 若一直线落在两直线上所构成的同旁内角和小于两直角, 那么把两直线无限延长, 它们在同旁内角和小于两直角的一侧相交 (第五公设、平行公设).

柏拉图学派成员门奈赫莫斯 (约公元前 380 ~ 约前 320 年) 名言[10]: "几何无王者之路", 后推广为: "求知无坦途".

《原本》是数学史上第一座理论丰碑, 向世人展现几何学的要义在于完整的公理体系、严密的逻辑推理以及数学世界的内在秩序和确定性, 蕴含着西方文化所独有的理性精神. 正如著名哲学与数学家罗素 (英, 1872 ~ 1970 年) 在他的名著《西方哲学史》(1945) 中所说: "欧几里得的《原本》毫无疑义是古往今来最伟大

---

[8] 欧几里得还有《光学》等著作传世.

[9] 世界上流传至今最早、最完整、最严格的毕达哥拉斯定理的证明.

[10] 此言有两种说法 [12]: 一是门奈赫莫斯与亚历山大大帝的故事, 另一是欧几里得与托勒密一世的故事; 也见: 兰纪正, 朱恩宽译. 欧几里得《几何原本》. 陕西科学技术出版社, 2003.

的著作之一, 是希腊理智最完美的纪念碑之一." 它也成为科学史上流传最广的著作之一, 仅从 1482 年第一个拉丁文印刷本问世以来, 已出了各种文字的版本 1000 多个 [1]. 但《原本》并非完美, 存在缺陷, 如定义借助直观、公理系统不完备等.

2.2.2　阿基米德 (公元前 287 ∼ 前 212 年)

阿基米德 (图片), 生于意大利西西里岛的叙拉古, 曾在亚历山大城师从欧几里得. 与中国的秦始皇 (公元前 259 ∼ 前 210 年) 同时. 名言: "给我一个支点, 我就可以撬动地球."

阿基米德 (邮票: 希腊, 1983) 最为著名的数学贡献是在《圆的度量》(约公元前 225 年) 中, 发展了 200 年前安蒂丰、欧多克索斯的穷竭法, 用于计算周长、面积或体积. 通过计算圆内接和外切正 96 边形的周长 (图片), 求得圆周率 介于 $3\frac{1}{7}$ 和 $3\frac{10}{71}$ 之间 (约为 3.14) [11]. 这是数学史上第 1 次给出科学求圆周率的方法, 把希腊几何学几乎提高到西方 17 世纪后才得以超越的高峰. 阿基米德对穷竭法的运用代表了古代用有限方法处理无限问题的最高水准.

阿基米德、牛顿 (英, 1643 ∼ 1727 年)、高斯 (德, 1777 ∼ 1855 年) 并列为有史以来最伟大的三大数学家 [15].

阿基米德死于第二次布匿战争 (公元前 218 ∼ 前 201 年) 中的叙拉古保卫战 (公元前 214 ∼ 前 212 年). 阿基米德的墓碑上是他最引以为豪的数学发现的象征图形 [12]: 球及其外切圆柱 (图片).

"阿基米德螺线" (图片)、"阿基米德之死" (图片).

阿基米德是个传奇式的人物, 其成果一直被推崇为创造性和精确性的典范, 但他的著作却很少有人读, 他的天才其实耽误了他. 欧洲经历了漫长的中世纪的黑夜之后, 才达到他当时的数学水平[12]. 罗马时代的科学史家普林尼 (公元 23 ∼ 79 年) 曾把他誉为 "数学之神". 莱布尼茨 (德, 1646 ∼ 1716 年) 甚至说: "了解了阿基米德的人, 对后来杰出人物的成就就不会再那么钦佩了."

2.2.3　阿波罗尼乌斯 (约公元前 262 ∼ 约前 190 年)

阿波罗尼乌斯 (图片), 生于小亚细亚的珀尔加 (今土耳其境内), 年轻时曾在亚历山大城跟随欧几里得的门生学习, 贡献涉及几何学和天文学. 门奈赫莫斯 (约公元前 380 ∼ 约前 320 年) 最早研究了圆锥曲线. 阿波罗尼乌斯最重要的数学成

---

[11] 圆周率已成为数学的象征. 2019 年 11 月 25 日联合国教科文组织通过第 40C/30 号决议, 宣布每年 3 月 14 日为国际数学日, 旨在提供一个年度性焦点时刻, 以不断评估数学在人们生活中的核心作用.

[12] 伽利略基本上是在阿基米德停顿下来的地方重新开始的. "科学革命" 时期的其他伟人也是这样, 譬如达·芬奇、莱布尼茨、惠更斯、费马、笛卡儿和牛顿. 他们都是阿基米德的追随者. 见: 内兹, 诺尔著, 曾晓彪译. 阿基米德的羊皮书. 湖南科学技术出版社, 2008.

就是在前人工作的基础上创立了相当完美的圆锥曲线论, 以欧几里得严谨风格写成的传世之作《圆锥曲线论》成为希腊演绎几何的最高成就. 他用纯几何的手段得到了今日解析几何的一些主要结论, 确实令人惊叹, 对圆锥曲线研究所达到的高度, 在 17 世纪法国数学家笛卡儿、帕斯卡出场之前, 始终无人能够超越.

《圆锥曲线论》全书共 8 卷, 前 4 卷的希腊文本和其次 3 卷的阿拉伯文本保存了下来, 共 387 个命题; 最后一卷遗失, 由天文学家哈雷 (英, 1656 ~ 1742 年) 根据亚历山大的帕波斯 (约公元 290 ~ 约 350 年) 的传世名作《数学汇编》所提供的线索, 进行了复原, 有 100 个命题 (图片).

第 1 卷 (60 个命题): 圆锥曲线的定义和基本性质, 引入齐曲线 (抛物线)、亏曲线 (椭圆) 和盈曲线 (双曲线).

第 2 卷 (53 个命题): 圆锥曲线的直径、轴、中心、切线以及渐近线性质.

第 3 卷 (56 个命题): 切线与直径所成图形的面积, 圆锥曲线的焦点性质.

第 4 卷 (57 个命题): 极点和极线的性质, 圆锥曲线的切点、交点数.

第 5 卷 (77 个命题): 点到圆锥曲线的最长和最短距离, 法线的性质.

第 6 卷 (33 个命题): 圆锥曲线的全等、相似及圆锥曲线的弓形.

第 7 卷 (51 个命题): 圆锥曲线共轭直径的性质.

《圆锥曲线论》将圆锥曲线的性质网罗殆尽, 几乎使后人没有插足的余地. 阿波罗尼乌斯证明了三种圆锥曲线都可以由同一个圆锥体截取而得, 给出抛物线、椭圆、双曲线等的名称, 并对它们的性质进行了广泛的讨论, 包含了许多即使按今天的眼光看也是很深奥的结果, 如涉及近代微分几何、射影几何的一些课题. 书中已有坐标系的思想, 他以圆锥体底面直径作为横坐标, 过顶点的垂线作为纵坐标, 这给后世坐标几何的建立和射影几何的创立以很大的启发 (图片: 英译本, 阿拉伯文译本, 中译本).

克莱因 (美, 1908 ~ 1992 年) [8]: "它是这样一座巍然屹立的丰碑, 以致后代学者至少从几何上几乎不能再对这个问题有新的发言权. 这确实可以看成是古希腊几何的登峰造极之作."

贝尔纳 (英, 1901 ~ 1971 年): "他的工作如此的完备, 所以几乎两千年后, 开普勒和牛顿可以原封不动地搬用, 来推导行星轨道的性质." [13]

《圆锥曲线论》本身晦涩难懂, 使其后数千年间的几何学裹足不前. 几何学的新时代, 要到 17 世纪, 笛卡儿等打破希腊式的演绎传统后才得以来临.

---

[13] 贝尔纳著, 伍况甫等译. 历史上的科学. 科学出版社, 1959.

2.3 希腊数学的衰落

图片 "公元 180 年前后的罗马帝国版图".

公元前 6 世纪, 罗马城逐渐在意大利半岛建立起来. 公元前 509 年, 罗马建立了共和国. 古罗马经过多个世纪的战争, 时分时合多次. 公元前 27 年, 罗马建立了元首政治, 共和国宣告灭亡, 进入罗马帝国时代. 在公元前 1 世纪, 完全征服了希腊各国而夺得了地中海地区的霸权, 建立了强大的罗马帝国. 1 世纪时, 罗马帝国继续扩张, 到 2 世纪, 帝国版图确定下来, 它地跨欧、亚、非三洲, 地中海成了它的内湖. 史学家把公元前 27 ~ 公元 284 年称为早期罗马帝国.

进入晚期罗马帝国时期, 在战乱中最后一个君主狄奥多西一世 (379 ~ 395 年在位) 正式把帝国分为两部分. 西部以罗马为首都, 分给了次子霍诺里乌斯 (395 ~ 423 年在位), 称为西罗马帝国. 东部以君士坦丁堡 (今土耳其伊斯坦布尔) 为首都, 分给了长子阿卡狄乌斯 (395 ~ 408 年在位), 称为东罗马帝国. 476 年, 西罗马帝国被日耳曼人所灭, 西欧结束了奴隶制社会, 进入了封建制社会时期.

"古罗马斗兽场" (图片), 建于公元 70 ~ 82 年.

"西班牙古罗马高架引水桥" (图片), 建于公元 1 世纪末 2 世纪初, 它从遥远的雪山引水到阿尔卡萨城堡, 全长 15 公里, 有 166 个拱门, 由 2 万多块大石头堆砌而成. 这些石块间没有任何水泥等灰浆类物质黏合, 至今仍坚固完好, 实在令人叹为观止. 直到 1950 年, 引水桥仍在使用. 如今它是塞哥维亚的标志性建筑.

罗马帝国的建立, 唯理的希腊文明被务实的罗马文明所取代. 同气势恢弘的罗马建筑相比, 罗马人在数学领域远谈不上有什么显赫的功绩. 由于希腊文化的惯性影响以及罗马统治者对自由研究的宽松态度, 在相当长一段时间内亚历山大城仍然维持学术中心的地位, 产生了一批杰出的数学家和数学著作. 公元前 30 年 ~ 公元 640 年常称为希腊数学的 "亚历山大后期".

2.3.1 托勒密 (埃及, 约 90 ~ 约 165 年)

托勒密 (图片), 在亚历山大城工作, 发展了亚里士多德的思想, 建立了 "地心说", 其成就达到希腊数理天文学的高峰, 以至此后千余年都难以被超越, 最重要的著作是《天文学大成》(图片: 公元 9 世纪的手稿) 13 卷[14]:

第 1、2 卷: 地心体系的基本轮廓.

第 3 卷: 太阳运动.

---

[14]《天文学大成》也称《数学汇编》或《大汇编》. 阿拉伯的天文学家崇拜《天文学大成》"伟大之至", 故又称为《至大论》.

第 4 卷: 月亮运动.

第 5 卷: 月地距离和日地距离.

第 6 卷: 日食和月食的计算.

第 7、8 卷: 恒星和岁差现象[15].

第 9 ∼ 13 卷: 五大行星的运动. 本轮–均轮组合[16].

"本轮–均轮模型"、"托勒密的宇宙" (图片).

《天文学大成》总结了在托勒密之前的古代三角学知识, 其中最有意义的贡献是包含有一张正弦三角函数表. 这是历史上第一个有明确的构造原理并流传于世的系统的三角函数表. 三角学的贡献是亚历山大后期几何学最富创造性的成就.

2.3.2　丢番图 (埃及, 3 世纪)

亚历山大后期希腊数学的一个重要特征是突破了前期以几何学为中心的传统, 使算术和代数成为独立的学科. 希腊算术与代数成就的最高标志是丢番图的《算术》(图片). 据作者自序, 全书共 13 卷, 现存的《算术》有 10 卷, 含 290 个问题[1]. 这是一部具有东方色彩、对古典希腊几何传统最离经叛道的算术与代数著作, 其中有一著名的不定方程 (第 2 卷命题 8)[7]: 将一个已知的平方数分为两个平方数. 17 世纪, 费马 (法, 1601 ∼ 1665 年) 在阅读《算术》时对该问题给出一个边注, 引出了后来举世瞩目的 "费马大定理" (见第 8、13 讲). 另一重要贡献是创用了一套缩写符号, 一种 "简字代数", 是真正的符号代数出现之前的一个重要阶段. 15 世纪起的欧洲数学符号化历程, 就是以 "简字代数" 为基础的.

关于丢番图 (图片) 的生平, 知之甚少, 推测大约在公元 250 年前后活动于亚历山大城, 知道他活了 84 岁.

丢番图的墓志铭[16]: 坟中安葬着丢番图, 多么令人惊讶, 它忠实地记录了所经历的道路. 上帝给予的童年占六分之一, 又过十二分之一, 两颊长胡, 再过七分之一, 点燃起结婚的蜡烛. 五年之后天赐贵子, 可怜迟到的宁馨儿, 享年仅及其父之半, 便进入冰冷的墓中. 悲伤只有用数论的研究去弥补, 又过四年, 他也走完了人生的旅途 (图片).

这相当于方程:

$$\frac{1}{6} \cdot x + \frac{1}{12} \cdot x + \frac{1}{7} \cdot x + 5 + \frac{1}{2} \cdot x + 4 = x,$$

---

[15]岁差指恒星年与回归年之差, 由希腊天文学家喜帕恰斯 (约公元前 190 ∼ 约前 125 年) 于公元前 150 年前后首先发现. 回归年比恒星年短了 20 分 24 秒.

[16]本轮–均轮模型由阿波罗尼乌斯设计. 每颗行星都在一个称为 "本轮" 的小圆形轨道上匀速转动, 而本轮中心在称为 "均轮" 的大圆上绕地球匀速转动, 但地球不在均轮圆心, 它与圆心有一段距离 (偏心圆模型).

解得 $x = 84$.

2.3.3 残阳如血

基督教在罗马被奉为国教后, 希腊学术被视为异端邪说, 异教学者被横加迫害. 公元 415 年, 亚历山大女数学家希帕蒂娅 (公元 370 ~ 415 年) (图片) 被一群听命于主教的基督暴徒残酷杀害, 残忍地碎尸. 希帕蒂娅的父亲赛翁 (约 335 ~ 约 405 年) 是亚历山大城的著名学者, 其修订的欧几里得《原本》是后来传世的希腊文《原本》及各种译本的主要底本. 希帕蒂娅曾注释过阿基米德、阿波罗尼乌斯和丢番图的著作, 编辑了几何、代数及天文学的著作, 是一个受爱戴、有气质、多才多艺的教师, 是历史上第一位杰出的女数学家, 很可能是她生活时代整个世界最重要的数学家[17]. 希帕蒂娅的被害预示了在基督教的笼罩下中世纪早期欧洲数学的厄运, 象征着希腊化学术传统的终结.

柏拉图学院被封闭. 公元 529 年, 东罗马皇帝查士丁尼 (527 ~ 565 年在位) 下令封闭了雅典的所有学校, 包括柏拉图于公元前 387 年创立的雅典学院.

亚历山大图书馆 (当时世界上藏书最多的图书馆) 三劫, 古代希腊数学至此落下帷幕[8].

第 1 次劫难: 公元前 47 年, 罗马凯撒 (公元前 102 ~ 前 44 年) 烧毁了亚历山大港的舰队, 大火殃及亚历山大图书馆, 70 万卷图书付之一炬.

第 2 次劫难: 公元 392 年, 罗马狄奥多西一世 (379 ~ 395 年在位) 下令拆毁塞拉皮斯 (Serapis) 希腊神庙, 30 多万件希腊文手稿被毁.

第 3 次劫难: 公元 640 年, 阿拉伯奥马尔一世 (634 ~ 644 年在位) 下令收缴亚历山大城全部希腊书籍, 予以焚毁.

图片 "亚历山大图书馆遗址"、"塞拉皮斯神庙遗址".

古希腊数学的成就与影响是巨大的, 但其局限性主要有以下几个方面[4]:

(1) 数学几何化, 计算技术落后;

(2) 量的精密化, 导致近似计算的缺乏;

(3) 对无穷的拒斥.

一个有趣的问题是: 希腊化时期的科学成就令人瞩目, 但是古代希腊文化及罗马文化为何没能自然而然地孕育出近代科学, 反而迎来的是西方古代科学的停滞, 并随之而来的是中世纪早期的黑暗?

---

[17] 2010 年 4 月 11 日, 英国《卫报》邀请专栏作家评选了两千多年来十位伟大的数学家, 希帕蒂娅作为唯一女性入选其中. 见: A. Bellos. 十位伟大的数学家. 数学文化, 2010, 1(2): 45 ~ 48.

提问与讨论题、思考题

2.1   简述古典希腊时期代表性的数学家.

2.2   为什么毕达哥拉斯学派要对 "不可公度量" 采取回避的态度?

2.3   毕达哥拉斯学派是怎样引起第 1 次数学危机的?

2.4   试分析芝诺悖论: 飞矢不动.

2.5   以 "化圆为方" 问题为例, 说明未解决问题在数学中的重要性.

2.6   希腊数学的黄金时代.

2.7   简述欧几里得的公理化思想.

2.8   欧几里得《原本》对数学科学的发展有什么意义?

2.9   简述欧几里得《原本》的现代意义.

2.10   几何学中有没有 "王者之路".

2.11   丢番图的主要数学贡献.

2.12   希腊人为何取得了开创人类理性文明的成就?

2.13   古希腊数学衰落的原因分析.

2.14   简述古代希腊数学的特点.

第**3**讲

秦至元朝的中国数学

中国传统数学的形成与兴盛: 公元前 2 ~ 14 世纪. 分成 3 个阶段:《周髀算经》与《九章算术》、刘徽与祖冲之、宋元数学, 这反映了中国传统数学发展的 3 次高峰[1]. 本讲简述秦汉至宋元时期中国的一些数学名著及 8 位科学家的数学工作.

3.1 中算发展的第 1 次高峰: 数学体系的形成

"秦始皇陵兵马俑" (邮票: 中, 1983).

通过一些古典数学文献说明秦汉时期形成中国传统数学体系.

1983 ~ 1984 年, 考古学家在湖北江陵张家山出土了一批西汉初年 (即吕后至文帝初年, 约为公元前 170 年前后) 的竹简, 共千余支. 经初步整理, 其中有历谱、日书等多种古代珍贵的文献, 还有一部数学著作. 据写在一支竹简背面的字迹辨认, 这部竹简算书的书名叫《算数书》(图片). 它是中国现存最早的数学专著之一[2]. 经研究, 它的体例是 "问题集" 形式, 大多数题由问、答、术三部分组成, 和《九章算术》(现传本成书于公元 1 世纪初) 在数学方法及题目上有不少相同之

---

[1] 关于中国数学史的分期, 学术界有不同的看法[17].

[2] 2007 年, 湖南大学岳麓书院从香港收购了一批秦简, 根据其中一枚简命名为《数》[17].

处, 但也有大量的不同, 都是先秦数学界的共识.

《周髀算经》(髀是股骨, 周髀是周朝测量日光影长的标杆) 编纂于西汉末年, 约公元前 100 年 (图片) [9, 18]. 它虽是一部天文学著作3, 涉及的数学知识有的可以追溯到公元前 11 世纪 (西周), 其数学内容主要有三方面: 一是相当复杂的分数乘除运算; 二是计算太阳离人 "远近", 用勾股定理 (勾股定理的普遍形式, 中国最早关于勾股定理的书面记载); 三是测量太阳的 "高"、"远", 奠定后世重差术的基础 ("陈子测日法", 陈子约公元前 6、7 世纪).

勾股定理的普遍形式: 求邪至日者, 以日下为勾, 日高为股, 勾股各自乘, 并而开方除之, 得邪至日.

中国传统数学最重要的著作是《九章算术》(图片) [18]. 它不是出自一个人之手, 是经过历代多人修订、增补而成, 其中的数学内容, 有些可以追溯到周代. 中国儒家的重要经典著作《周礼》(图片) 记载西周贵族子弟必学的 6 门课程 "六艺" (五礼、六乐、五射、五御、六书、九数) 中有一门是 "九数".《九章算术》(图片) 是由 "九数" 发展而来. 在秦焚书 (始皇三十四年, 即公元前 213 年) 之前, 至少已有原始的本子. 经过西汉张苍 (约公元前 256 ~ 约前 152 年, 公元前 200 年前后)、耿寿昌 (约公元前 73 ~ 约前 49 年, 公元前 50 年前后) 等删补, 到了刘歆 (约公元前 50 ~ 公元 23 年) 时定型成书, 经过了 200 多年 [19].

《九章算术》全书 246 个问题, 共 9 卷, 号称 "九章":

第 1 卷方田 (38 题): 田亩面积的计算和分数的计算.

第 2 卷粟米 (46 题): 粮食交易、计算商品单价等比例问题.

第 3 卷衰 (音 cuī) 分 (20 题): 依等级分配物资或摊派税收的比例分配问题.

第 4 卷少广 (24 题): 开平方和开立方法.

第 5 卷商功 (28 题): 土方体积、粮仓容积及劳力计算.

第 6 卷均输 (28 题): 平均赋税和服役等更复杂的比例分配问题.

第 7 卷盈不足 (20 题): 用双假设法解线性方程问题.

第 8 卷方程 (18 题)4: 线性方程组解法和正负数.

第 9 卷勾股 (24 题): 直角三角形解法.

以下引用两题为例.

第 6 卷第 16 题 (客去忘衣): 今有客马日行三百里. 客去忘持衣, 日已三分之

---

3 "盖天说" —— 始于周初, 天圆地方. 中国古代正统的宇宙观是张衡 (东汉, 78 ~ 139 年) 在《灵宪》中确立的 "浑天说" —— 大地是悬浮于宇宙空间的圆球, "天体如弹丸, 地如卵中黄". 赵爽注《周髀算经》的序中说: "浑天有《灵宪》之文, 盖天有《周髀》之法."

4 中算中的方程是把诸物之间的各数量关系并列起来以考核其度量标准, 即 "并而程之", 而西算中的 equation 相当于中算中的开方式, 具有不同的含义. 清末翻译西方数学著作时, 把 equation 译作方程, 改变了中国传统数学中 "方程" 的含义 [17].

一, 主人乃觉. 持衣追及, 与之而还, 至家, 视日四分之三. 问: 主人马不休, 日行几何?

答曰: 七百八十里.

术曰: 置四分日之三, 除三分日之一. 半其余, 以为法. 副置法, 增三分日之一, 以三百里乘之, 为实. 实如法得主人马一日行.

第 7 卷第 1 题 (盈不足术): 今有共买物. 人出八, 盈三; 人出七, 不足四. 问: 人数、物价各几何?

答曰: 七人, 物价五十三.

《九章算术》的主体部分是以术文为中心, 即算法统率例题的形式, 术文是一类数学问题的普适性、抽象性、严谨性的公式、算法.

《九章算术》所包含的数学成就是丰富和多方面的, 主要内容包括分数四则和比例算法、面积和体积的计算、关于勾股测量的计算等, 既有算术方面的, 也有代数与几何方面的内容, 其中关于分数、负数、方程与开方术尤为杰出. 它完整地叙述了当时已有的数学成就 (其主体部分是先秦完成的), 奠定了中国传统数学的基本框架 (结构、叙述格式、算法、名词术语等), 对中国传统数学发展的影响, 如同《原本》对西方数学发展的影响一样深远, 在长达一千多年间, 一直作为中国的数学教科书, 并被公认为世界数学古典名著之一.《九章算术》作为对春秋战国以来中国传统数学的总结, 标志以筹算为基础的中国传统数学体系正式形成5.

3.2 中算发展的第 2 次高峰: 数学稳步发展

"三国演义" (邮票: 中, 1998).

从公元 220 年东汉分裂, 到公元 581 年隋朝建立, 史称魏晋南北朝. 这是中国历史上的动荡时期, 也是思想相对活跃的时期. 在长期独尊儒学之后, 玄学产生, 学术界思辨之风再起, 在数学上也兴起了论证的趋势. 许多研究以注释《周髀算经》、《九章算术》的形式出现, 实质是寻求这两部著作中一些重要结论的数学证明. 这是中国数学史上一个独特而丰产的时期, 是中国传统数学稳步发展的时期.

公元 3 世纪三国时期, 赵爽注《周髀算经》[18], 作 "勾股圆方图" (图片), 其中的 "弦图", 相当于运用面积的出入相补原理6 证明了勾股定理 (图片), 成为中国数学史上最先完成勾股定理证明的数学家.

《九章算术》注释中最杰出的代表是刘徽和祖冲之父子.

5西方最早接触到《九章算术》材料的书籍是德国数学史家 M. B. 康托尔 (1829 ~ 1920 年) 的 4 卷本巨著《数学史讲义》(1880 ~ 1908 年), 书中简要地介绍了《九章算术》.

6所谓 "出入相补" 原理 [19], 指一个平面图形从一处移置他处, 面积不变; 又若把图形分割成若干块, 部分面积的和等于原来图形的面积. 因而, 图形移置前后诸面积间的和差有简单的相等关系.

3.2.1 刘徽 (魏晋, 公元 3 世纪)

刘徽 (邮票: 中, 2002), 淄乡 (今山东省邹平县) 人, 布衣数学家, "徽幼习《九章》, 长再详览. 观阴阳之割裂, 总算术之根源, 探赜之暇, 遂悟其意. 是以敢竭顽鲁, 采其所见, 为之作注." 263 年, 刘徽撰《九章算术注》[18], "析理以辞, 解体用图". 其精髓是言必有据, 以演绎逻辑为主要方法全面证明了《九章算术》的算法, 奠定了中国传统数学的理论基础. 他不仅对《九章算术》的方法、公式和定理进行一般的解释和推导, 而且系统地阐述了中国传统数学的理论体系与数学原理, 并且多有创造. 这奠定了他在中国数学史上的不朽地位, 使其成为中国传统数学最具代表性的人物 [19].

刘徽数学成就中最为人称道的是 "割圆术" (圆内接正多边形面积无限逼近圆面积). 在刘徽之前, 通常认为 "周三径一", 即圆周率取为 3. 刘徽在《九章算术注》中为证明圆的面积公式 "半周半径相乘得积步", 提出割圆术: "割之弥细, 所失弥少, 割之又割, 以至于不可割, 则与圆周合体而无所失矣." 这体现了极限思想与无穷小分割方法. 通过计算圆内接正 3072 ($= 6 \cdot 2^9$) 边形的面积, 求出圆周率为 3927/1250 ($= 3.1416$) (阿基米德计算了圆内接和外切正 96 边形的周长). 刘徽主张利用圆内接正 192 边形的面积求出 157/50 ($= 3.14$) 作为圆周率, "此以周、径, 谓至然之数, 非周三径一之率也." 后人常把这个值称为 "徽术" 或 "徽率". 这使刘徽成为中算史上第一位用可靠的理论来推算圆周率的数学家, 并享有国际声誉.

"割圆术" (图片集), "刘徽对 π 的估算值" (邮票: 密克罗尼西亚, 1999).

刘徽利用割圆术求圆的面积, 就极限思想而言, 从现存中国古算著作看, 在清代李善兰 (1811 ~ 1882 年) 及西方微积分学传入中国之前, 再没有人超过甚至达到刘徽的水平. 中国科学院吴文俊院士 (2000 年度国家最高科学技术奖得主) 指出 [19]: "从对数学贡献的角度来衡量, 刘徽应该与欧几里得、阿基米德等相提并论."

刘徽的数学思想和方法, 到南北朝时期被祖冲之推进和发展.

3.2.2 祖冲之 (南朝宋、齐, 429 ~ 500 年)

祖冲之 (图片), 范阳道县 (今河北省涞水县) 人, 活跃于南朝的宋、齐两代, 齐时曾被任命为长水校尉 (受四品俸禄), 但他却成为历代为数很少能名列正史的数学家之一. 名言: "迟疾之率, 非出神怪, 有形可检, 有数可推."

祖冲之 (邮票: 中, 1955) 在著作《缀术》中给出了圆周率的计算和球体体积的推导两大数学成就. 祖冲之关于圆周率的贡献记载在《隋书·律历志》(唐, 魏征主编) (图片) 中: "古之九数, 圆周率三, 圆径率一, 其术疏舛. 自刘歆、张衡、刘徽、王蕃、皮延宗之徒, 各设新率, 未臻折衷. 宋末, 南徐州从事史[7] 祖冲之, 更开密法, 以圆径一亿为一丈, 圆周盈数三丈一尺四寸一分五厘九毫二秒七忽, 朒数三丈一尺四寸一分五厘九毫二秒六忽, 正数在盈朒二限之间. 密率, 圆径一百一十三, 圆周三百五十五. 约率, 圆径七, 周二十二." 即, 祖冲之算出圆周率在 3.1415926 与 3.1415927 之间, 并以 355/113 ($= 3.1415929\cdots$) 为密率, 22/7 ($= 3.1428\cdots$) 为约率 (阿基米德计算圆周率之 $3\frac{1}{7}$, 即为 22/7). 密率堪称数学史上的奇迹, 其特点是既精确又简单, 比密率更接近圆周率的分数中分母最小的一个是 52163/16604 ($= 3.1415923\cdots$).

祖冲之关于圆周率的工作, 使其成为在国外最有影响的中国古代数学家. 1913 年, 日本数学史家三上义夫 (1875 ～ 1950 年) 在《中国和日本的数学之发展》里主张称 355/113 为祖率 (π 的祖冲之分数值).

祖冲之如何算出如此精密结果?《隋书·律历志》写道: "所著之书, 名为《缀术》, 学官莫能究其深奥, 是故废而不理." 《缀术》失传了, 没有任何史料流传下来. 史学家认为, 祖冲之除继续使用刘徽的割圆术 "割之又割" 外, 并不存在使用其他方法的可能性. 清代学者阮元 (1764 ～ 1849 年) 在《畴人传》[8]中说[20]: "徽创以六觚 (gū) 之面割之又割, 以求周径相与之率, 厥后祖冲之更开密法, 仍是割之又割耳, 未能于徽法之外另立新术也." 如按刘徽的方法, 继续算至圆内接正 12288 ($= 6 \cdot 2^{11}$) 边形和正 24576 ($= 6 \cdot 2^{12}$) 边形可得出圆周率在 3.14159261 与 3.14159271 之间.

《缀术》的另一贡献是祖氏原理或刘祖原理 (图片): "缘幂势既同, 则积不容异", 即若等高处的截面面积既然有相同的关系, 则这两个立体的体积也有同一关系. 这原理不仅概括较早 (200 余年前) 的刘徽 "截割原理", 也包括了在西方文献中的卡瓦列里原理, 或不可分量原理 [1635 年意大利数学家卡瓦列里 (1598 ～ 1647 年) 独立提出[9]], 对微积分的建立有重要影响 (图片).

在数学成就方面, 整个唐代却没有产生出能够与其前的魏晋南北朝和其后的宋元时期相媲美的数学大家, 主要的数学成就在于建立中国数学教育制度. 隋文帝 (581 ～ 604 年在位) 时期建立了国子寺, 后改为国子监, 统国子、太学、四门、书算学. 唐初 (628 年) 开始在国子监设立算学科. 为了教学需要, 唐高宗显庆元年

---

[7]南徐州指今江苏镇江. 州设刺史一人, 下置从事史.

[8]《畴人传》是我国第 1 部科学家传记专著, 记述中国历代天算家 275 位, 欧洲天文、数学家及在华传播天文、数学知识的传教士 41 位, 共 46 卷, 始作于乾隆六十年 (1795), 完成于嘉庆四年 (1799)[20].

[9]1906 年, 哥本哈根大学语言学家海伯格 (丹麦, 1854 ～ 1928 年) 教授在伊斯坦布尔找到了阿基米德的论文《论力学定理、方法》. 在这篇文章中, 阿基米德给出了利用截面面积求体积的不可分量思想. 1998 年, 包含有这论文的《阿基米德的羊皮书》现身于纽约克里斯蒂拍卖行. 2006 年, 研究团队利用现代成像技术, 基本重现了 "羊皮书" 的内容, 使其成为存世的阿基米德著作抄本中最古老的版本, 从中所了解的阿基米德可以说是 "改写了科学史". 见: 内兹, 诺尔著, 曾晓彪译. 阿基米德的羊皮书. 湖南科学技术出版社, 2008.

(656 年) 由太史令李淳风 (603 ～ 672 年, 岐州 (今陕西省凤翔县) 人) 等注释并校订了《算经十书》(图片) [18], 即《周髀算经》、《九章算术》、《海岛算经》、《孙子算经》、《夏侯阳算经》、《张邱建算经》、《缀术》、《五曹算经》[10]、《五经算术》[11]和《缉古算经》.

《算经十书》中, 有刘徽著的《海岛算经》;《孙子算经》成书于南北朝时期, 约公元 400 年前后; 唐代立于学馆的《夏侯阳算经》的著作年代是在《张邱建算经》之前, 现传本是在唐代宗在位时期 (762 ～ 779 年) 写成的; 张邱建系北朝的北魏清河 (今河北省清河县) 人,《张邱建算经》成书于 466 ～ 485 年;《缀术》失传后, 以甄鸾的《数术记遗》代之, 甄鸾是北朝的北周无极 (今河北省无极县) 人;《五曹算经》和《五经算术》都是甄鸾的作品;《缉古算经》系唐朝王孝通撰, 成书于 626 年前后.

"物不知数": 今有物不知其数, 三三数之剩二, 五五数之剩三, 七七数之剩二, 问物几何?

"百钱百鸡": 今有鸡翁一, 值钱五; 鸡母一, 值钱三; 鸡雏三, 值钱一. 凡百钱买鸡百只, 买鸡翁、母、雏各几何?

十部算经对继承和发扬中国传统数学经典有积极的意义, 显示了汉唐千余年间中国数学发展的水平, 是当时科举考试的必读书[12].

3.3　中算发展的第 3 次高峰: 数学全盛时期

公元 960 年, 北宋王朝的建立结束了五代十国 (907 ～ 960 年) 割据的局面. 北宋的农业、手工业、商业空前繁荣, 科学技术突飞猛进, 火药、指南针、印刷术三大发明就是在这种经济高涨的情况下得到了广泛应用. 特别是北宋中期, 在宋仁宗庆历年间 (1041 ～ 1048 年), 毕升 (约 970 ～ 1051 年) (图片) 发明了活字印刷术[13].

雕版印刷到了宋朝步入了黄金时代, 给数学著作的保存与流传带来了福音[14]. 北宋元丰七年 (1084 年), 秘书省出版了含《九章算术》等我国首批雕版印刷的线

---

[10] 古时分科办事的官署称之为曹. 五曹指田曹、兵曹、集曹、仓曹、金曹.

[11] "五经" 指儒家的五部经典:《周易》、《尚书》、《诗经》、《礼记》和《春秋》.

[12] 公元 587 年, 隋文帝 (581 ～ 604 年在位) 开创中国的科举考试制度. 1905 年, 清光绪帝 (1875 ～ 1908 年在位) 废止科举制度.

[13] 关于毕升的生平, 人们知之甚少, 幸亏其创造活字印刷术的事迹, 记录在北宋著名科学家沈括 (1031 ～ 1095 年) 的名著《梦溪笔谈》里. 毕升发明了世界上最早的活字印刷术, 似乎始终没有广泛流行与应用. 流传至今最早的活字印刷品是在内蒙古额济纳旗黑城出土的一批 12 世纪末至 13 世纪初的西夏佛经文献. 2010 年, "中国活字印刷品" 被联合国教科文组织列入 "急需保护的非物质文化遗产名录".

[14] 西式铅字印刷术传入中国是 1839 年. 此后, 雕版印刷术逐渐被淘汰, 而中文铅字垄断着中国的印刷业, 直到 1985 年, 由于激光照排印刷术的发明, 引发中国印刷业的一场革命.

装算书; 南宋嘉定五六年 (1212、1213 年) 鲍澣之在福建汀州府又全部按元丰刊印版式重刻重印出版[15]. 整个宋元时期 (960 ~ 1368 年), 重新统一了的中国封建社会发生了一系列有利于数学发展的变化, 以筹算为主要内容的中国传统数学达到了鼎盛时期.

中国传统数学以宋元数学为最高境界. 这一时期涌现出了许多杰出的数学家和先进的数学计算技术, 彪炳史册, 其印刷出版、记载着中国传统数学最高成就的宋元算书, 是世界文化的重要遗产.

下面介绍宋元时期的一些计算技术.

3.3.1 开方术

贾宪 (11 世纪上半叶), 北宋时人 (图片), 在朝中任左班殿值[16], 宋元数学发展的 "启动者" [21], 约于 1050 年完成著作《黄帝九章算经细草》, 原书失传, 但其主要内容被南宋杨辉 (13 世纪) 的《详解九章算法》(1261) 摘录, 因能传世[17]. 因《九章算术 · 少广》中开平方法则说得过于笼统, 贾宪发明了 "增乘开方法", 成为中算史上第一个完整的、可推广到任意次方的开方程序, 一种非常有效和高度机械化的算法. 在此基础上, 贾宪创造了 "开方作法本源图" (图片, 即 "古法七乘方图" 或贾宪三角、杨辉三角), 西方人称 "帕斯卡三角" 或 "算术三角形", 因为帕斯卡 (法, 1623 ~ 1662 年) (图片) 于 1654 年完成论文《论算术三角形, 以及另外一些类似的小问题》(1665 年出版) [7].

"算术三角形" (邮票: 利比里亚, 1999).

3.3.2 天元术

从唐初王孝通的《缉古算经》算起, 天元术的形成、发展、成熟长达 600 年以上[18]. 12 世纪中叶至 13 世纪中叶的百年间, 在今山西、河北, 尤其是从太原到临汾一带形成了天元术的研究中心. "天元术" 与现代代数中的列解一元高次方程法相类似, 称未知数为天元, "立天元一为某某", 相当于 "设 x 为某某". 现存数学典籍中首次论述 "天元术" 的著作是李冶 (1192 ~ 1279 年) 的《测圆海镜》(图片). 全书 12 卷共 170 题, 主要用天元术求圆径问题以阐释 "勾股容圆" (图片).

---

[15]我国最早的雕版印刷品是《金刚经》(868 年, 现存大英博物馆). 现元丰刊刻算经全佚, 鲍澣之重刻本仅存 5 部半: 《九章算经》(前 5 卷)、《周髀算经》、《孙子算经》、《张邱建算经》、《五曹算经》、《数术记遗》. 这是世界上现存最早的数学印刷品书籍.

[16]武臣官名, 系三班小使臣.

[17]此书长期失传. 八国联军浩劫, 《永乐大典》(1406, 1567) 所抄录原著被掠至异邦, 今存英国剑桥大学图书馆.

[18]阮元 (清, 1764 ~ 1849 年) 在《畴人传》中说[20]: "孝通《缉古》实后来立天元术之所本也". 所谓 "天元" 象征着众星烘托的 "北极星", 又可象征群星竞耀中最光彩夺目的第一明星. 演变至后来, "天元" 也用来指某一领域的 "王者".

李冶 (图片), 金代真定府栾城 (今河北省栾城县) 人, 出生的时候, 金朝 (1115 ~ 1234 年) 正由盛而衰, 曾任钧州 (今河南省禹县) 知事, 于 1232 年钧州被蒙古军所破, 遂居于崞山 (今山西省崞县) 的桐川, "凡天文象数, 名物之学, 无不研精" (《元史新编》), 言 "积财千万, 不如薄技在身", 于 1248 年撰成研究几何问题的代数名著《测圆海镜》(图片) [18], 后回元氏 (今河北省元氏县), 隐居于封龙山讲学著书, 1259 年完成另一部普及天元术著作《益古演段》[18]. 天元术可以说是符号代数的尝试, 在数学史上具有里程碑意义.

《测圆海镜》初版本 1282 年雕版出版 (已佚), 现存最早版本是 14 世纪的元抄本 (图片). 《测圆海镜》中列方程程序, 即天元术, 分为三步: 首先立天元一, 然后寻找两个等值的而且至少有一个含天元的多项式或分式, 最后建立方程, 化为标准形式.

李冶的天元术列方程 (图片): $x^3 + 336x^2 + 4184x + 2488320 = 0$.

刘徽注释《九章算术》"正负术" 中云: "正算赤, 负算黑". 李冶感到用笔记录时换色的不便, 便在《测圆海镜》中首创了在数字上加斜杠表示负数. 这是世界上最早的负数记号, 同时使用的先进的小数记法. 如算式 (图片): $4.12x^2 - x + 136 - 248x^{-2}$.

3.3.3　大衍术

秦九韶 (约 1202 ~ 1261 年) (图片), 南宋普州安岳 (今四川省安岳县) 人, 先后在湖北、安徽、江苏、浙江等地做官, 1261 年左右被贬至梅州 (今广东省梅县), 不久死于任所. 1244 年, 因母丧离任, 秦九韶回湖州 (今浙江省湖州市吴兴区) 守孝三年. 此间, 秦九韶专心研究数学, 于 1247 年完成数学名著《数书九章》(图片) [18], 内容分为 9 类, 每类 9 题, 共 81 题.

第 1 类 (大衍类): 一次同余方程组的解法、大衍总数术.

第 2 类 (天时类): 历法推算、雨雪量的计算.

第 3 类 (田域类): 土地面积.

第 4 类 (测望类): 勾股、重差等测量问题.

第 5 类 (赋役类): 田赋、纳税计算.

第 6 类 (钱谷类): 征购米粮及仓储容积.

第 7 类 (营建类): 建材、建筑物的计算.

第 8 类 (军旅类): 兵营布置和军需供应.

第 9 类 (市易类): 商品交易和利息计算.

《数书九章》的下列两项贡献, 使得宋代算书在中世纪世界数学史上占有突出的地位.

一是发展了一次同余方程组解法, 创立了 "大衍总数术" 的一般解法, 即一种解一次同余方程组的一般性算法程序, 现称中国剩余定理. 其中求乘率的程序为 "大衍求一术", 即同余式 $ax \equiv 1(\mathrm{mod}b)$ 的解法. 所谓 "求一", 就是求 "一个数的多少倍除以另一个数, 所得的余数为一".

中算家对于一次同余式问题解法最早见于《孙子算经》(公元 400 年前后) 中的 "物不知数问题" (也称 "孙子问题") (图片).《孙子算经》的算法很简略, "答曰: 二十三. 术曰: 三三数之剩二, 置一百四十; 五五数之剩三, 置六十三; 七七数之剩二, 置三十. 并之得二百三十三, 以二百一十减之, 即得." 若以现代的符号表示, 则为

$$70 \times 2 + 21 \times 3 + 15 \times 2 - 2 \times 105 = 23,$$

但未说明其理论根据. 秦九韶在《数书九章》中明确给出了一次同余方程组的一般性解法. 在西方, 最早接触一次同余式的是斐波那契 (意, 约 1170 ~ 1250 年) (图片), 他于 1202 年在《算盘书》中给出了两个一次同余问题, 但没有一般算法. 1743 年欧拉 (瑞士, 1707 ~ 1783 年) (图片) 和 1801 年高斯 (德, 1777 ~ 1855 年) (图片) 才对一次同余方程组进行了深入研究, 重新获得与中国剩余定理相同的结果.

二是总结了高次方程数值解法 (涉及 10 次方程), 将贾宪的 "增乘开方法" 推广到了高次方程的一般情形, 提出了相当完备的 "正负开方术", 现称秦九韶法. 在西方, 直到 1802 年鲁菲尼 (意, 1765 ~ 1822 年) (图片) 才创立了一种逐次近似法解决高次方程无理根的近似值问题, 而 1819 年霍纳 (英, 1786 ~ 1837 年) (图片) 才提出与 "增乘开方法" 演算步骤相同的算法, 西方称霍纳法.

《数书九章》与《测圆海镜》是我国现存古算中最早用圆圈 ○ 表示 0 号的两本算书. 此前, 蔡元定 (南宋, 1135 ~ 1198 年) 在《律吕新书》中用方格 "口" 表示 0 号.《数书九章》成书后并未刊版发行, 原稿几乎流失. 手抄本录入明《永乐大典》(1406), 清《四库全书》(1787), 木刻本列入上海郁松年 (清, 1799 ~ 1865 年) 编《宜稼堂丛书》(1842) 刊印.

秦九韶甲子一生, 多才多艺, 但对他的人品后世有不同的评价[16].

3.3.4 垛积术

北宋科学家沈括 (1031 ~ 1095 年) (邮票: 中, 1962) 著有《梦溪笔谈》(1093) (图片)[19], 其中创有隙积术 —— "隙积者, 谓积之有隙者", 开创了研究高阶等差级数的先河 (图片).

杨辉 (13 世纪) (图片), 南宋钱塘 (今浙江省杭州市) 人, 曾做过地方官, 足迹遍及钱塘、台州、苏州等地, 是东南一带有名的数学家和教育家. 杨辉的主要数学

---

[19]《梦溪笔谈》涉及天文、历法、地理、地质、生物、数学、物理、化学等领域的知识, 共 609 条, 被英国科学史家李约瑟 (1900 ~ 1995 年) 誉为 "中国科学史的坐标轴," 还称沈括为 "中国整部科学史中最卓越的人物".

专著《详解九章算法》(1261) [18] 是为《九章算术》及其刘徽、李淳风注所作进一步细草、图说 (图片), 是遗留至今第 2 部 "九章" 注 (残本). 杨辉的重要数学贡献有: 在沈括 "隙积术" 的基础上发展起来的 "垛积术" —— 由多面体体积公式导出相应的垛积术公式; 另一贡献是所谓的 "杨辉三角", 其实是记载了贾宪的工作. 13 世纪 70 年代, 杨辉另有数学专著 3 种, 通称《杨辉算法》[18], 在宋明两代曾有木刻本刊印, 后流传至朝鲜和日本等地 (图片)[20].

3.3.5　招差术

1280 年, 中国古代最精密的历法《授时历》完成. 《授时历》设定 1 年为 365.2425 天, 比 1 回归年[21] 只差 26 秒, 早于欧洲于 1582 年开始使用的 "格里历" 300 余年 (邮票 "格里高利十三世颁布法令": 梵蒂冈, 1982), 使用时间长达 363 年 (1281 ~ 1643 年), 达到了中国古代历法发展的高峰.

《授时历》的制定主要由王恂 (1235 ~ 1281 年) 和郭守敬 (1231 ~ 1316 年) 负责 (图片). 王恂, 中山唐县 (今河北省定县) 人, 幼小起学习数学、天文, 精通历算之学, "以算术冠一时", 至元十三年 (1276) 任太史令[22], 以数学家的身份领导太史局的历改工作, 吸收了前代历法的精华, 运用宋金两朝的数学成就 (包括沈括在《梦溪笔谈》中给出的解决由弦求弧之问题的会圆术 (图片), 但取圆周率为 3), 其中提出了招差术 (3 次内插公式), 使用了求高次方程的近似根法, 并运用招差术推算太阳、月球和行星的运行度数等.

郭守敬 (邮票: 中, 1962), 顺德邢台 (今河北省邢台市) 人, 元代天文学家、数学家、水利专家和仪器制造家, 曾任工部郎中、都水监事、太史令和昭文馆大学士等官职, 以天文学家的身份主持制仪和观测工作 (时任同知太史院事), 彻底取消了我国古代计算历法的上元积年法, 直接以至元十八年辛巳岁 (1281) 天正冬至为历元 [11]. 至元十三年 (1276), 郭守敬根据镜成像原理发明了 "景符" 测影器, 制造了世界闻名的简仪 (图片)、高表、窥几、仰仪 (图片)、日晷、浑天象等 12 种天文仪器, 建造的河南登封 (邮票: 中, 1995) 观星台留存至今 (图片).

3.3.6　四元术

13 世纪中、后叶, 当时的北方正处于天元术逐渐发展成为二元术、三元术的重要时期. 朱世杰 (约 1260 ~ 约 1320 年) (图片), 寓居燕山 (今北京市附近), 在经过长期游学、讲学之后, 终于在 1299 年和 1303 年在扬州刊刻了他的两部代表

---

[20]关孝和 (日, 1642 ~ 1708 年) 被日本人尊称为 "算圣", 《杨辉算法》等对关孝和的研究产生较大的影响.

[21]回归年指太阳中心从春分点到春分点所经历的时间. 1 回归年 = 365.24220 日 = 365 日 5 小时 48 分 45.5 秒.

[22]太史令是官署名, 记载史事, 掌管观察天象、推算节气、制定历法. 历代多设置, 名称不同. 明代于 1370 年定名为钦天监, 清代沿置, 设监正、监副等官.

作《算学启蒙》(图片) [18] 和《四元玉鉴》[18].

中国数学自晚唐以来不断发展的简化筹算的趋势有了进一步的加强, 日用数学和商用数学更加普及. 南宋时期杨辉可以作为这一倾向的代表, 而朱世杰则是这一倾向的继承.《算学启蒙》是一部通俗数学名著, 出版后不久即流传至日本和朝鲜. 就学术成就而论,《四元玉鉴》远超《算学启蒙》, 它是中国宋元数学高峰的又一个标志, 主要贡献有四元术和招差术 (4 次内插公式), 其中有中国传统数学史上最高次的一元 14 次方程. 对于方程的研究 (列方程、转化方程和解方程), 朱世杰在中国传统数学史上达到顶峰.

四元术是列解多元高次方程的方法, 未知数最多可达 4 个, 即天元、地元、人元和物元. 如《四元玉鉴》(图片) 卷首 "假令四草" 之 "四象会元" [7]: "今有股乘五较与弦幂加勾乘弦等. 只云勾除五和与股幂减勾弦较同. 问黄方带勾股、弦共几何?" 其中四元布列意为元气 (常数项) 居中, 天元 (未知数 x) 于下, 地元 (未知数 y) 于左, 人元 (未知数 z) 于右, 物元 (未知数 u) 于上 (图片), 所以该方程按现今记号列为

$$-x^2 + 2x - xy^2 + xz + 4y + 4z = 0.$$

朱世杰的好友莫若 (南宋进士) 在《四元玉鉴》的序文中说: "《四元玉鉴》, 其法以元气居中, 立天元一于下, 地元一于左, 人元一于右, 物元一于上, 阴阳升降, 进退左右, 互通变化, 错综无穷."

四元术的建立是朱世杰的重要成就之一, 不过他的工作被埋没了 500 多年才重见天日 [19]. 清代数学家罗士琳 (1774 ~ 1853 年) 在《畴人传续编》(6 卷, 约编写于嘉庆五年至道光二十年, 即 1800 ~ 1840 年) "朱世杰" 条中说 [20]: "汉卿在宋元间, 与秦道古 (九韶)、李仁卿 (冶) 可称鼎足而三. 道古正负开方, 仁卿天元如积, 皆足上下千古, 汉卿又兼包众有, 充类尽量, 神而明之, 尤超越乎秦李之上."

美国著名科学史家萨顿 (1884 ~ 1956 年) 在《科学史导论》(1927) 中说: "朱世杰是汉民族, 他所生存时代的, 同时也是贯穿古今的一位最杰出的数学家 ······《四元玉鉴》是中国数学著作中最重要的, 同时也是中世纪最杰出的数学著作之一. 它是世界数学宝库中不可多得的瑰宝."

李冶、秦九韶、杨辉、朱世杰在中算史上称为宋元四大数学家.

朱世杰可以被看成中国宋元时期 (960 ~ 1368 年) 数学发展的总结性人物, 是中国以筹算为主要计算工具的传统数学发展的顶峰, 而《四元玉鉴》可以说是宋元数学的绝唱. 大约从 1330 年前后起, 中国的数学研究逐渐发生了变化, 主导思想是普及和大众化.

古希腊数学以几何定理的演绎推理为特征、具有公理化模式, 与中国传统数学以计算为中心、具有程序性和机械性的算法化模式相辉映, 交替影响世界数学

的发展. 这一时期创造的宋元算法, 如隙积术、大衍术、开方术、垛积术、招差术、天元术等在世界数学史上占有光辉的地位.

提问与讨论题、思考题

3.1　简述《九章算术》的贡献.

3.2　《九章算术》在中国数学发展史上的地位和意义如何?

3.3　分别利用赵爽与刘徽给出的图示 1 和图示 2, 证明勾股定理.

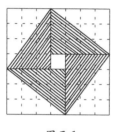 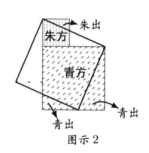

图示 1　　　　　　　　　　　　　　图示 2

3.4　简述刘徽的数学贡献.

3.5　为什么说刘徽是中国传统数学最具代表性的人物?

3.6　简述《九章算术》的不足.

3.7　您所知道的圆周率故事.

3.8　更精确地计算圆周率是否有意义? 谈谈您的理由.

3.9　分析宋元时期中国传统数学兴盛的社会条件.

3.10　如何理解: 中国传统数学以宋元数学为最高境界.

3.11　宋元以前中国数学史的分期.

3.12　中国传统数学的主要特点是什么?

3.13　试分析: "中国传统数学成就是爱国主义的教材".

第4讲

中世纪的印度、阿拉伯与欧洲数学

主要内容: 中世纪的印度数学、阿拉伯数学与欧洲数学, 简述了 10 位科学家的数学工作.

4.1 印度数学 (公元 5 ~ 12 世纪)

图片 "古代印度地图".

笈多王朝 (公元 320 ~ 540 年) 是印度历史上强盛的王朝 (中世纪统一印度的第一个封建王朝), 科技与文化取得巨大进步. 印度头等重要的天文学著作, 无名氏著的《苏利耶历数全书》(梵文: 太阳的知识, 相传为婆罗门教的太阳神苏利耶所著) 大约是公元 5 世纪所写 (8 世纪被译为阿拉伯文, 1860 年被译为英文 [5])[1]. 印度数学从这个时期开始对天文学比对宗教更有用. 印度数学著作的最大特点是叙述过于简练, 命题或定理的证明常被省略, 又常常以诗歌的形式出现, 再加上浓厚的宗教色彩, 致使其著作更加晦涩难读.

公元 5 ~ 12 世纪的印度数学称为 "悉檀多" 时期. 悉檀多 (Siddhānta) 是梵文, 佛教术语, 为 "宗" 或 "体系" 之意, 意译为 "历数书". 这是印度数学的繁荣鼎盛时

---

[1]笈多王朝时期, 希腊天文学开始传入印度. 从此开始了从公元 400 年到公元 1600 年长达 1000 多年的印度天文学希腊时期, 此时印度天文学名家辈出、经典繁多、影响深远 [22].

期, 是以计算为中心的实用数学时代, 数学贡献主要是算术与代数, 出现了一些著名的数学家.

4.1.1　阿耶波多第一 (476 ∼ 约 550 年)

阿耶波多[2] (图片) 是印度科学史上有重要影响的人物, 是最早留名于世的印度数学家, 公元 476 年生于恒河南岸的华氏城 (现称巴特那, 属印度北方的比哈尔邦). 1975 年, "阿耶波多号" 人造卫星 (邮票: 印度, 1975) 发射升空. 1976 年, 印度为阿耶波多诞生 1500 周年举行纪念大会.

499 年, 天文学著作《阿耶波多历数书》(圣使天文书) 问世 (相当于祖冲之《缀术》的年代, 此书长期失传, 至 1864 年印度学者勃豪·丹吉获得抄本, 始彰于世). 全书由 118 行诗组成, 最突出之处在于对希腊三角学的改进, 制作正弦表 (sine 一词由阿耶波多称为半弦的 jiva 演化而来), 计算了 π 的近似值 3.1416 (其方法不得而知, 与刘徽所得的近似值相当), 并且开古代印度一次不定方程研究的先河, 建立了丢番图方程 $ax + by = c$ 求解的 "库塔卡" (原意为 "粉碎") 法 —— 相当接近于连分数法, 基本运算是辗转相除.

4.1.2　婆罗摩笈多 (598 ∼ 约 665 年)

婆罗摩笈多 (图片) 出生在印度的 7 大宗教圣城之一的乌贾因 (位于现中央邦的西南部), 并在这里长大. 婆罗摩笈多成年以后, 一直在故乡乌贾因天文台 (图片) 工作, 在望远镜出现之前, 它可谓是东方最古老的天文台之一. 在这段时间 (中国的隋唐时期), 整个世界 (无论东方还是西方) 都没有产生一个大数学家 (中国唐朝天算家僧一行 (张遂, 683 ∼ 727 年) 稍后).

628 年, 婆罗摩笈多发表著作《婆罗摩修正体系》(宇宙的开端). 这是一部有 21 章的天文学著作, 其中第 12、18 章讲的是算术与代数, 分数成就十分可贵, 比较完整地叙述了零的运算法则, 丢番图方程 $nx^2 + 1 = y^2$ 求解的 "瓦格布拉蒂" (直译为 "平方本性") 法, 即现在所谓的佩尔 (英, 1611 ∼ 1685 年) 方程 (由欧拉命名) 的一种解法. 印度人在求解佩尔方程的整数解方面有惊人的进步, 这是数论自丢番图以来第一次最重要的进步[12].

4.1.3　婆什迦罗第二 (1114 ∼ 约 1185 年)

印度的第二颗人造卫星 "婆什迦罗号" (图片), 1979 年发射升空.

印度古代和中世纪最伟大的数学家、天文学家婆什迦罗[3], 生于印度西南部的比德尔 (今属卡纳塔克邦), 成年后来到乌贾因天文台工作, 成为婆罗摩笈多的继

---

[2]约公元 10 世纪, 印度另有一位数学家阿耶波多第二, 若省去第一、第二, 通常是指第一.
[3]约公元 6 世纪, 印度另有一位数学家婆什迦罗第一, 若省去第一、第二, 通常是指第二.

承者, 后来做了这家天文台的台长.

古印度数学最高成就《天文系统之冠》(1150 年, 中国的南宋时期) 中有两部婆什迦罗的重要数学著作《算法本源》、《莉拉沃蒂》(图片).《算法本源》主要探讨代数问题, 其中有解佩尔方程的第一个一般方法.《莉拉沃蒂》(原意 "美丽") 从一个印度教信徒的祈祷开始展开, 讲的是算术问题, 流传着一个浪漫的故事.

《莉拉沃蒂》中的一个算术问题. 带着微笑眼睛的美丽少女, 请您告诉我, 按照您的理解的正确反演法, 什么数乘以 3, 加上这个乘积的 3/4, 然后除以 7, 减去此商的 1/3, 自乘, 减去 52, 取平方根, 加上 8, 除以 10, 得 2?

根据反演法, 从数 2 开始回推, 于是 $(2 \cdot 10 - 8)^2 = 144$, 由于 $144 + 52 = 196$, $\sqrt{196} = 14$, 且 $14 \cdot (3/2) \cdot 7 \cdot (4/7)/3 = 28$, 所以答案是 28.

由于印度屡被其他民族征服, 所以印度古代天文学和数学受外来文化影响较深, 但印度本土天文学在各个时期一直顽强地存在着, 数学始终保持东方数学以计算为中心的实用化特点. 印度数学的成就在世界数学史上占有重要地位. 许多数学知识由印度经由阿拉伯国家传入欧洲, 促进了欧洲中世纪时期数学的发展. 现代初等算术运算方法的发展, 就起始于印度, 可能在大约 10、11 世纪, 它被阿拉伯人采用, 后来传到欧洲, 在那里, 它们被改造成现在的形式. 这些工作受到 15 世纪欧洲算术家们的充分注意.

与算术和代数相比, 印度人在几何方面的工作则显得薄弱. 此外, 印度人用诗的语言来表达数学, 他们的著作含糊而神秘 (虽然发明了零号), 且多半是经验的, 很少给出推导和证明.

婆什迦罗之后的近 1000 年, 在南印度的泰米尔纳德邦, 诞生了一位享誉世界的数学天才人物 (邮票: 印度, 1962): "印度之子" 拉马努金 (1887 ～ 1920 年). 2010 年 8 月, 第 26 届国际数学家大会 (ICM) 在印度的海得拉巴 (Hyderābād, 印度南部城市, 安得拉邦的首府) 召开, 这表明印度数学已经崛起.

4.2　阿拉伯数学 (公元 8 ～ 15 世纪)

背景: 阿拉伯简况.

图片 "阿拉伯帝国地图".

阿拉伯帝国的兴盛被认为是人类历史上最精彩的插曲之一, 这当然与先知穆罕默德 (公元 570 ～ 632 年) 的传奇经历有关. 570 年, 穆罕默德出生在阿拉伯半岛西南部的麦加. 穆罕默德在极其艰苦的条件下长大成人, 直到 40 岁前后, 领悟到有且只有一个全能的神主宰世界, 并确信真主安拉选择了他作为使者, 在人间传教. 610 年, 穆罕默德在麦加创立了伊斯兰教. 至 632 年, 一个以伊斯兰教为共同信仰、政教合一, 统一的阿拉伯国家出现于阿拉伯半岛. 伊斯兰教在阿拉伯语里的意思是 "顺从", 其信徒叫穆斯林, 即信仰安拉、服从先知的人.

四大哈里发时期 (632～661 年): 632 年穆罕默德逝世后, 他的最初 4 个继任者统治时期. 哈里发为阿拉伯文的音译, 意为真主使者的 "继承人".

以 "圣战" 为名进行大规模的武力扩张, 为阿拉伯帝国的建立奠定了基础. 大约在 650 年, 依据穆罕默德和他的信徒所讲的启示辑录而成的《古兰经》[4] 问世, 被穆斯林认为是上天的启示.

《圣训》[5] 中说: "学问虽远在中国, 亦当求之."

倭马亚王朝时期 (661～750 年): 迁都大马士革, 遵奉伊斯兰教的逊尼派 (正统派), 崇尚白色, 中国史籍称 "白衣大食". 王朝发动了大规模的对外战争, 版图东起印度西部, 西至西班牙, 北抵里海和中亚, 南达北非, 成为地跨亚、非、欧三大洲的庞大帝国. 迄今为止, 这可能是人类历史上最大的帝国.

在今天的伊朗一带崛起了一个新的教派 —— 阿拔斯派.

阿拔斯王朝时期 (750～1258 年): 750 年, 由阿拉伯贵族艾布·阿拔斯 (750～754 年在位) 创建. 阿拉伯帝国第 2 个封建王朝, 因其旗帜尚黑, 中国史籍称 "黑衣大食".

755 年, 阿拉伯帝国分裂为两个独立王国. 东部王国阿拔斯王朝 762 年迁都巴格达, 帝国进入极盛时代. 哈里发哈龙·兰希 (786～808 年在位) 因《一千零一夜》(又名《天方夜谭》) 而为人们所熟知. 9 世纪中叶后, 王朝进入分裂和衰落时代. 西欧十字军东征 (1096～1291 年), 沉重地打击了阿拔斯王朝. 此后, 蒙古人崛起. 1258 年, 成吉思汗之孙旭烈兀 (1217～1265 年) 率蒙古军队攻陷巴格达.

图片 "阿拉伯人统治区".

麦加城大清真寺 (图片): 伊斯兰教第一圣寺.

阿拉伯人之所以重视天文学, 是因为他们需要知道祈祷的准确时间和正确方向 (面朝麦加). 可以说, 阿拉伯人对数学的需要主要是通过天文学和占星术等.

"伊斯坦布尔的天文学家" (邮票: 阿森松, 1971).

9～15 世纪, 阿拉伯科学繁荣了 600 年. 巴格达 (波斯语: 神赐的礼物) 成为阿拉伯人创建的 "一座举世无双的城市", 国际贸易与文化中心之一, 创造出光辉灿烂的阿拉伯文化. 阿拔斯王朝前期的 100 年是阿拉伯文化飞速发展的时期. 830 年, 哈里发麦蒙 (809～833 年在位) 下令在巴格达建造智慧宫, 一个集图书馆、观象台、科学院和翻译局于一体的联合机构. 它是公元前 3 世纪亚历山大图书馆建立以来最重要的学术机关 —— 世界的学术中心, 形成后人所谓的 "巴格达学派".

---

[4]《古兰经》是伊斯兰教的最根本经典, 伊斯兰教义的最高准则和纲领.
[5]《圣训》是穆罕默德阐释《古兰经》和实践伊斯兰教理的言行录.

译述活动极其繁荣, 许多重要的学术著作, 希腊语占首位, 被译成阿拉伯文, 史称 "百年翻译运动". 包括《原本》(图片)、《圆锥曲线论》和《天文学大成》等在内的希腊天文、数学经典, 印度的《苏利耶历数全书》等先后被译成了阿拉伯文.

"阿拉伯科学" (邮票: 突尼斯, 1980).

"阿拉伯数学" 并不单指阿拉伯国家的数学, 习惯上指 8 ~ 15 世纪在阿拉伯帝国统治下各民族共同创造的数学. 有时也用 "伊斯兰数学" 表示.

4.2.1　早期阿拉伯数学 (8 世纪中叶 ~ 9 世纪)

花拉子米 (783 ~ 850 年) (邮票: 苏, 1983), 生于波斯北部花拉子模地区 (今乌兹别克斯坦共和国境内), 813 年来到巴格达, 后成为智慧宫的领头学者. 820 年出版《还原与对消概要》, 以其逻辑严密、系统性强、通俗易懂和联系实际等特点被奉为 "代数教科书的鼻祖" (图片), 约 1140 年被罗伯特 (Robert of Chester, 英) 译成拉丁文传入欧洲 [1], 成为欧洲延用几个世纪标准的代数学教科书. 这也使得花拉子米成为中世纪对欧洲数学影响最大的阿拉伯数学家, 这对东方数学家来说十分罕见. 阿拉伯语的 "al-jabr" 意为还原, 即移项, 传入欧洲后, 到 12 世纪演变为拉丁语 "algebra", 就成了今天英文的 "algebra" (代数), 因此花拉子米的上述著作通常称为《代数学》. 可以说, 正如埃及人发明了几何学, 阿拉伯人命名了代数学.

《代数学》把未知量称为植物的 "根", 现在把解方程求未知量叫做 "求根" 正是来源于此. 《代数学》所讨论的数学问题本身并不比丢番图或婆罗摩笈多的问题简单, 但它探讨了一般性解法, 因而远比希腊人和印度人的著作更接近于近代初等代数.

《代数学》中关于 3 项 2 次方程的求解 (图片): $x^2 + 10x = 39$.

花拉子米的另一本书《算法》(又名《印度计算法》), 系统介绍了印度数码和十进制记数法. 12 世纪, 这本书便传入欧洲并广为传播 (其拉丁文手稿现存于剑桥大学图书馆), 所以欧洲一直称这种数码为阿拉伯数码 (图片). 该书书名的全译应为 "Algoritmi de Numero Indorum" (《花拉子米的印度计算法》), 其中 Algoritmi 是花拉子米的拉丁译名, 现代术语 "算法" (Algorithm) 即源于此.

图片 "《算法与代数学》(科学出版社, 2008)".

印度-阿拉伯数码用较少的符号, 最方便地表示一切数和运算, 给数学的发展带来很大的方便, 是一项卓越的伟大贡献. 它传入欧洲以后, 加快了欧洲数学的发展, 许多数学家、天文学家对这套集体智慧的发现赞美不绝. 法国数学家拉普拉斯 (1749 ~ 1827 年) 写道 [10]: "用十个记号来表示一切数, 每个记号不但有绝对的值, 而且有位置的值, 这种巧妙的方法出自印度. 这是一个深远而又重要的思想, 它今天看来如此简单, 以致我们忽视了它的真正伟绩, 简直无法估计它的奇妙程度. 而当我们想到它竟逃过古代希腊最伟大的阿基米德和阿波罗尼乌斯两位天才思想的关注时, 我们更感到这成就的伟大了."

"2006 年马德里国际数学家大会" (邮票: 西, 2006). 票图中有 10 世纪的西班牙数码 [21].

13 世纪, 元朝的伊斯兰教徒从当时的西方带来一套阿拉伯数码, 中国人没有采用它. 16 世纪, 西洋历算书大量输入我国, 原著上的印度-阿拉伯数码, 我国一律用中国数码一、二、三等改译出来. 光绪十一年 (1885), 上海出版了一本用上海口音译出的西算启蒙书, 正式出现了印度-阿拉伯数码通用原型. 1892 年, 美国传教士狄考文 (1836 ~ 1908 年) 和清代邹立文 (山东蓬莱人) 合译《笔算数学》一书, 首次正式采用了印度-阿拉伯数码, 但数字是按书籍直写的. 直到 1902 ~ 1905 年, 中国数学教科书或数学用表上才普遍使用印度-阿拉伯数码, 并且一律与西洋算书一样横排 [10].

早期阿拉伯数学的贡献还体现在三角学方面.

巴塔尼 (858 ~ 929 年) (图片), 生于哈兰 (今土耳其东南部), 最重要的著作《历数书》(或《天文论著》、《星的科学》), 对希腊三角学进行了系统化的工作, 创立了系统的三角学术语, 并发现地球轨道是一个经常变动的椭圆, 确定了一回归年长度为 365 天 5 小时 46 分 24 秒 [22]. 该书于 1116 年被译成拉丁文本, 1537 年首次在纽伦堡出版 [5], 这使巴塔尼成为对中世纪欧洲影响最大的天文学家. 哥白尼 (波, 1473 ~ 1543 年)、第谷 (丹麦, 1546 ~ 1601 年)、开普勒 (德, 1571 ~ 1630 年)、伽利略 (意, 1564 ~ 1642 年) 等都利用和参考了他的成果.

4.2.2   中期阿拉伯数学 (10 ~ 12 世纪)

奥马·海亚姆 (1048 ~ 1131 年) (邮票: 阿尔巴尼亚, 1997), 生于波斯东北部霍拉桑地区 (今伊朗东北部), 受命在伊斯法罕 (今伊朗西部) 天文台负责历法改革工作, 编制了中世纪最精密的历法 "哲拉里 (Jalali) 历", 即在平年 365 天的基础上, 每 33 年增加 8 个闰日, 与实际的回归年仅相差 19.37 秒, 即每 4460 年才误差 1 天, 比现行的公历, 每 400 年置 97 个闰日, 还要准确. 在代数学方面的成就集中反映于他的《还原与对消问题的论证》(1070), 其中最杰出的数学贡献是研究 3 次方程根的几何作图法, 提出了用圆锥曲线图求根的理论 (图片). 这一创造, 使代数与几何的联系更加密切, 成为阿拉伯数学最重大的成就之一, 可惜在 1851 年以前欧洲人并不了解他的这种解析几何方法[6]. 此外, 他在证明欧几里得平行公设方面也做了有益的尝试, 撰写了《辨明欧几里得公设中的难点》(1077).

图片 "奥马·海亚姆陵墓" (伊朗, 1934 年修建).

---

[6]1851 年, 韦普克 (德, 1826 ~ 1864 年) 把此书从阿拉伯文译成法文, 书名为《奥马·海亚姆代数学》[5].

比鲁尼 (973 ~ 约 1048 年) (邮票: 巴基斯坦, 1973), 生于波斯花拉子模城的比伦郊区, 1017 年被召入伽兹尼宫廷 (今阿富汗东部) 直至去世, 三角学理论的贡献是利用 2 次插值法制定了正弦、正切函数表, 证明了一些三角公式, 如正弦公式、和差化积公式、倍角公式和半角公式, 提出了地球绕太阳运转, 太阳是宇宙中心的思想等 (邮票: 阿富汗, 1973).

4.2.3 后期阿拉伯数学 (13 ~ 15 世纪)

纳西尔丁 (1201 ~ 1274 年) (邮票: 伊朗, 1956), 生于波斯的图斯城 (属波斯东北部霍拉桑地区, 今伊朗境内), 最重要的数学著作《论完全四边形》(原名《横截原理》) 是数学史上流传至今最早的三角学专著. 此前, 三角学知识只出现于天文学的论著中, 是附属于天文学的一种计算方法. 纳西尔丁的工作使得三角学成为纯粹数学的一个独立分支, 对 15 世纪欧洲三角学的发展起重要的作用. 正是在这部书里, 首次陈述了著名的正弦定理. 纳西尔丁曾把欧几里得《原本》15 卷译为阿拉伯文 (1248), 并对欧几里得的平行公设进行探索. 1256 年, 蒙古远征军首领旭烈兀征服波斯北方, 占领了阿拉穆特等要塞, 将纳西尔丁收入麾下, 担任科学顾问, 奉以厚薪.[7]

卡西 (约 1380 ~ 1429 年) (邮票: 伊朗, 1979), 生于卡尚 (今属伊朗), 在撒马尔罕 (帖木儿王国都城, 今属乌兹别克斯坦) 创建天文台, 并出任第一任台长. 在《圆周论》(1424) 一书中算到圆内接正 $3 \cdot 2^{28}$ ($= 805306368$) 边形的周长, 给出圆周率 π 的 17 位精确值[8]; 在《弦与正弦论》(1429, 遗著) 一书中, 给出 $\sin 1°$ 的 16 位精确值; 著有传世百科全书《算术之钥》(1427), 被用作手册传诵百年之久. 《算术之钥》中有十进制记数法、整数的开方、高次方程的数值解法以及贾宪三角 (如, $n = 9$ 的 "算术三角形" 图表) 等中国数学的精华, 许多内容和中国算法如出一辙, 受到中国的影响是可以肯定的[9].

人们常以卡西的卒年作为阿拉伯数学的终结. 此时, 欧洲文艺复兴之火开始在亚平宁半岛 (意大利南部) 点燃.

在世界文明史上, 阿拉伯人在保存和传播希腊、印度甚至中国的文化, 最终为近代欧洲的文艺复兴准备学术前提方面作出了巨大贡献. 阿拉伯数学, 既消化希腊数学, 又吸收印度数学与中国数学, 对文艺复兴后欧洲数学的进步有深刻的影响. 最突出的、最值得赞美的是他们充当了世界上的大量精神财富的保存者, 在黑暗时代过去之后, 这些精神财富得以传给欧洲人.

---

[7]旭烈兀为纳西尔丁在马拉盖 (Maraga, 今伊朗北部) 修建了马拉盖天文台 (1259 年动工, 至 14 世纪中期被废弃), 其天文学研究形成了一个对后世产生重大影响的马拉盖学派[22].

[8]1596 年, 柯伦 (德, 1540 ~ 1610 年) 用圆内接及外切正 $60 \cdot 2^{33}$ 边形算出 π 的小数后 20 位精确值, 才打破卡西保持了 170 多年的纪录.

4.3 欧洲数学 (公元 5 ~ 15 世纪)

主要内容: 黑暗时期、科学复苏.

从公元 476 年西罗马帝国灭亡到 15 世纪文艺复兴时期, 长达 1000 年的欧洲, 称为欧洲中世纪.

4.3.1 基督教

犹太教最神圣的露天会堂 (图片): 哭墙. 它位于耶路撒冷圣殿山, 犹太人视为他们信仰和团结的象征. 据传说, 当年罗马人占领耶路撒冷时, 犹太人经常聚集在这里举行宗教仪式. 他们每每追忆往事, 回想起所罗门圣殿被毁 (公元 70 年) 的情景, 不免嚎啕大哭一场. 后来常有犹太人来到这里哭嚎, "哭墙" 因而得名. 如今, 每到犹太教安息日, 仍然有人到 "哭墙" 表示哀悼.

基督教是当今世界上传播最广、信徒人数最多的宗教. 公元 1 世纪中叶, 基督教产生于巴勒斯坦, 创始人是耶稣 (生于公元元年前后)[9]. "基督" 一词是古希腊语的译音, 意为 "救世主". 耶稣 30 岁时受了洗礼, 坚定了对上帝的信念. 此后, 耶稣率领彼得、约翰等门徒四处宣传福音, 引起了犹太贵族和祭司的恐慌, 他们收买了耶稣的门徒犹大, 把耶稣钉死在十字架上. 但 3 天以后, 耶稣复活, 向门徒和群众显现神迹, 要求他们在更广泛的范围内宣讲福音. 从此, 信奉基督教的人越来越多, 他们把基督教传播到世界各地.

135 年, 基督教从犹太教中分裂出来成为独立的宗教.

图片 "君士坦丁堡圣索非亚大教堂" (土耳其, 建于 532 ~ 537 年)[10].

基督教产生不久, 就逐渐形成拉丁语系的西派和希腊语的东派. 东派以君士坦丁堡为中心, 西派以罗马为中心. 392 年, 基督教成为罗马帝国的国教. 5 世纪末起至 10 世纪, 罗马教会逐步确立了在整个西派教会中的实际领导地位.

5 世纪起, 东西两派矛盾日益尖锐. 1054 年, 东西两派正式分裂, 东派自称正教, 西派自称公教. 罗马公教传入中国后称为天主教.

16 世纪中叶的宗教改革, 罗马公教派生出新教派, 统称 "新教", 传入中国后称为 "基督教" 或 "耶稣教". 所以, 基督教是公教、东正教和新教三大教派的总称. 在我国, 基督教多指新教.

图片 "圣彼得教堂" (梵蒂冈, 建于 1506 ~ 1626 年).

---

[9] 耶稣诞生是世界历史中最重要的事件, 它为过去、现在和未来提供了全新的时间尺度. 其后, 基督教创造了普遍而统一的历法和编年体系.

[10] 君士坦丁堡原名拜占庭, 公元前 660 年为希腊人所建. 公元 330 年, 罗马帝国皇帝君士坦丁迁都拜占庭, 改名君士坦丁堡. 395 年, 君士坦丁堡为东罗马帝国 (后人又称为拜占庭帝国) 首都. 1453 年, 奥斯曼人攻陷君士坦丁堡, 君士坦丁堡为奥斯曼帝国首都, 更名伊斯坦布尔.

梵蒂冈在拉丁语中意为 "先知之地". 1929 年, 意大利政府同罗马教皇签订了 "拉特兰条约", 承认梵蒂冈为主权国家, 其主权属教皇.

图片 "梵蒂冈地图".

4.3.2 "黑暗时期"

在中世纪, 基督教逐渐成为欧洲封建社会的主要精神支柱, 整个社会以宗教和神学为核心, 科学思想是异端邪说. 5 ～ 11 世纪, 欧洲历史上的黑暗时期, 教会成为欧洲社会的绝对势力, 宣扬天启真理, 追求来世, 淡漠世俗生活, 对自然不感兴趣. 希腊学术几乎绝迹, 既没有像样的发明创造, 也很少见到有价值的科学著作. 这是欧洲历史上一个科学文化大倒退的时期.

罗马人偏重于实用而没有发展抽象数学, 对西罗马帝国崩溃后的欧洲数学也有一定的影响, 终使黑暗时代的欧洲在数学领域毫无成就. 究其原因, 主要是战火连绵, 蛮族文化, 神学一统天下. 《圣经》(图片 "5 世纪的《圣经》插图")[11] 是最根本的知识. 神学被誉为 "科学的皇后", 视科学为神学的婢女[12], 甚至反对数学的学习与研究, 致使学术沉沦. 例如, 《查士丁尼法典》(529) 规定: "绝对禁止应受到取缔的数学艺术". 数学的发展受到沉重的打击. 但因宗教教育的需要, 建立了一些教会学校, 僧侣们只学习对宗教教义所必需的科学知识, 产生了为神学服务的数学教育, 使数学成为当时欧洲读书人所必修的课程, 也出现一些水平低下的初级算术与几何教材.

罗马人博埃齐 (博伊西斯, 约 480 ～ 524 年) (图片) 主要以 "哲学家" 留名青史, 他的哲学是古希腊罗马哲学到中世纪经院哲学的过渡. 在数学方面, 博埃齐根据希腊学者的著作用拉丁文选编了《几何学》(《原本》第 1、3、4 卷部分内容)、《算术入门》(图片) 等教科书, 成为中世纪早期欧洲人了解希腊科学的唯一来源. 他的众多著作为普及百科知识及传播希腊、罗马文化, 在长达千年的历史上起了重要作用[21]. 522 年, 博埃齐被诬控叛国罪而遭监禁, 524 年被处决.

热尔贝 (法, 938 ～ 1003 年) (邮票: 法, 1964) 具有较高的数学水平, 在教会学校中讲授数学, 深得罗马皇帝的赏识, 999 年当选为罗马教皇 (西尔维斯特二世, 999 ～ 1003 年在位), 主张扩建教会学校, 亲自撰写《几何学》著作, 提倡学习数学, 翻译了一些阿拉伯科学著作, 把印度–阿拉伯数码带入欧洲, 对罗马乃至欧洲的学术发展起到一定的推动作用, 对欧洲科学复苏产生了积极的影响.

---

[11]《圣经》是基督教的经典, 记述着上帝的启示、永恒的真理, 成为基督教徒信仰的总纲和处世的规范.

[12] "婢女" 指作为异教学术的理性哲学是处于统治地位的基督教神学的附庸, 可以为神学所用. 婢女论贬低但不拒绝希腊科学, 成为罗马时代基督教对待世俗学术的标准态度[13].

4.3.3　科学复苏

"操作星盘的水手" (邮票: 葡, 1989).

1100 年左右, 新的思潮开始影响西欧的学术界. 由于手工业与商业的发展, 欧洲出现了不少新兴城市, 世俗文化在城市得到发展. 由于商业的发展和对航海的兴趣, 欧洲人开始与阿拉伯人、拜占庭人发生接触, 了解阿拉伯、希腊的文化, 创立了大学并继承希腊的学术传统, 使其构成自由学术的坚强堡垒, 为科学革命开辟了思想空间. 一些最早创立的大学 (图片): 博洛尼亚大学 (1088) (邮票 "第一所大学, 1088" (博洛尼亚大学): 圭亚那, 2000)、巴黎大学 (1160)、牛津大学 (1167)、剑桥大学 (1209)、萨拉曼卡大学 (西班牙, 1218)、帕多瓦大学 (意大利, 1222)、那不勒斯大学 (意大利, 1224)、科英布拉大学 (葡萄牙, 1290) 等. 早期的大学以讲授自由之艺为本, 通常有 4 种学院: 艺学院、神学院、法学院和医学院 [13].

十字军东征 (图片) 是西欧封建主、大商人和天主教会以维护基督教为名, 对地中海东岸地区发动的侵略性远征. 1095 年, 罗马教皇在法国召开宗教大会, 宣布组成十字军远征, 从异教徒 (穆斯林) 手中夺回圣城耶路撒冷.

东征活动从 1096 年起, 到 1291 年止, 历时近 200 年, 大规模的东征共 8 次. 第 1 次东征 (1096 ～ 1099 年) 攻占了耶路撒冷, 建立了耶路撒冷王国 (1099 ～ 1291 年). 第 4 次东征 (1202 ～ 1204 年) 攻陷了拜占庭帝国, 在巴尔干建立了拉丁帝国 (1204 ～ 1261 年). 历次东征所占据点后来不断丧失, 1291 年最后据点阿克城 (今巴勒斯坦北部) 失守, 标志着十字军东征彻底失败.

十字军东征对地中海沿岸国家人民带来了深重灾难, 西欧各国人民也损失惨重. 几十万十字军死亡, 同时教廷和封建主却取得了大量的财富. 十字军东征也促进了东西方文化的交流, 使西欧人大开眼界, 进入了阿拉伯世界. 从此, 欧洲人了解到了希腊及东方古典学术. 对这些学术著作的搜求、翻译和研究, 使科学开始复苏, 加速了西欧手工业、商业的发展.

12 世纪, 欧洲开始了大翻译运动. 希腊人的著作从阿拉伯文译成拉丁文后, "在惊讶的西方面前展示了一个新的世界" [13].

阿德拉德 (英, 约 1090 ～ 约 1150 年):《原本》和花拉子米的天文表 (图片).

杰拉德 (意, 1114 ～ 1187 年):《天文学大成》、《原本》、《圆锥曲线论》、《圆的度量》.

至 12 世纪末, 亚里士多德作品的主要部分都已被译成拉丁文. 随着 11 世纪经院哲学的出现, 面对博大精深的异教学术, 协调基督教教义与希腊学术的任务摆在基督教思想家的面前. 基督教信奉创世思想, 而希腊人认为宇宙是永恒存在、

---

[13] 恩格斯.《自然辩证法》, 见:《马克思恩格斯全集》, 第 20 卷, 人民出版社, 1971 年, 361 页.

无始无终的. 13 世纪, 通过对亚里士多德的著作进行基督化, 托马斯 · 阿奎那 (意, 1225 ～ 1274 年) (图片)[14] 集经院哲学之大成, 把理性精神全面地引进基督教神学中, 使得神学发展成一门亚里士多德意义上的科学[13]. 以亚里士多德的宇宙观为基础的托勒密体系, 成为被教会认可的神圣不可侵犯的天文学体系.

大翻译运动促使欧洲告别了黑暗时期, 迎来了第一次学术复兴. 欧洲人了解到希腊和阿拉伯数学, 构成后来欧洲数学发展的基础.

欧洲黑暗时期过后, 第一位有影响的数学家, 同时也是中世纪欧洲最杰出的数学家是斐波那契 (意, 约 1170 ～ 1250 年) (图片). 他早年随父亲到印度、埃及、阿拉伯和希腊等地旅行, 通过广泛学习和认真研究, 掌握了许多计算技术. 回到意大利后, 编著了代表作《算盘书》(又名《算经》、《计算之书》, 图片) (1202), 但与 "算盘" 无关, 而是 "算术" 或 "算法". 该书以其内容丰富、方法有效、多样化的习题和令人信服的论证曾风行欧洲, 名列 12 ～ 14 世纪数学著作之冠, 并成为中世纪数学一枝独秀之作. 其内容主要是一些源自古代中国、印度和希腊的科学问题集 (书中有中国算书中的 "百钱百鸡" 和 "物不知数" 题), 系统介绍了印度-阿拉伯数码. 它对改变欧洲数学的面貌产生了很大的影响, 是欧洲数学在经历了漫长黑夜之后走向复苏的号角. 正如意大利文艺复兴时期百科全书式的学者卡尔达诺 (意, 1501 ～ 1576 年) 所评价的[16]: "我们可以假定, 所有我们掌握的希腊以外的数学知识都是由于斐波那契的出现而得到的."

1228 年, 《算盘书》修订后载有如下 "兔子问题" (图片). 某人在一处有围墙的地方养了一对小兔, 假定每对兔子每月生一对小兔, 而小兔出生后两个月就能生育. 问从这对兔子开始, 一年内能繁殖成多少对兔子?

对这个问题的回答, 导致了著名的 "斐波那契数列" (邮票 "黄金比例 · 斐波那契数列": 中国澳门, 2007)[15], 使斐波那契名垂史册. 斐波那契数列是欧洲最早出现的递推数列, 一直是许多学者研究的课题, 无论在理论上还是应用上都有巨大的价值.

斐波那契的另一部重要著作是《平方数书》(1225), 奠定了斐波那契作为数论学家的地位, 使他成为介于丢番图和费马之间的最有影响的数论学家.

13 世纪, 整个拉丁世界数学无大进展. 而 14 世纪相对来说是数学上的不毛之地, 因为一是发生了英法 "百年战争" (1337 ～ 1453 年) (图片), 使政治动乱, 环境不安定; 二是从 1348 ～ 1352 年的鼠疫引起了 "黑死病" 瘟疫 (图片), 扫荡了欧洲 1/3 以上的人口, 使人的思想不能集中追求知识; 三是烦琐哲学的思想仍在束缚科

---

[14]托马斯著有《神学大全》(1265 ～ 1273), 被认为是基督教的百科全书, 后世称其为托马斯主义. 托马斯提出了著名的证明上帝存在的 5 种论证, 对后世有重大影响.

[15]法国数学家卢卡斯 (1842 ～ 1891 年) 命名了 "斐波那契数列".

学, 压得科学家抬不起头, 只好把精力消磨在神学和形而上学的奇妙莫测的无聊问题论证上, 如 "一根针尖上可以站立多少个天使?" "苍蝇有多少根胡须?"

科学在欧洲的复苏, 最终导致了文艺复兴时期欧洲数学的高涨.

提问与讨论题、思考题

4.1　"悉檀多" 时期, 印度数学最重要的特点及代表人物.

4.2　简述公元 9 世纪印度数学家马哈维拉的数学著作《计算方法纲要》及数学贡献.

4.3　有关零号 "0" 的历史.

4.4　古代印度数学对世界数学发展最重要的贡献是什么?

4.5　何谓 "巴格达学派"?

4.6　简述花拉子米的数学贡献.

4.7　简述阿拉伯数学的三角学贡献.

4.8　论述阿拉伯数学对保存希腊数学、传播东方数学的作用.

4.9　试说明: 古代东方数学的特点之一是以计算为中心的实用化数学.

4.10　"黑暗时期" 数学落后的原因分析.

4.11　"百年翻译运动" 与 "欧洲翻译运动" 的比较.

4.12　"十字军东征" 对科学复苏的影响.

4.13　中世纪 "科学复苏" 的表现.

4.14　斐波那契数列的理论意义.

4.15　斐波那契数列的应用价值.

第5讲

文艺复兴时期的数学

主要介绍 15 ~ 17 世纪初的东西方数学, 内容有文明背景、文艺复兴时期的欧洲数学、15 ~ 17 世纪的中国数学.

5.1 文明背景

内容涉及文艺复兴运动、宗教改革、技术进步、地理大发现及哥白尼革命.

5.1.1 文艺复兴

文艺复兴是指 14 世纪意大利各城市兴起, 15 世纪后期起扩展到西欧各国, 16 世纪在欧洲盛行的一场思想文化运动.

这场运动是在 "复兴古典学术和艺术" 的旗号掩蔽下进行的, 那些从罗马废墟中发掘出来的古代文物, 意大利各寺院里清理出来的古旧藏书, 以及后来拜占庭灭亡时抢救出来的手抄本, 都展现在学者面前.

"人文主义" 思想是文艺复兴的灵魂和中心, 主张以世俗的 "人" 为中心, 歌颂人性、反对神性, 提倡人权、反对神权, 推崇个性自由、反对宗教禁锢, 赞颂世俗生活、反对来世观念和禁欲主义.

文艺复兴的第一个代表人物是但丁 (意, 1265 ~ 1321 年), 代表作《神曲》(写于 1307 ~ 1321 年) 以含蓄的手法批评和揭露中世纪宗教统治的腐败和愚蠢.

意大利文艺复兴盛期三杰: 达 · 芬奇 (1452 ~ 1519 年), 代表作 "最后的晚餐"、"蒙娜丽莎" (图片); 米开朗琪罗 (1475 ~ 1564 年), 代表作 "大卫" (图片)、"摩西"; 拉斐尔 (1483 ~ 1520 年), 代表作 "雅典学院"、"圣母的婚礼" (图片).

达 · 芬奇 (邮票: 摩纳哥, 1969) 重视数学, 说 "不懂数学的人不要读我的书", "凡是和数学没有联系的地方, 都不是可靠的".

这约 200 年的历史, 带来了科学与艺术的革命, 揭开了近代欧洲历史的序幕, 使得知识界的面貌大大改观, 也使数学活动以空前的规模和深度蓬勃兴起, 被认为是中古时代和近代的分界.

伴随着文艺复兴运动的兴起, 在德国等许多欧洲国家陆续发生了宗教改革运动. 点燃这场运动的引信是马丁 · 路德 (德, 1483 ~ 1546 年) (图片), 他在 16 世纪初期, 倡导了规模最大、影响最广的宗教改革运动. 继路德之后, 加尔文 (法, 1509 ~ 1564 年) (图片) 又发展了新教. 一系列的宗教改革, 动摇了传统教会的构架, 挑战了罗马天主教会至高无上的权力, 打破了教会的精神独裁, 为自然科学从神学中解放出来创造了必要的社会条件.

文艺复兴是欧洲智慧在沉睡了一千年后的苏醒和重生.

5.1.2　技术进步

欧洲文艺复兴时期的主要成就之一, 是在 15 世纪后半叶开始产生近代自然科学.

中国的四大发明相继传入欧洲.

火药: 在公元 8、9 世纪时, 中国火药的主要原料 —— 硝石已传到了阿拉伯、波斯等地. 13 世纪, 蒙古军队西征时, 火器传到阿拉伯. 13 世纪后期, 西班牙人通过阿拉伯人的著作才知道火药. 14 世纪初, 阿拉伯国家攻打西班牙时, 使用火药和火器, 欧洲人于是开始接触到火药和火器, 并学习制造. 从 14 世纪起, 欧洲开始使用火药和火器.

造纸: 105 年左右, 造纸术首先传入朝鲜和越南, 随后传到日本. 唐玄宗十年 (751 年), 唐安西节度使高仙芝 (? ~ 756 年) 率部与阿拉伯帝国沙利将军的军队在怛罗斯城 (今哈萨克斯坦的江布尔) 交战, 唐军大败, 被俘士兵中有从军的造纸工人, 中国的造纸术传到了巴格达. 最早接触纸和造纸技术的欧洲国家是一度为阿拉伯人统治的西班牙. 1150 年, 阿拉伯人在西班牙的萨狄瓦, 建立了欧洲第一个造纸场. 13 世纪, 造纸术传入了葡萄牙, 继而传入欧洲.

印刷术: 中国的印刷术已经在 11 世纪传到东南亚诸国. 活字印刷术传到欧洲是在 14 世纪, 是从我国新疆沿中亚、西亚逐步传到欧洲的. 至 15 世纪, 欧洲已广泛流传了印刷品, 其中上半叶主要是雕版印刷, 到中叶开始了铸造活字的印刷术.

指南针: 公元 1 世纪, 中国人制造了指南针. 北宋时期, 指南针被应用在航海上. 南宋时期, 阿拉伯、波斯商人, 经常搭乘我国的海船往来贸易, 也学会使用指南针. 大约在 12 世纪末到 13 世纪初, 指南针从海路由阿拉伯人传入欧洲.

图片 "丝绸之路示意图".

1450 年, 约翰·古腾堡 (德, 1400～1468 年) (图片) 用金属活字印出欧洲第一套《拉丁文文法》[1]. 1482 年, 欧几里得的《原本》在威尼斯出版了第一个印刷版 (图片).

马克思 (德, 1818～1883 年) 在《机器、自然力和科学的应用》(1861～1863) 中指出: "火药、指南针、印刷术 —— 这是预告资产阶级社会到来的三大发明 …… 总的说来变成了科学复兴的手段, 变成对精神发展创造必要前提的最强大的杠杆."

5.1.3 地理大发现

地理大发现 (又称大航海时代) 是指 15～17 世纪, 欧洲航海者开辟新航路和 "发现" 新大陆的通称, 它是地理学发展史中的重大事件.

1405～1433 年, 明朝的郑和 (1371～1433 年) 七下西洋为中国人所熟知, 成为世界航海史上的壮举 (图片; 邮票: 中国香港, 2005; 中, 1985). 当时明朝在航海技术、船队规模、航程距离、持续时间、涉及领域等均领先于同一时期的西方.

葡萄牙在 15 世纪初期就侵入非洲西北部, 建立据点. 1487 年, 迪亚士 (葡, 1450～1500 年) (邮票: 葡, 1945) 率领舰队沿非洲西海岸南下, 第二年春天到非洲东海岸, 归途中发现好望角, 在开辟新航路的活动中取得了重大进展 (邮票 "迪亚士航海 500 周年": 葡, 1987).

地理大发现中, 最知名的是名垂青史的航海家哥伦布 (意, 1451～1506 年) (邮票: 智利, 1992; 罗马尼亚, 1992). 哥伦布通过阅读马可·波罗 (意, 1254～1324 年) 的《东方见闻录》(又名《马可·波罗游记》, 1299), 对富庶的东方产生了浓厚的兴趣, 他相信当时已日益流行的地圆学说, 只要从欧洲海岸一直向西航行, 就可以到达印度, 得到大量的黄金、香料. 1492 年 8 月, 哥伦布从西班牙出发, 一直向西航行, 同年 10 月, 到达了巴哈马群岛中的瓜纳阿尼岛 (今华特林岛), 抵达美洲.

1497 年 7 月, 达·伽马 (葡, 1469～1524 年) (邮票: 葡, 1969) 在迪亚士航行的基础上绕过非洲, 于次年到达印度海岸, 并于 1499 年 7 月返回里斯本, 找到了通向东方的新航路.

---

[1] 2001 年 6 月, 联合国教科文组织认定, 世界最古老的金属活字印刷品是在韩国清州发现的《白云和尚抄录佛祖直指心体要节》(印刷于公元 1377 年). 见: 江晓原. 关于四大发明的争议和思考. 科技导报, 2012, 30(2): 15～17.

郑和下西洋开辟了亚非的洲际航线, 为西方人的大航海时代铺平了亚非航路. 当达·伽马沿非洲西海岸绕过好望角, 抵达东非海岸时, 当地人就告诉几十年前中国人曾几次来到这里. 他们在阿拉伯领航员的帮助下, 沿着郑和船队开辟的航线顺利到达了印度.

1519 年 9 月, 麦哲伦 (葡, 1480 ~ 1521 年) (邮票: 圣文森特, 1988) 在西班牙率船队出航. 先是沿着已知的道路向西航行, 然后沿着美洲大陆摸索南下, 在春天到来之际发现了美洲南部的海峡 (麦哲伦海峡), 再横渡太平洋, 于 1521 年 3 月到达了菲律宾群岛. 麦哲伦在干涉岛上内部战争时, 被当地的土著人杀死. 后来船队沿着已经熟悉的航路进入印度洋, 而后沿着葡萄牙人发现的航路于 1522 年 9 月返回西班牙, 完成了首次环球航行, 证实了地球是球形的 (图片).

正因为相信地球是个球形, 在地理大发现中, 葡萄牙和西班牙的小船队作出了郑和大船队所未曾作出的伟大贡献, 从一定意义上也可以说是地圆学说的胜利.

图片 "哥伦布在瓜纳阿尼岛登陆" (1492)、"地理大发现".

5.1.4　哥白尼革命

图片 "托勒密" (埃及, 约 90 ~ 约 165 年).

宗教神学的宇宙观: 上帝创造了地球, 地球是宇宙的中心 (邮票 "托勒密的行星系": 布隆迪, 1973).

根据长期观察和精密计算, 哥白尼 (波, 1473 ~ 1543 年) (邮票: 巴基斯坦, 1973) 提出 "日心说", 沉重打击了宗教神学, 成为自然科学进一步发展的先声. 1543 年,《天球运行论》出版[2].

1616 年, 罗马天主教廷把《天球运行论》列为禁书. 在 16、17 世纪的欧洲天文学界, 大部分人士对哥白尼学说持怀疑态度. 我们今天相信哥白尼是对的, 但是那个时候证据还没有被发现. 事实上, 古希腊天文学家阿利斯塔克 (公元前 3 世纪) 已提出朴素的日心地动说, 但始终存在两条重大反对理由 —— 哥白尼本人也未能驳倒这两条反对理由.

第一条, 观测不到恒星的周年视差[3], 这就无法证实地球绕日公转.《天球运行论》中强调恒星非常遥远, 因而周年视差非常微小, 无法观测到. 但要驳倒这条反对理由, 只有将恒星周年视差观测出来. 1838 年, 贝塞尔 (德, 1784 ~ 1846 年) 公布了对恒星天鹅座 61 星观测到的周年视差 0.31 角秒 (实际为 0.287 角秒)(邮票: 尼加拉瓜, 1994). 此前的 1728 年, 布雷德利 (英, 1693 ~ 1762 年) 发现了恒星的周年光行差[4], 作为地球绕日公转的证据. 1757 年, 罗马教廷取消了对哥白尼学说的

---

[2] 此书以往被误译成《天体运行论》, 实事上这书直译是《论天球的旋转》.
[3] 地球如确实在绕日公转, 则从其椭圆轨道之此端运行至彼端, 在此两端观测远处恒星, 方位应有所改变.
[4] 光行差指地球运动引起的星光方向的变化.

禁令.

第二条, 如果地球自转, 则垂直上抛物体的落地点应该偏西, 而事实上并不如此. 这也要等到伽利略 (意, 1564 ∼ 1642 年) 阐明了运动相对性原理以及有了速度的矢量合成之后才被驳倒.

布鲁诺 (意, 1548 ∼ 1600 年) (邮票: 保加利亚, 1998) 信奉哥白尼学说, 以超人的预见丰富和发展了哥白尼学说, 在《论无限宇宙及世界》(1584) 中提出了宇宙无限的思想, 认为宇宙是统一的、物质的、无限的和永恒的. 一般人认为, 布鲁诺的思想简直是 "骇人听闻", 甚至连被尊称为 "天空立法者" 的开普勒 (德, 1571 ∼ 1630 年) 也无法接受, 在阅读布鲁诺的著作时感到一阵阵头目眩晕! 作为一个坚韧不拔的异端者, 在天主教会的眼里布鲁诺是极端有害和十恶不赦的敌人. 天主教会于 1592 年 5 月在威尼斯逮捕了布鲁诺, 1593 年 2 月布鲁诺被引渡到罗马, 宗教裁判所对其进行了旷日持久的审迅, 但布鲁诺断然否认自己有罪, 而判决词称其为 "不悔改的顽固不化的异端者", 并于 1600 年 2 月在罗马的百花广场上把布鲁诺烧死 (图片)[5].

"哥白尼" (邮票: 中, 1953; 委内瑞拉, 1973)、"哥白尼模型" (图片)、"布鲁诺模型" (图片)、"第谷 (丹麦, 1546 ∼ 1601 年) 模型" (图片).

《天球运行论》的出版标志着 "自然科学借以宣布其独立" [6]. 哥白尼革命的影响是巨大的[7]. 恰如 1953 年 12 月在纪念哥白尼逝世 410 周年时爱因斯坦 (德–美, 1879 ∼ 1955 年) (邮票: 中, 1979) 所说[8]: "哥白尼的这个伟大的成就, 不仅铺平了通向近代天文学的道路, 而且也帮助人们在宇宙观上引起了决定性的变革."

5.2 文艺复兴时期的欧洲数学

近代始于对古典时代的复兴, 但人们很快看到, 它远不是一场复兴, 而是一个崭新的时代. 在数学的许多领域发生了变化, 在此介绍代数学、三角学、射影几何、计算技术等的进步或创立. 这些是欧洲在接受古希腊、印度和阿拉伯数学遗产的基础上, 在取得近代数学的飞跃之前所做的重大创造[4].

---

[5] 宗教裁判所或称异端裁判所是负责侦查、审判和裁决天主教会认为是异端的法庭. 1231 年教宗格里高利九世设立宗教裁判所, 1542 年教宗保罗三世成立罗马异端裁判所, 对整个天主教的宗教审判所保有监督权. 1904 年罗马宗教裁判所改为至圣圣部, 1965 年又改为神圣信仰教理部, 1985 年再改为信仰理论部, 继续面对及捍卫世界价值对天主教教义的挑战与冲击. 见: 董进泉. 西方文化与宗教裁判所. 上海社会科学出版社, 2004.

[6] 恩格斯.《自然辩证法》, 见:《马克思恩格斯全集》, 第 20 卷, 人民出版社, 1971 年, 362 页.

[7] 在 20 世纪, 科学史家才开始明确使用 "科学革命" 这个概念, 其中第一次科学革命是 16、17 世纪, 大致从哥白尼到牛顿之间的这段历史[14].

[8] 许良英, 范岱年编译. 爱因斯坦文集. 第一卷. 商务印书馆, 1976.

5.2.1　代数学

欧洲人在数学上的推进是从代数学开始的, 它是文艺复兴时期成果最突出、影响最深远的领域, 拉开了近代数学的序幕, 其中包括 3 次、4 次方程的求解与符号代数的引入.

1. 方程的根式解

16 世纪, 意大利数学最重要的成就是关于方程的根式解. 这一辉煌的成果成为数学史上最有争议的发现之一.

1515 年, 博洛尼亚大学数学教授费罗 (意, 1465 ~ 1526 年) 发现了形如 $x^3 + mx = n$ 的 3 次方程的代数解法, 密传给学生费奥 (A. M. Fior).

塔尔塔利亚 (意, 约 1500 ~ 1557 年) (图片) (原姓丰坦那, 塔尔塔利亚是绰号, 意为口吃者) 将欧几里得《原本》由拉丁文译成意大利文 (1543), 发表了数学百科全书式的著作《论数字与度量》(1556 ~ 1560), 被认为是 16 世纪最好的数学著作之一, 其中有关于二项展开式系数排成的 "塔尔塔利亚三角形", 比 "帕斯卡三角形" (1654, 1665) 要早 100 多年.

塔尔塔利亚最重要的数学成就是发现了 3 次方程的代数解法, 进行了两次历史性的辩论. 塔尔塔利亚宣称可解形如 $x^3 + mx^2 = n$ (1530) 和 $x^3 + mx = n$ (1535) 的 3 次方程. 1535 年 2 月, 费奥与塔尔塔利亚在威尼斯公开竞赛, 各出 30 个问题, 塔尔塔利亚在 2 小时内全部解出而获胜, 扬名整个意大利. 从此, 费奥在公众面前销声匿迹了. 1539 年 3 月, 塔尔塔利亚把他关于 3 次方程的解法写成一首 25 行诗告诉卡尔达诺 (意, 1501 ~ 1576 年). 1548 年 8 月, 塔尔塔利亚与卡尔达诺的学生、4 次方程解法的发现者费拉里 (意, 1522 ~ 1565 年) 在米兰大教堂附近举行了公开辩论, 结果不了了之, 双方各自宣布获胜. 费拉里因辩论获胜而平步青云, 红极一时. 而塔尔塔利亚则因辩论败北一度失去教学职位, 8 年后才在他的名著《论数字与度量》中叙述了整个论战过程, 晚年孤寂而逝 [21].

"米兰大教堂" (图片). 欧洲中世纪最大的教堂, 建于 1386 ~ 1485 年. 教堂有一个高达 107 米的尖塔, 出于意大利建筑巨匠伯鲁诺列斯基 (1377 ~ 1446 年) 之手. 高耸的尖塔把人们的目光引向虚渺的天空, 使人忘却今生, 幻想来世.

卡尔达诺 (意, 1501 ~ 1576 年) (图片), 医学博士, 16 世纪文艺复兴时期人文主义的代表人物、百科全书式的学者, 其医生的名气甚至传遍了全欧洲 [12], 著作《事物之精妙》(1550)、《世间万物》(1557) 等影响深远. 最重要的数学著作是 1545 年在纽伦堡出版的《大术》(全名《大术, 或论代数法则》) [7], 系统给出了代数学中的许多新概念和新方法, 内有 3 次、4 次方程的解法. 在《大术》中, 除采用了方程的负根外, 还讨论了方程的虚根, 首次把它当作一般的数进行运算, 认识到复根是成对出现的, 并且 3 次方程有 3 个根, 4 次方程有 4 个根.

邦贝利 (意, 1526 ∼ 1572 年) (图片), 意大利文艺复兴时期最后一位代数学家, 16 世纪意大利代数学的集大成者. 1572 年, 邦贝利出版《代数》(3 卷, 另两卷 1923 年重新找到手稿, 1929 年才出版) [7], 其中引进了虚数, 正式给出了负数的明确定义. 邦贝利认为除了卡尔达诺之外还没有人能够很深入代数学这一学科, 但他对卡尔达诺的表述并不满意, 因此撰写《代数》, 以其清楚明了的表述使任何人都可以不必借助别的书而掌握代数学. 邦贝利的另一功劳是让丢番图 "复苏", 因为他在梵蒂冈图书馆发现了一本丢番图的《算术》, 并在自己的《代数》中发表了其中的 143 个问题 [12].

2. 符号代数

15 世纪, 数学家们认识到了数学符号的意义. 符号系统的建立使代数成为一门科学, 成为数学从常量数学到变量数学的标志, 反映了数学的高度抽象与简练.

修道士帕乔利 (意, 1445 ∼ 1517 年) (邮票: 意, 1994), 1494 年用铅字印刷出版的《算术集成》(全称《算术、几何、比与比例集成》) 是继斐波那契之后第 1 部内容全面的数学书, 其中采用了优越的记号及大量的数学符号 (多为词语的缩写形式或词首字母), 推进了代数学的发展. 虽然帕乔利对数学本身缺乏创建, 但其著作具有简明、通俗和综合的特点, 因而广泛流传. 16 世纪意大利的代数学有长足的发展, 其间帕乔利著作的教育和启示作用是不能忽视的.

《算术集成》中有 "青蛙入井问题" 的变形 "猫捉老鼠问题". 一只老鼠在 60 英尺高的白杨树顶上, 一只猫在树脚下的地上. 老鼠每天下降 1/2 英尺, 晚上又上升 1/6 英尺; 猫每天往上爬 1 英尺, 晚上又滑下 1/4 英尺; 这棵树在猫和老鼠之间每天长 1/4 英尺, 晚上又缩 1/8 英尺. 试问猫要多久能捉住老鼠?

斯蒂费尔 (德, 1487 ∼ 1567 年) (图片), 16 世纪德国最伟大的数学家, 研究过代数和数论, 首先使用加号 "+"、减号 "−" 和根号 "$\sqrt{\ }$" 的人之一. 1544 年, 斯蒂费尔在《综合数学》(又译《算术大全》) 中指出: 符号使用是代数学的一大进步.

最早在印刷图书中用 "+" 作加、用 "−" 作减的是维德曼 (捷, 1460 ∼ 约 1499 年), 1489 年出版的《各种贸易的最优速算法》(又译《简算与速算》) 创用 "+"、"−" 号用于表示剩余和不足, 并未引起人们的注意. 1544 年, 斯蒂费尔及其他一些数学家相继采用了这两个抽象数学语言符号, 才真正地、正式地登上了加减运算的舞台, 渐渐地名扬四海, 得到了大家公认和使用 [10].

韦达[9] (法, 1540 ∼ 1603 年) (图片), 律师与政治家, 业余研究数学与天文学, 16

---

[9]韦达的名字 Viète 应译为维埃特, 因其著作均用拉丁文发表, 故名字常用拉丁文拼法 Vieta, 音译是韦达, 沿用至今.

世纪法国最有影响的数学家, 也被认为 16 世纪最伟大的数学家[23]. 他从丢番图的著作中获得了使用字母的想法, 用字母等符号表示未知量的值进行运算, 被西方称为 "代数学之父". 1591 年,《分析引论》(或《分析方法入门》, 1591)[7] 是韦达最重要的代数著作, 也是最早的符号代数专著. 在《分析引论》的结尾写下一句座右铭: "没有不能解决的问题". 韦达在遗著《论方程的整理与修正》(1615) 中用代数方式推出了一般的 2 次、3 次和 4 次方程的求根公式, 记载了著名的韦达定理. 但是, 韦达的著作内容深奥, 言辞艰涩, 其理论在当时并没有产生很大影响. 直到 1646 年, 韦达的文集出版才使他的理论渐渐流传开来, 得到后人的承认和赞赏. 然而, 韦达对卡尔达诺采用的方程的负根置之不理, 在自己的论著中自始至终不承认负根[16].

从韦达开始, 欧洲的代数学大致跨进了符号代数的领域. 后来, 笛卡儿 (法, 1596 ~ 1650 年) 和沃利斯 (英, 1616 ~ 1703 年) 使符号系统更为健全. 不过, 当时随意引入的符号太多, 人们今天所使用的符号, 实际上是早期符号经过长期淘汰后保留下来的.

5.2.2　三角学

欧洲文艺复兴始于意大利, 之后是德国. 德国在数学研究上独占魁首, 遥遥领先除意大利以外的欧洲各国.

1450 年以前, 三角学主要是球面三角. 15、16 世纪, 德国人从意大利人那儿获得了阿拉伯天文学著作中的三角学知识, 如巴塔尼的《历数书》、纳西尔丁的《论完全四边形》. 在 16 世纪, 三角学已从天文学中分离出来, 成为一门独立的数学分支.

雷格蒙塔努斯 (德, 1436 ~ 1476 年), 又名缪勒 (图片), 在维也纳大学学习和讲授天文学, 逐渐掌握了托勒密的天文学说, 并努力钻研与之相关的几何学、算术与三角学, 后到罗马, 不断学习拉丁文和希腊文的经典学术著作, 对数学的主要贡献是在三角学方面, 代表作是完成于 1464 年的《论各种三角形》(或《三角学全书》[7], 1533 年出版), 这是欧洲人对平面和球面三角学所作的第一个完整、独立的阐述. 他的著作手稿在学者中广为传阅, 成为 15 世纪最有能力、最有影响的数学家, 到罗马后完成了《至大论纲要》(1496, 遗著), 使托勒密的数理天文学更简明易懂, 对哥白尼的工作及 16 世纪的数学产生了相当大的影响[23].

韦达, 1579 年《应用于三角形的数学定律》系统讲述了用所有 6 种三角函数解平面和球面三角形, 这在西欧也许是第 1 部书, 1615 年《截角术》系统化了平面三角学和球面三角学.

5.2.3 射影几何

欧洲几何学创造性的复兴晚于代数学. 文艺复兴时期给人印象最深的几何创造其动力却来自艺术, 因为画家们在将 3 维世界绘制到 2 维画布上时, 面临着一些投影的问题 (图片).

射影几何学, 研究图形的射影性质, 即它们经过射影变换不变的性质的几何学, 一度也叫投影几何学.

正是由于绘画、制图中的透视法, 即投影和截景, 提出的问题刺激导致了富有文艺复兴特色的学科 —— 透视学的兴起, 从而诞生了射影几何学. 射影几何学关心图形连续变化、变换的不变性, 关心图形的结构, 不涉及度量.

古希腊数学家阿波罗尼乌斯在《圆锥曲线论》中把二次曲线作为正圆锥面的截线来研究. 文艺复兴时期, 绘画艺术的盛行促进了理论的发展, 透视法成为一门几何与绘画相结合的热门学科. 阿尔贝蒂 (意, 1404 ~ 1472 年) (邮票: 意, 1972) 是集雕刻家、建筑师、画家、文学家、哲学家和数学家于一身的 "文艺复兴人" (图片), 于 1435 年完成《论绘画》一书, 阐述了最早的数学透视法思想. 他创立阿尔贝蒂罩纱方法, 引入投影线和截景概念, 提出在同一投影线和景物的情况下, 任意两个截景间有何种数学关系或何种共同的数学性质等问题, 成为射影几何发展的起点. 达·芬奇 (1452 ~ 1519 年) 在《绘画专论》(1651) 中坚信, 数学的透视法可以将实物精确地体现在一幅画中. 但此时的透视法主要是经验的艺术, 尚缺乏可靠的数学基础, 其真正地发展成为一门数学分支是在 17 世纪以后的事.

德萨格 (法, 1591 ~ 1661 年) (图片), 原是法国陆军军官, 后来成为工程师和建筑师, 靠自学成名. 他希望证明阿波罗尼乌斯关于圆锥曲线的定理而着手研究投影法. 1630 年前后经常出席梅森 (法, 1588 ~ 1648 年) 的 "巴黎学会" 的活动, 1636 年发表了第 1 篇关于透视法的论文《关于透视绘图的一般方法》, 成为射影几何的先驱, 主要著作是《试论锥面截一平面所得结果的初稿》(1639, 印 50 本) [7] —— 射影几何早期发展的代表作. 1648 年, 德萨格的好友、铜版画家博斯 (法, 1611 ~ 1678 年) 在《运用德萨格透视法的一般讲解》[7] 中发表了著名的 "德萨格定理" (图片): 如果两个三角形对应顶点的连线共点, 那么它们的对应边的交点共线. 其逆定理也成立.

1640 年, 帕斯卡 (法, 1623 ~ 1662 年) (邮票: 摩纳哥, 1973) 发表《圆锥曲线论》(仅有少量印刷, 1779 年被重新发现) [7], 提出帕斯卡定理 (图片): 圆锥曲线的内接六边形对边交点共线.

帕斯卡在他撰写的哲学名著《思想录》(1670, 遗著) 里, 留给世人一句名言: "人只不过是一根芦苇, 是自然界最脆弱的东西, 但他是一根有思想的芦苇. 他的全部尊严也正在于此."

早期发展射影几何使用的是综合方法, 而用代数方法处理问题显得更为有效. 射影几何产生后很快让位于正在创立, 并蒸蒸日上的解析几何和微积分. 他们的工作也渐被遗忘, 迟至 19 世纪才又被人们重新发现. 直到 1845 年, 法国几何学家、数学史家沙勒 (1793 ~ 1880 年) 才在巴黎的一个旧书店里发现德萨格著作的手抄本, 此时射影几何正处于复兴时期, 人们才认识到德萨格这本著作的价值. 1950 年前后, 在巴黎国立图书馆又找到它的原版本, 历经 300 余年的沧桑岁月, 它终于在诸多数学名著中有了一个适当的位置 [16].

5.2.4　计算技术

16 世纪前半叶, 欧洲人把实用的算术计算放在数学的首位. 由于天文和航海计算的需要, 计算技术最大的改进是对数的发明与应用.

斯蒂文 (荷, 1548 ~ 1620 年, 出生地今属比利时) (邮票: 比利时, 1942) 曾是荷兰军队的军需总监, 领导过许多公共建筑工程的建设, 在数学方面最重要的著作是《十进算术》(1585) [7], 系统地探讨了十进制计数及其运算理论, 并提倡用十进制小数来书写分数, 在西方产生了深远的影响. 斯蒂文是工程师和技术专家的典范, 他用科学的方式去处理实际问题, 极为注重理论与实践的结合, 总是像一个数学家那样思维.

纳皮尔 (苏格兰, 1550 ~ 1617 年) (图片), 把大部分精力花在那个时代的政治和宗教争论中, 但仍为数学的发展做了许多重要工作. 受三角公式积化和差、几何级数指数性质等的启示, 纳皮尔在对数的理论上至少花了 20 年的时间, 于 1590 年左右开始写关于对数的著作, 1614 年发表《奇妙对数规则的说明》[7]. 进一步的考察表明, 纳皮尔的对数实际上是以 1/e 为底的. 1615 年, 布立格 (英, 1561 ~ 1630 年) (图片) 与纳皮尔合作把纳皮尔的对数改进为以 10 为底的对数, 即常用对数. 1617 年, 布立格发表了他们合作的成果: 第一张常用对数表《最初 1000 个数的对数》. 1620 年, 布立格成为牛津大学首任萨魏里几何学讲座教授 (1619 年设立).

纳皮尔: "我总是尽我的精力和才能来摆脱那种繁重而单调的计算." (邮票 "纳皮尔的对数": 尼加拉瓜, 1971)

纳皮尔的惊人发明被整个欧洲热心地采用, 尤其是天文学界, 他们简直为这个发现沸腾起来了. 德国天文学家开普勒把他的著作《星历表》(1620) 献给纳皮尔, 声称对数的发明是他得以发现行星运动第三定律的关键.

拉普拉斯认为 [16], 对数的发现 "以其节省劳力而延长了天文学家的寿命".

在谁最先发现对数这个问题上, 纳皮尔只遇到一个对手, 即瑞士仪器制造者比尔吉 (1552 ～ 1632 年). 比尔吉曾是开普勒 (德, 1571 ～ 1630 年) 的助手, 独立设想并造出了对数表, 并出版了《算术和几何级数表》(1620). 虽然两个人都在发表之前很早就有了对数的概念, 但纳皮尔的途径是几何的, 比尔吉的途径是代数的.

1620 年, 冈特 (英, 1581 ～ 1626 年) 制成第一把对数尺 [24], 后发展为对数计算尺.

数学史上是先有对数, 后有指数概念的. 而今天的教科书是先讲指数, 并用指数来定义对数, 这正与它的历史相反.

17 世纪中叶, 对数传入我国, "对数" 一词被译为 "假数". 1653 年, 由波兰数学家穆尼阁 (1611 ～ 1656 年, 1646 年来华) 和薛凤祚 (1600 ～ 1680 年, 山东益都人) 合编的《比例对数表》一书, 是传入我国最早的对数著作. 当时, "真数" (沿用至今) 与 "假数" 列成表叫对数表, 后来改 "假数" 为 "对数" [10].

现今说到计算技术, 必然联想到计算机. 1623 年, 天文学家谢卡特 (德, 1592 ～ 1635 年) 发明了世界上第一台计算机 (邮票: 德, 1973). 1642 年, 帕斯卡 (法, 1623 ～ 1662 年) 发明了第一台进入市场的手摇计算机 (图片)[10]. 1674 年, 莱布尼茨 (德, 1646 ～ 1716 年) 制成了第一台能进行加减乘除四则运算的手摇计算机 (图片).

到 16 世纪末、17 世纪初, 整个初等数学的主要内容基本定型, 文艺复兴促成了东西方数学的融合, 为近代数学的兴起及以后的惊人发展铺平了道路.

5.3 15 ～ 17 世纪的中国数学

14 世纪中后叶, 明王朝建立以后, 统治者奉行以八股文为特征的科举制度. 1370 年, 明太祖朱元璋 (1368 ～ 1398 年在位) 规定八股文为科举考试的主要文体[11], 以程朱理学为正统[12], 在科举考试中将数学内容逐渐取消, 国家教育也无数学. 明初起 300 余年内, 中国传统数学研究呈现全面衰退, 致使明代大数学家看不懂宋元重要数学成就[13].

---

[10] 1971 年, 瑞士联邦技术学院沃思教授发明了第一个结构化的编程语言, 命名为 PASCAL 语言. 帕斯卡的父亲 (E. Pascal, 1588 ～ 1651 年) 也是数学家, 圆的蚌线 $r = a + b\cos\theta$ 命名为帕斯卡 (E. Pascal) 蚌线.

[11]明朝规定, 科举专取 "四书"、"五经" 命题, 不能随意发表自己的见解, 所谓 "代圣贤立言". 文章由破题、承题、起讲、入手、起股、中股、后股、束股八部分组成, 体用排偶, 谓之八股文.

[12]程朱理学, 兴起于北宋, 以程颢 (1032 ～ 1085 年)、程颐 (1033 ～ 1107 年) 为代表, 到南宋朱熹 (1130 ～ 1202 年) 集其大成.

[13]明代数学家顾应祥 (1483 ～ 1565 年) 在《测圆算术》(1553) [18] 中称: "每条细草, 止以天元一互算, 而漫无下手之处."

明永乐年间编纂的《永乐大典》(1403 ~ 1406 年) 收录了许多数学著作 (邮票 "国家图书馆": 中, 2009). 由于《永乐大典》的严重散佚, 算法类所存仅有 3 卷, 只占总卷数的 8.33%[19].《永乐大典》包括不少重要史料, 如杨辉《详解九章算法》, 秦九韶《数书九章》等. 15 世纪水平较高的数学著作是吴敬 (明杭州府仁和县人) 的《九章算法比类大全》(1450)[18], 突出了商业数学的特点.

明代 (1368 ~ 1644 年) 的传统数学著作有近 80 种, 大约明末清初的几十年间大量失传, 现存完整的有 17 种[19]. 明代数学的最主要特点是珠算发展与西学东渐.

5.3.1　珠算

珠算盘 (图片) 是算筹的发展. 自唐中叶起, 人们简化乘除运算, 创造各种口诀, 导致珠算最迟在北宋诞生. 最早的算盘图见北宋画家张择端 (1085 ~ 1145 年) 的《清明上河图》长卷, 其中赵太丞家药铺柜台上有一把 15 档的算盘. 朱世杰的《算学启蒙》(1299) 中可以看到已完成的乘除法口诀. 珠算盘的记载最早见元末陶宗仪的《南村辍耕录》(1366). 山西汾州 (今山西省汾阳市) 人王文素 (约生于 1465 年) 于明嘉靖元年 (1522) 定稿《新集通证古今算学宝鉴》[18], 有抄本流传.《算学宝鉴》是一部很重要的珠算书, 由于流传不广, 直到 1934 年左右, 北京图书馆于旧书店发现抄本, 至今可能为海内孤本[19].

程大位 (明, 1533 ~ 1606 年) (图片), 安徽休宁 (今安徽省休宁县) 人, 自幼酷爱数学, 从 20 多岁起便在长江下游一带经商, 收罗了很多古代与当时的数学书籍. 经过几十年的努力, 在 1592 年 60 岁时, 刊印了一部集珠算理论之大成的著作《新编直指算法统宗》[18], 详述算盘的用法, 载有大量运算口诀, 流传朝鲜、日本和东南亚以外 (图片).《新编直指算法统宗》的影响之大超过了所有明代传统数学书籍, 从它流传的长久和广泛方面来讲, 那是中国传统数学史上任何著作也不能与之相比的.

邮票 "中国算盘" (利比里亚, 1999)、"日本算盘" (日, 1987).

在明代, 珠算逐渐普及, 算盘取代算筹, 筹算不得不退出历史舞台. 珠算对筹算的取代, 是社会发展的需要, 实际上却在一定程度上造成了建立于筹算基础上的中国传统数学的失传[14].

5.3.2　《几何原本》

图片 "洛阳白马寺". 因东汉明帝刘庄 (57 ~ 75 年在位) "感梦求法", 遣使迎请天竺僧人回洛阳后而创建, 建于明帝永平十一年 (68 年), 号称 "中国第一古刹",

---

[14] 2008 年 6 月, 国务院公布第二批国家级非物质文化遗产名录, 珠算名列其中. 2013 年 12 月, 联合国教科文组织把中国珠算项目列入教科文组织人类非物质文化遗产名录.

是佛教传入中国后第一所官办寺院.

图片 "乐山大佛". 建于唐朝, 713 ~ 803 年.

中国古代历史上, 曾出现过两次大规模的外来文化传入: 一次是公元 1 世纪到 9 世纪汉唐时期印度佛教文化的传入; 另一次是明清之际西方基督教文化, 特别是西方自然科学的传入. 由于演算天文历法的需要, 来华的西方传教士便将西方一些数学知识传入中国.

巴黎圣母院 (图片), 建于 1163 ~ 1345 年, 是世界驰名的天主教堂, 也是巴黎最负盛名的古代名胜古迹之一. 两座钟楼后面有座高达 90 米的尖塔, 巍峨入云, 塔顶是一个细长的十字架, 远望似与天穹相接. 整个建筑象征着基督教的神秘, 给人以庄严华丽、神秘莫测之感.

西方数学在中国早期传播的第 1 次高潮是从 17 世纪初到 18 世纪初 (明末清初), 标志性事件是欧几里得《原本》(图片) 的首次翻译[15]. 《原本》是世界上最早的数学公理化著作, 是影响最广泛的数学名著.

意大利传教士罗明坚 (1543 ~ 1607 年) 于明万历八年 (1580 年) 最先到中国 (1588 年离华). 其后, 意大利传教士利玛窦 (1552 ~ 1610 年) (邮票: 中国台湾, 1983) 于明万历十年 (1582 年) 来华, 被中国人尊称为 "西学东渐第一师". 中华世纪坛 (图片) 的世纪厅中有利玛窦的雕像. 利玛窦是克拉维乌斯 (德, 1537 ~ 1612 年) 的学生, 曾给伽利略 (意, 1564 ~ 1642 年) (图片) 讲授过几何学, 但利玛窦来华并非以数学家的身份, 而是 "传教" 的天主教耶稣会教士, 首倡 "知识传教". 耶稣会士的最大目标是将中国基督化, 自然科学知识和有关著作成为他们进入中国的礼物. 1596 年 9 月 22 日, 利玛窦在南昌预测了一次日食 (图片), 使他名声大振. 利玛窦用精美的地图第 1 次告诉中国的知识分子地球是圆的 (图片).

1600 年, 利玛窦与徐光启在南京相识, 开始了他们之间的科学合作.

徐光启 (明, 1562 ~ 1633 年) (图片), 徐家汇 (今属上海市) 人, 明末著名科学家, 在数学、天文、历法、军事、测量、农业和水利等方面都有重要贡献, 官至礼部尚书、文渊阁大学士, 中国放眼看世界的第一人, 最先认识到中国的近代科学已经远远地落后于西方, 第一个把欧洲先进的科学知识, 特别是天文学知识介绍到中国, 同时注意总结中国的固有科学遗产, 成为我国近代科学的启蒙大师[16].

在农业和水利上, 徐光启编成巨著《农政全书》(1639 年刻板付印).

在数学上, 1606 年, 徐光启与利玛窦合作完成了欧几里得《原本》前 6 卷的中文翻译 (译自德国数学家克拉维乌斯于 1574 年初版的拉丁文评注本《欧几里得原

---

[15]蒙古大汗蒙哥 (1251 ~ 1259 年在位, 忽必烈之兄) "曾解答欧几里得的若干图" (《元史·宪宗本纪》), 被认为是《原本》(阿拉伯文本, 纳西尔丁的译本) 传入中国之始, 蒙哥是中国第一个学习《原本》的人.

[16]徐光启、李之藻 (约 1565 ~ 1630 年, 明杭州府仁和县人) 及杨廷筠 (1562 ~ 1627 年, 明杭州府仁和县人) 被称为明末中国天主教的三大柱石.

本 15 卷》)[17]),并于 1607 年在上海刊刻出版,定名《几何原本》(图片),中文数学名词 "几何" 由此而来[18].

徐光启在序中说,"《几何原本》者,度数之宗. 所以穷方圆平直之情,尽规矩准绳之用也." "此书为益,能令学理者祛其浮气、炼其精心,学事者资其定法、发其巧思,故举世无一人不当学." 利玛窦于 1610 年在北京去世,徐光启 (邮票: 中,1980) 对未能完成全部的翻译而感遗憾,曾说: "续成大业,未知何日,不知何人,书以俟焉."

《几何原本》是中国近代翻译西方数学书籍的开始,从此打开了中西学术交流的大门. 此后,西方传教士竞相东来,自然科学知识相继内传,进而出现了许多欧洲数学著作[19].

1614 年在北京出版的《同文算指》[18] 是利玛窦与李之藻共同编译的介绍西方初等数学的一部力作.《同文算指》取材于德国克拉维乌斯的《实用算术概论》(1585) 和程大位的《算法统宗》(1592),以理论统率解题,第 1 次向国人介绍了西方的笔算及其验算法,对后来中国数学的发展具有很大的影响[19]. 从宋代以来出现了以笔代筹的趋势,笔算开始萌芽. 更由于西方笔算的传入,中国传统的筹算已完全被淘汰. 明末时,人们已不知筹算为何物.

图片 "耶稣会士利公之墓". 建于明万历三十八年 (1610 年),位于北京市北京行政学院内.

就数学方法与计算工具而言,明末传入了欧几里得几何的尺规作图,纳皮尔的对数及算筹,伽利略的比例规及西方的笔算,以解决几何学问题及数值计算问题. 这与中国传统数学以 "出入相补" 原理求解几何问题,以筹算、珠算解数值计算问题形成鲜明的对照. 从此,这些数学方法与计算工具的严格性与高效性为中国学者所逐步认识,并在数学、天文和历法等的研究与应用中被广泛使用.

5.3.3　《崇祯历书》

1629 年,徐光启主持编译《崇祯历书》. 徐光启 1633 年去世后,李天经 (1579 ~ 1659 年,赵州 (今河北省赵县) 人) 主持历局,继续编译《崇祯历书》. 1634 年,《崇

---

[17] 欧几里得原著只有 13 卷,第 14、15 卷是后人添加上去的,见: 兰纪正,朱恩宽译. 欧几里得《几何原本》. 陕西科学技术出版社,2003.

[18] 现今所用之 "几何" 一词虽源于徐、利《几何原本》之 "几何",然其意义却有很大差别. 因为 "几何" 二字意译自拉丁文 "Magnitudo",说音译自 "Geometry" 的 "Geo" 不足为据,而 "几何原本" 之意义当理解为 "量的原理" 或 "计量之学"[19].

[19] 1618 年,传教士金尼阁 (法,1577 ~ 1628 年) 从欧洲带入中国的书籍就达 7000 部之多,其中包括相当数目的自然科学书籍. 明末清初,西方主要数学家和天文学家的著作大都通过教会或传教士传入我国[19].

祯历书》137 卷编撰完成.

《崇祯历书》(图片) 主要是介绍第谷·布拉赫 (丹麦, 1546 ～ 1601 年) 的 "地心说"[20], 奠定了其后我国近 300 年历法的基础. 作为这一学说的数学基础, 希腊的几何学, 欧洲的三角学 (第 1 次引入中国, 言 "测三角形之法也, 大于他测, 故名大测"), 以及纳皮尔的对数、伽利略的比例规等计算工具也同时被介绍进来.《崇祯历书》为什么不采用哥白尼体系, 因为在当时哥白尼体系在理论上、实测上都还不很成功. 我们今天熟知的地球绕太阳转的证据, 是到了 18 世纪才最终被发现的.《崇祯历书》对一些欧洲天文史上比较重要的学说, 包括哥白尼的学说, 都做了介绍, 并且把哥白尼作为欧洲历史上最伟大的 4 个天文学家 (托勒密、阿尔方索、哥白尼、第谷) 之一.

《崇祯历书》编撰完成后, 历经 8 次较量, 崇祯皇帝 (1627 ～ 1644 年在位) 最终相信西方天文学确实比中国的传统天文学更好, 1644 年下令将《崇祯历书》颁行天下. 但是诏书刚刚下去没几天, 李自成的军队打进了京城, 明朝就崩溃了. 汤若望 (德, 1592 ～ 1666 年, 1622 年进入广东) (邮票: 中国台湾, 1992) 把《崇祯历书》删改为 103 卷, 更名《西洋新法历书》, 进呈清政府. 摄政王多尔衮 (1612 ～ 1650 年) 奉旨批准新历, 定名《时宪历》, 于 1645 年颁行天下.

《崇祯历书》没有改变中国传统天文学作为政治巫术的性质[21]. 在 1634 年,《崇祯历书》跟欧洲的天文学差距很小. 后来清朝修订过几次, 补充过零星的欧洲天文学知识, 但 200 多年几乎原地不动. 清朝所用历法全部源于西方天文学, 已经不属于中国传统天文学的范畴[22]. 这期间欧洲的天文学发展如火如荼, 我们则完全脱离了欧洲天文学的进程.《崇祯历书》曾经有一个机会能够让我们跟国际接轨, 但是很快又脱轨了. 等到鸦片战争结束, 西方天文学第 2 次大举进入的时候, 中国人几乎不认识它了, 因为我们已落后了它 200 年.

1983 年徐光启逝世 350 周年时, 安有徐光启墓地的上海南丹公园改名为 "光启公园" (图片).

提问与讨论题、思考题

5.1 文艺复兴运动对欧洲技术进步的影响.

5.2 文艺复兴时期数学发展的重要因素.

---

[20] 1588 年, 第谷在《论天界之新现象》中提出了新宇宙体系. 第谷认为地球在宇宙中心静止不动, 行星绕太阳转, 而太阳则率领行星绕地球转. 这个体系虽在欧洲没有流行, 但传入中国后曾被一度接受.
[21] 中国传统天文学不是希腊意义上的理性科学, 而是特别属于中国文化的礼学. 中国传统天文学最强大的研究动机来自天人合一的观念, 破解天象是其正统且要紧的任务[13].

5.3　"丝绸之路" 与东西方文化交流举例.

5.4　简述哥白尼革命.

5.5　简述近代前数学符号化的发展过程.

5.6　代数符号化的意义.

5.7　简述符号 "+"、"−" 的历史.

5.8　简述等号 "=", 小数点 ".", 负号 "−" 的历史.

5.9　帕斯卡的数学贡献.

5.10　简述射影几何在 17 世纪发展所引发的新思想和观点.

5.11　学习珠算有现实作用吗?

5.12　简述欧几里得《原本》在中国出版的历史意义.

5.13　明代是中国传统数学的转型期.

5.14　简述明末的中国科技.

5.15　选择您认可的中国古代科技重大发明, 并说明理由.

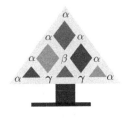

第6讲

牛顿时代：解析几何与微积分的创立

介绍 17 世纪近代科学的兴起及解析几何与微积分的创立.

文艺复兴运动带来了科学史上一个崭新的时代 —— 牛顿时代, 标志性的成果是微积分的创立, 微积分被誉为人类数学最伟大的发明.

本讲内容有: 近代科学的兴起、解析几何的诞生、微积分的创立, 特别介绍笛卡儿、牛顿和莱布尼茨的重要数学工作.

6.1　近代科学的兴起

1588 年, 英国击败西班牙 "无敌舰队", 树立海上霸权. 1640 年, 英国在全球第一个爆发资产阶级革命, 成为资产阶级革命的先驱, 对英国和整个欧洲都产生了巨大的影响. 1649 年, 英国废除君王制 (图片), 建立共和国, 后演变成君主立宪制的国家.

世界近代史是从 1640 年英国资产阶级革命开始至 1914 年第一次世界大战前止, 270 多年. 世界近代史是资本主义制度产生、确立、发展和基本定型的历史. 正是在近代时期, 资本主义制度逐步取代封建制度, 又经过自身的发展, 终于形成了一个资本主义的世界体系.

下面列举近代科学兴起的一些实例 [25].

6.1.1 科学思想与方法论

培根 (英, 1561 ~ 1626 年) 1620 年出版《新工具》、1623 年出版《论科学的价值和发展》, 提倡归纳法和实验科学, 但是忽视了演绎方法和数学, 马克思称他是英国唯物主义和整个现代实验科学的真正始祖[1]. 伽利略 (意, 1564 ~ 1642 年) 坚持用观察与实验相结合的方法来认识自然, 创立了科学的实验方法, 并将其作为一种寻求基本原理的方法, 开辟了自然科学研究方法新的历史时期.

6.1.2 天文学

哥白尼之后, 天文学的变革起始于第谷和开普勒. "星学之王" 第谷 (丹, 1546 ~ 1601 年) 观测精密, 长期测定各行星的位置. "天空立法者" 开普勒 (德, 1571 ~ 1630 年) 1609 年在《新天文学》中发表了行星运动第一、第二定律 (图片; 邮票 "开普勒定律 400 周年": 德, 2009), 1619 年在《宇宙的和谐》中公布了行星运动第三定律, 给哥白尼体系的严谨性和科学性提供了基础. 1609 年, 伽利略制作了第一架天文望远镜 (图片), 证实了内行星公转太阳而不是公转地球, 看到银河系是由密密麻麻的恒星聚集而成, 验证了布鲁诺的宇宙无限观. 1632 年, 伽利略出版了《关于托勒密和哥白尼两大世界体系的对话》, 系统地讨论了哥白尼日心说和托勒密地心说的各种分歧, 并用许多新发现和力学研究新成果论证了哥白尼体系的正确和托勒密体系的谬误[2].

图片 "开普勒定律" (邮票 "开普勒和行星系": 匈, 1980)、"伽利略时代的月球图"、"伽利略画的月球" (邮票: 阿森松, 1971).

2007 年 12 月, 联合国教科文组织通过决议, 确定 2009 年为国际天文年, 其主题是 "探索我们的宇宙". 国际天文年 (邮票: 马耳他, 2009) 的愿景是希望通过白天的天空和夜晚的星空, 帮助人们重新认识宇宙中的我们, 从而激发个人的探索发现精神.

6.1.3 经典力学

1586 年, 斯蒂文 (荷, 1548 ~ 1620 年) (邮票: 比利时, 1942) 发表了《静力学原理》, 并做了 "两球同时落地" 的著名实验, 给阿基米德的一些力学原理做出了

---

[1] 《马克思恩格斯全集》第 2 卷, 人民出版社, 1957 年, 163 页.

[2] 1616 年罗马教廷发布禁令, 不得坚持、维护和传授哥白尼学说, 并把《天球运行论》列为禁书. 1632 年冬, 伽利略到罗马宗教裁判所受审. 1633 年 6 月, 宗教裁判所作出最后判决: 认为伽利略 "有重大的异端嫌疑", 为处分其 "严重和有害的错误与罪过", "禁止伽利略的《对话》一书", 并把伽利略 "正式关入监狱内". 伽利略案 1979 年开始平反, 1983 年公布审查结果. 1992 年 10 月, 罗马教皇约翰·保罗二世 (1978 ~ 2005 年在位) 公开承认当年的审判是不公正的.

数学证明. 伽利略做了著名的 "斜面实验" (1604), 研究了自由落体运动, 发现了惯性运动定律, 1638 年出版了《关于力学和位置运动的两种新科学的对话与数学证明》, 标志着经典力学成为一门独立的学科. 胡克 (英, 1635 ~ 1703 年) (邮票: 吉布提, 2006) 发现了弹性定律 (1678), 从向心力定律和开普勒定律出发, 推导出维持行星运动的引力和行星到太阳之间距离的平方成反比的关系 (1679).

6.1.4 化学

玻意耳 (英, 1627 ~ 1691 年) 建立了朴素的元素概念, 1661 年出版了《怀疑的化学家》, 阐明了化学不是为了炼出贵金属和 "灵丹妙药", 而是为了研究化学的一般原理, 确立了化学的科学地位. 施塔尔 (德, 1660 ~ 1734 年) 提出了燃素说[3], 在化学界几乎统治了整整一个世纪.

6.1.5 生理学

1543 年, 维萨里 (比利时, 1514 ~ 1564 年) 出版了《人体的构造》, 强调医学的基础是解剖学, 纠正了盖仑 (罗马, 129 ~ 199 年) 关于左右心室相通的说法, 成为近代解剖学的奠基者, 被誉为同哥白尼齐名的 16 世纪科学革命中的两大代表人物之一. 1553 年, 塞尔维特 (西, 1511 ~ 1553 年) 发表《基督教的复原》, 揭示了血液心肺循环过程. 1616 年, 哈维 (英, 1578 ~ 1657 年) (邮票: 苏, 1957) 著《动物的心血运动及解剖学研究》, 阐述了血液循环过程, 论证了心脏收缩舒张的机械运动是血液循环的原动力. 哈维被誉为 "生理学之父".

近代科学是数理实验的科学, 其一般特征[26]: 研究的方法论化、实验哲学的兴起、自然的数学化.

17 世纪起, 西方科学迅速勃兴, 更以 "近代科学" 而载入史册. 英国科学史家李约瑟 (1900 ~ 1995 年) 提出了一个著名的 "李约瑟问题"[13]: 既然中国在古代和中世纪如此先进, 那么为何科学革命、近代科学在世界上产生仅发生在欧洲?

6.2 解析几何的诞生

近代的学者们意识到, 数学的真正作用在于它能作为一种普遍有效的方法. 新的数学观的建立, 为数学新方法的创立开辟了一条广阔的途径. 16 世纪对运动与变化的研究已成为自然科学的中心问题, 导致变量数学的亮相. 近代数学本质上可以说是变量数学, 由此建立符号化的普遍算法以及无穷进入数学. 变量数学

---

[3]1777 年, 拉瓦锡 (法, 1743 ~ 1794 年) 向巴黎科学院提交了《燃烧概论》的报告, 建立了科学的氧化理论, 完成了推翻燃素说的 "化学革命", 被誉为 "化学之父".

的第一个重要突破是解析几何的发明.

解析几何: 文艺复兴以来振兴欧洲代数的里程碑.

解析几何的基本思想是在平面上引入坐标系, 建立平面上点和有序实数对之间的一一对应关系, 即三步曲: 发明坐标系、认识数形关系、作 $y = f(x)$ 的图形.

这种思想古代曾经各自分别出现过, 如阿波罗尼乌斯《圆锥曲线论》中引进了一种斜角坐标系, 奥马·海亚姆《还原与对消问题的论证》(1070) 通过圆锥曲线交点解 3 次方程的研究, 斐波那契《实用几何》(1220) 中用代数方法解几何问题. 奥雷姆 (法, 约 1323 ~ 1382 年) (图片)《论形态幅度》[7] 在约 1350 ~ 1360 年提出了形态幅度原理, 借用 "经度"、"纬度" 的术语来描述他的图线, 其学说在欧洲产生了广泛的影响[4].

在 16 世纪, 由于方程的求解和符号的引进使得人们可以在某种一般性原则下来考虑方程, 并探究相关的曲线, 最终为解析几何的诞生迈出关键一步[12]. 解析几何的真正发明要归功于另外两位数学家.

笛卡儿 (法, 1596 ~ 1650 年) (图片), 法国哲学家、科学家和数学家. 笛卡儿的哲学与数学思想对历史有深远的影响, 其墓碑上刻下了这样一句话: "笛卡儿, 欧洲文艺复兴以来, 第一个为人类争取并保证理性权利的人."

笛卡儿, 1616 年获法学博士学位. 1618 年开始, 他投笔从戎, 借机游历欧洲. 据笛卡儿说, 在 1619 年 11 月 10 日, 他曾做过 3 个连贯的梦, 这些梦向他提示了 "一门奇特的科学" 和 "一项惊人的发现", 改变了他的整个生活[5]. 1621 年回国, 他又去荷兰、瑞士、意大利等地旅行. 1625 年返回巴黎, 1628 年移居荷兰. 在荷兰长达 20 多年的时间里, 笛卡儿潜心研究并写作, 他对哲学、数学、天文学、物理学、化学和生理学等领域进行了深入的研究, 先后发表了许多在哲学和数学上有重大影响的论著. 1649 年, 他勉强接受克里斯蒂娜女王 (1633 ~ 1654 年在位) 的邀请到了瑞典 (图片), 几个月后因患肺炎死于斯德哥尔摩.

笛卡儿的自然哲学观同亚里士多德的学说是完全对立的, 对经院哲学奉为教条的亚里士多德 "三段论" 法则给出尖锐的批判. 哲学名言: "我思故我在", 即要想追求真理, 我们必须在一生中尽可能地把所有的事物都来怀疑一次, 以我在怀疑, 证明我在思想.

笛卡儿是欧洲近代哲学的奠基人之一, 堪称 17 世纪的欧洲哲学界和科学界最有影响的巨匠之一, 被誉为 "近代科学的始祖", 主要哲学著作《第一哲学沉思集》(1641)、《哲学原理》(1644). 他的著作在生前就遭到教会的指责, 他死后的 1663 年, 更被列入梵蒂冈颁布的禁书目录之中.

---

4 奥雷姆证明了调和级数的发散性 (1350) [12], 定义了匀加速运动, 并得出其计算公式 [16].
5 李文林. 笛卡儿的梦乡. 中国数学会通讯, 2011, (2): 11 ~ 18.

笛卡儿把数学方法提高到科学方法的中心地位, 但他并不像毕达哥拉斯、柏拉图那样, 认为数学仅仅具有纯粹的哲学意义, 而认为数学是一种科学方法, 是获得知识的基本手段.

1637 年, 笛卡儿的第一部著作《更好地指导推理和寻求科学真理的方法论》在荷兰莱顿出版 (图片). 该书含有 3 个附录 ——《折光学》含有光的折射定律 (图片);《气象学》中有虹的形成原理 (图片);《几何学》给出了解析几何的思想, 为 17 世纪数学的伟大复兴作出了卓越的贡献.

笛卡儿以著名的阿波罗尼乌斯的四线问题 (或帕普斯问题) 为出发点, 改变了自古希腊以来代数和几何相分离的趋向, 提出了坐标系和曲线方程的思想, 建立起线段与数之间的平行关系, 把相互对立着的 "数" 与 "形" 统一了起来, 使几何曲线与代数方程相结合, 把古典几何处于代数学支配之下.

《几何学》的中心思想是通过代数方法去解决几何问题, 特别是要给出算术运算与几何图形之间的对应, 最主要的观点是用代数方程表示曲线. 笛卡儿方法论原理的本旨是寻求发现真理的一般方法, 他称自己设想的一般方法为 "通用数学", 其思想 [4]: 任何问题 ⇒ 数学问题 ⇒ 代数问题 ⇒ 方程求解.

笛卡儿还提出了著名的笛卡儿符号法则, 改进了韦达创造的符号系统, 如用 $a, b, c, \cdots$ 表示已知量, 用 $x, y, z, \cdots$ 表示未知量.

"笛卡儿 1637 年发表的《几何学》" (图片)、"笛卡儿的方法论" (邮票: 法, 1937)、"笛卡儿与光学图形" (邮票: 摩纳哥, 1996)、"笛卡儿叶形线" (邮票: 阿尔巴尼亚, 1996).

M. 克莱因 (美, 1908 ~ 1992 年) [8]: "笛卡儿把代数提高到重要地位, 其意义远远超出了他对作图问题的洞察和分类. 这个关键思想使人们能够认识典型的几何问题, 并且能够把几何上互不相关的问题归纳在一起. 代数给几何带来最自然的分类原则和最自然的方法层次 …… 因此, 体系和结构就从几何转移到代数."

费马 (法, 1601 ~ 1665 年) (图片), 17 世纪法国最杰出的数学家, 关于解析几何的工作始于竭力恢复失传的阿波罗尼乌斯的著作《论平面轨迹》而引起的, 1629 年《平面和立体轨迹引论》(1679 年出版) 也阐述了解析几何的原理 [7]. 不过, 费马没有能完全摆脱阿波罗尼乌斯的思想方法的影响, 没有建立他自己的坐标系统, 更没有说清楚把一个线段与确定的实数联系起来的可能性.

笛卡儿、费马之后, 解析几何得到很大的发展 [8]. 例如, 沃利斯 (英, 1616 ~ 1703 年) (图片) 1655 年出版《圆锥曲线论》, 抛弃综合法, 引进解析法, 引入负坐标. 雅格布·伯努利 (瑞士, 1654 ~ 1705 年) (图片) 对对数螺线 (图片; 邮票: 瑞士, 1987) 进行了极为深入的探讨, 发现了这种曲线经过多种变换后仍是对数螺线, 非常赞叹对数螺线的美妙特性, 以致在遗嘱里要求把对数螺线刻在他的墓碑上并题

词 (图片): "虽经沧桑, 依然故我."

18 世纪末至 19 世纪初解析几何学真正定型 [4], 因为蒙日 (法, 1746 ~ 1818 年) 等在法国的巴黎综合工科学校或巴黎师范学校教授解析几何课, 并编写教材, 如蒙日的《关于分析的几何应用的活页论文》(1795), 拉克鲁瓦 (法, 1765 ~ 1843 年) 的《平面及球面三角以及代数在几何上的应用初步》(1798), 并正式使用 "解析几何学" 这一名称.

6.3   微积分的创立

6.3.1   孕育 (17 世纪上半叶)

开普勒通过观测, 归纳出太阳系内行星运动三大定律.

第一定律 (轨道定律): 所有行星分别沿不同大小的椭圆轨道绕太阳运动, 太阳处于椭圆的一个焦点上.

第二定律 (面积定律): 在行星运动时, 连接行星和太阳的线, 在相等的时间内, 永远扫过同样大小的面积.

第三定律 (周期定律): 所有行星的椭圆轨道的半长轴的 3 次方与公转周期的平方的比值相等.

如何从数学上推证开普勒的行星运动三大定律成为当时自然科学的中心课题之一. 事实上, 自文艺复兴以来在资本主义生产力刺激下蓬勃发展的自然科学, 开始迈入综合与突破的阶段, 所面临的数学困难、关注的焦点有: 瞬时速度问题, 切线问题, 极值问题, 长度、面积、体积、重心和引力计算问题. 在 17 世纪上半叶, 几乎所有的科学大师都致力于寻求解决这些难题的新的数学工具, 特别是描述运动与变化的无穷小方法.

图片 "切线、面积、体积、微分、积分".

古希腊数学家早就接触了 "无穷小分析" 一类的问题. 但是由于希腊人 "对无穷的恐惧" 和 "对严密论证的追求", 使他们最终堵塞了通往无穷小分析发展的道路. 然而, 17 世纪的数学家们不再拒绝引入无穷的思想 [8].

(1) 1615 年, 开普勒 (德, 1571 ~ 1630 年) (图片) 在《测量酒桶的新立体几何》中 [7], 论述了求圆锥曲线围绕其所在平面上某直线旋转而成的立体体积的积分法, 揭示了无穷小量方法与无穷小求和思想.

(2) 1637 年, 笛卡儿 (法, 1596 ~ 1650 年) (图片) 在《几何学》中提出圆法及讨论光的折射时法线的构造方法, 由此可导入切线的构造. 牛顿是以笛卡儿圆法为起跑点而踏上研究微积分的道路的.

(3) 费马 (法, 1601 ~ 1665 年) (图片), 研究极大极小方法 (1629) [7] 和曲边梯

形面积 (1636), 给出了增量方法及矩形长条分割曲边形并求和的方法, 几乎相当于现今微分学中所用的方法.

令人奇怪的是, 费马在应用他的方法来确定切线、求函数的极值以及面积、求曲线长度等问题时, 能在如此广泛的各种问题上从几何和分析的角度应用无穷小量, 而竟然没有看到这两类问题之间的基本联系. 其实, 只要费马对他的抛物线和双曲线求切线和求面积的结果再仔细地考察和思考, 是有可能发现微积分基本定理的, 也就是说费马差一点就成为微积分的真正发明者.

(4) 1638 年, 伽利略 (意, 1564 ~ 1642 年) (邮票: 苏, 1964) 的《关于力学和位置运动的两种新科学的对话与数学证明》奠定了动力学基础, 把切线构造为运动合速度方向的直线. 伽利略的运动合成的思想和动态切线观, 其思想源于阿基米德, 但以更明确的形式给 17 世纪科学界以巨大的影响.

(5) 1635 年, 卡瓦列里 (意, 1598 ~ 1647 年) (图片) 在《用新方法促进的连续不可分量的几何学》中 [7], 提出了线、面、体的不可分量原理, 即卡瓦列里原理, 用无穷小方法计算面积和体积. 该书成为研究无穷小问题的数学家引用最多的书籍. 1639 年, 他用不可分量原理建立了等价于 $\int_0^a x \mathrm{d}x = \frac{1}{2}a^2$ 的积分公式.

卡瓦列里师从伽利略, 是位虔诚的耶稣会士, 曾任帕马的耶稣会修道院院长和博洛尼亚女修道院的院长, 1629 年任博洛尼亚大学首席数学教授直至去世, 他是那个时代最有影响的数学家之一.

(6) 巴罗 (英, 1630 ~ 1677 年) (图片), 以微积分先驱者闻名于世, 1664 年首任剑桥大学卢卡斯讲座教授 (1663 年设立), 1669 年让位于牛顿. 他的著作是形成于 1664 年、载于 1669 年的《几何讲义》. 在《几何讲义》中, 他认识到求切线方法的关键概念是 "特征三角形" 或 "微分三角形", 即 $\Delta y/\Delta x$ 对于决定切线的重要性, 用几何形式给出面积与切线的某种关系, 已得到微积分基本定理的要领.

(7) 沃利斯 (英, 1616 ~ 1703 年) (图片), 是在牛顿和莱布尼茨以前, 将分析方法引入微积分贡献最突出的数学家, 是当时最有能力的数学家之一, 是英国皇家学会的创始人之一[6], 也是牛顿在英国的直接前辈之一, 推动英国数学界的发展长达半个世纪. 1649 年他被任命为牛津大学萨魏里几何学讲座教授直至逝世, 1656 年出版《无穷算术》[7], 因而作为一个数学家享誉四方, 其中有分数幂积分公式 $\int_0^a x^{p/q}\mathrm{d}x = \frac{q}{p+q}a^{(p+q)/q}$、无穷小分析的算术化等内容, 有计算 π 的著名的沃利斯公式

$$\frac{4}{\pi} = \frac{3}{2} \cdot \frac{3}{4} \cdot \frac{5}{4} \cdot \frac{5}{6} \cdot \frac{7}{6} \cdots,$$

---

[6] 1645 年起, 沃利斯等就在伦敦定期聚会. 1662 年 7 月获得国王的特许状, 英国皇家学会正式成立. 1663 年, 沃利斯、玻意耳、巴罗、胡克、惠更斯等成为皇家学会的首批成员.

导入无穷级数与无穷乘积, 首创无穷大符号 ∞, 最先完整地说明零指数、负指数和分数指数意义的人, 为牛顿创立微积分开辟了道路.

17 世纪上半叶一系列先驱的工作, 沿着不同的方向朝微积分的大门逼近, 这还不足以标志微积分作为一门独立学科的诞生. 方法缺乏足够的一般性, 没有一般规律性的提出, 需要有人站在更高的平台将以往个别的贡献和分散的努力综合为统一的理论. 历史安排牛顿和莱布尼茨在这样关键的时刻出场了.

在伽利略去世的那年, 牛顿出生了 (儒略历 1642 年 12 月 25 日, 格里历 1643 年 1 月 4 日).

6.3.2　牛顿 (英, 1643 ~ 1727 年)

诗人波普 (英, 1688 ~ 1744 年) 的诗: Nature and nature's laws lay hid in night; God said, let Newton be! and all was light. (自然和自然定律隐藏在茫茫黑夜中. 上帝说: 让牛顿出世吧! 于是一切都豁然明朗.)

牛顿 (图片; 邮票: 越南, 1986; 波兰, 1959) 是个遗腹子, 出生于英格兰林肯郡伍尔索普村一个农民家庭, 17 岁时被母亲从他就读的中学召回田庄务农 (图片), 校长劝说: "在繁杂的农务中埋没这样一位天才, 对世界来说将是多么巨大的损失." 1661 年, 牛顿进入剑桥大学三一学院 (图片), 受教于巴罗 (图片), 同时钻研伽利略 (图片)、开普勒 (图片)、笛卡儿 (图片) 和沃利斯 (图片) 等的著作, 影响最深的是笛卡儿的《几何学》(1637), 沃利斯的《无穷算术》(1656). 1665 年夏至 1667 年春, 剑桥大学因瘟疫流行而关闭, 牛顿离校返乡, 住了整整 18 个月, 竟成为其科学生涯中的黄金岁月, 如制定微积分, 发现万有引力定律, 提出光学颜色理论 (图片) ...... 可以说描绘了牛顿一生大多数科学创造的蓝图.

1669 年, 26 岁的牛顿晋升为数学教授, 并担任卢卡斯讲座教授至 1701 年, 1672 年成为英国皇家学会会员, 1689 ~ 1705 年当选为国会议员, 1699 年任伦敦造币局局长, 1703 年任皇家学会会长, 1705 年封爵.

第一个创造性成果 (邮票 "二项式定理": 朝鲜, 1993): 二项式定理 (1665) [7] 及无穷级数 (1666), 在研读沃利斯的《无穷算术》时, 试图修改他的求圆面积的级数时发现这一定理的.

第一篇微积分文献:《流数简论》(1666 年完成, 1967 年首次印刷出版) [7]. 它反映了牛顿微积分的运动学背景, 以速度形式引进了 "流数" 概念. 为什么称为流数, 牛顿说道, "我把时间看做是连续流动或增长, 其他量则随时间而连续增长, 我从时间的流动性出发, 把所有其他增长速度称为流数."

牛顿创造了首末比方法 (1687): 求函数自变量与因变量变化之比的极限 ("令增量消逝", 图片) [7], 同时借助求逆运算来求面积. 这样, 牛顿就将自古希腊以来求解无限小问题的各种特殊技巧统一为两类普遍的算法 —— 正、反流数术, 并证明了二者的互逆关系, 从而将这两类运算进一步统一成整体, 即发现了 "微积分基本定理"[7].

1684 年, 天文学家哈雷 (英, 1656 ~ 1742 年) 到剑桥拜访牛顿 (图片). 在哈雷的敦促下, 1686 年底, 牛顿写成划时代的伟大著作《自然哲学的数学原理》(图片), 并于 1687 年出版, 立即对整个欧洲产生了巨大的影响. 它运用微积分工具, 严格证明了包括开普勒行星运动三大定律、万有引力定律在内的一系列结果, 将其应用于流体运动、声、光、潮汐、彗星乃至宇宙体系, 把经典力学确立为完整而严密的体系, 使天体力学和地面物体力学统一起来, 实现了物理学史上第 1 次大的综合, 决定性地把物理学转化为一门高度数学化的学科, 充分显示了这一新数学工具的威力.

《自然哲学的数学原理》由导论和 3 篇组成.

导论: 定义、运动的公理与定律.

第 1 篇: 物体的运动.

第 2 篇: 物体在介质中的运动.

第 3 篇: 宇宙体系.

牛顿 (邮票: 苏联, 1987) 通过论证开普勒行星运动定律与他的引力理论间的一致性, 展示了地面物体与天体的运动都遵循着相同的自然定律, 从而消除了人们对太阳中心说的疑虑, 推动了科学革命.

微积分刚一形成, 就在解决实际问题中显示出强大的威力. 例如, 在天文学中, 它能够精确地计算行星、彗星的运行轨道和位置. 1705 年, 哈雷 (邮票: 中非, 1986) 发表了《彗星天文学论说》, 阐述了 1337 ~ 1698 年出现的 24 颗彗星的运行轨道, 宣布 1682 年曾引起世人极大恐慌的大彗星, 与 1531 年、1607 年出现过的彗星是同一颗彗星的三次回归, 并通过计算断定它将于 1758 年再次出现于天空 (图片). 当时哈雷已年届五十, 知道在有生之年无缘再见到这颗大彗星, 于是他在书中写道: "如果彗星最终根据我们的预言, 大约在 1758 年再现的时候, 公正的后人将不会忘记这首先是由一个英国人发现的." 这个预见基本正确, 由于木星和土星的影响, 回归的彗星是 1759 年 3 月 14 日过近日点. 哈雷彗星的平均公转周期是 76 年 (邮票 "1985–1986 哈雷彗星回归": 中, 1986).[8]

---

[7]现今的微积分基本定理是 19 世纪数学的高度精炼的结果, 其语言及严格证明由柯西 (法, 1789 ~ 1857 年) 于 1821 年所创造, 而包装成 "基本定理" 的这个形式则是由杜·布瓦·瑞芒 (德, 1831 ~ 1889 年) 在 1876 年给出的. 见: D. M. Mressoud. 教授积分学基本定理的历史反思. 数学译林, 2011, 30(3): 260 ~ 272, 220.

[8]中国人贡献了世界上最丰富、最系统的天象纪录. 从公元前 214 年 (秦始皇七年) 到 1910 年 (宣统二年) 哈雷彗星共 29 次回归, 中国史书一次不少都有记录, 而西方天文学家 2000 多年来从未对彗星有过系统记录, 更没有关于太阳黑子、新星和超新星的记录[13].

拉格朗日 (法, 1736 ~ 1813 年): "牛顿是历史上最有才能的人, 也是最幸运的人, 因为宇宙体系只能被发现一次."

牛顿: "如果我看得更远些, 那是因为我站在巨人们的肩膀上." (1676 年 2 月 5 日致胡克的信)

牛顿: "科学研究虽然是艰苦而又枯燥的, 但要坚持, 因为它给上帝的创造提供证据."

牛顿: "我不知道世人怎么看, 但在我自己看来, 我只不过是一个在海滨玩耍的小孩, 不时地为比别人找到一块更光滑、更美丽的卵石和贝壳而感到高兴, 而在我面前的真理的海洋, 却完全是个谜."

爱因斯坦 (德–美, 1879 ~ 1955 年): "想起他, 就会想起他的著作. 因为像他这样一个人, 只有把他看成是寻求永恒真理的斗士, 才能理解他······ 理解力的产品要比喧嚷纷扰的世代经久, 它能经历好多个世纪而继续发出光和热." (1942 年 12 月 25 日纪念牛顿诞生 300 周年时所说[9])

图片 "牛顿塑像" (剑桥大学三一学院内).

关于牛顿的一些邮票: "牛顿与光学" (德, 1993)、"牛顿的万有引力" (摩纳哥, 1987)、"行星的椭圆运动" (英, 1987)、"苹果和《自然哲学的数学原理》" (英, 1987).

牛顿终身未娶, 晚年由外甥女凯瑟琳 · 巴顿 (Catherine Barton, 1679 ~ 1739 年) 协助管家. 伏尔泰 (法, 1694 ~ 1778 年) 在《牛顿的哲学原理》(1737) 中记述了有关 "牛顿苹果" 的故事, 是凯瑟琳告诉伏尔泰的.

图片 "剑桥大学三一学院牛顿的苹果树"、"伍尔索普牛顿的苹果树".

牛顿墓碑上的拉丁铭文: 此地安葬的是艾撒克 · 牛顿勋爵, 他用近乎神圣的心智和独具特色的数学原则, 探索出行星的运动和形状、彗星的轨迹、海洋的潮汐、光线的不同谱调和由此而产生的其他学者以前所未能想象到的颜色的特性. 以他在研究自然、古物 (antiquity) 和圣经中的勤奋、聪明和虔诚, 他依据自己的哲学证明了至尊上帝的万能, 并以其个人的方式表述了福音书的简明至理. 人们为此欣喜: 人类历史上曾出现如此辉煌的荣耀. 他生于 1642 年 12 月 25 日, 卒于 1727 年 3 月 20 日[10].

阮元 (清, 1764 ~ 1849 年) 在《畴人传》中专门为牛顿立了一个小传, 译 Newton 为 "奈端"[20]. 李善兰 (清, 1811 ~ 1882 年) 与伟烈亚力 (英, 1815 ~ 1887 年, 1847 年来华)、傅兰雅 (英, 1839 ~ 1928 年, 1861 ~ 1893 年在华) 合译过《数理格致》4 册, 即介绍牛顿《自然哲学的数学原理》的定义、公理和定律, 以及第 1 篇

[9]许良英, 范岱年编译. 爱因斯坦文集. 第一卷. 商务印书馆, 1976.
[10] 这是儒略历, 格里历为 1727 年 3 月 31 日.

"物体的运动" 中前 4 章, 可惜未能刊行. 该译稿现藏于英国伦敦大学亚非学院图书馆[11].

6.3.3 莱布尼茨 (德, 1646 ~ 1716 年)

莱布尼茨 (图片), 德国最重要的自然科学家、数学家、物理学家和哲学家, 一个举世罕见的科学天才, 和牛顿同为微积分的创建人. 他博览群书, 涉猎百科, 对丰富人类的科学知识宝库作出了不可磨灭的贡献.

1661 年, 莱布尼茨 (邮票: 联邦德国, 1980) 进入莱比锡大学学习法律, 开始接触伽利略、开普勒、笛卡儿、帕斯卡以及巴罗等的科学思想. 1665 年, 莱布尼茨向莱比锡大学提交了博士论文 "论身份", 1666 年, 审查委员会因他太年轻 (年仅 20 岁) 而拒绝授予他法学博士学位. 1667 年, 纽伦堡的阿尔特多夫大学授予他法学博士学位, 还聘请他为法学教授 (未上任).

1667 年, 莱布尼茨到选帝侯迈因茨 (1603 ~ 1673 年) 处工作, 从此登上了政治舞台, 投身于外交界, 1672 ~ 1676 年留居巴黎. 在这期间, 他深受惠更斯 (荷, 1629 ~ 1695 年) 的启发, 钻研数学, 研究了笛卡儿、费马、帕斯卡等的著作, 开始创造性的工作, 兴趣越来越明显地表现在数学和自然科学方面. 这 4 年对于莱布尼茨整个科学生涯的意义, 可以与牛顿在家乡躲避瘟疫的两年相类比. 莱布尼茨许多重大的成就, 包括创立微积分, 都是在这一时期完成或奠定了基础. 1673 年, 莱布尼茨成为英国皇家学会会员. 1677 年, 莱布尼茨抵达汉诺威 (神圣罗马帝国的邦国不伦瑞克–吕讷堡公国首府, 1692 ~ 1802 年为汉诺威选帝侯国), 在不伦瑞克公爵府中任法律顾问兼图书馆馆长, 此后汉诺威成了他的永久居住地. 1698 年以后, 莱布尼茨失宠于新任的汉诺威公爵乔治·路德维克 (1660 ~ 1727 年, 即后来的英王乔治一世, 1701 ~ 1727 年在位), 加上与牛顿的微积分优先权的争论, 使他的晚景颇为清凉. 1716 年, 莱布尼茨无声无息地死去.

莱布尼茨热心从事科学院的筹划、建设事务. 1700 年建立了勃兰登堡科学协会 (后改称为柏林科学院), 并出任首任协会主席. 当时全世界的四大科学院: 英国皇家学会、法国科学院、罗马科学与数学科学院、柏林科学院都以莱布尼茨作为核心成员. 据传, 他还曾经通过传教士, 建议清朝的康熙皇帝 (1662 ~ 1722 年在位) 在北京建立科学院.

莱布尼茨一生中奋斗的主要目标是寻求一种可以获得知识和创造发明的普遍方法, 这种努力导致许多数学的发现. 莱布尼茨的博学多才在科学史上罕有所比, 他的研究领域及其成果遍及数学、物理学、力学、逻辑学、生物学、化学、地理学、

---

[11]韩琦.《数理格致》的发现 —— 兼论 18 世纪牛顿相关著作在中国的传播. 中国科技史料, 1998, 19(2): 78 ~ 85.

解剖学、动物学、植物学、气体学、航海学、地质学、语言学、法学、哲学、神学、历史和外交等 [16].

　　莱布尼茨在《组合艺术》(1666) 一书中讨论数列求和问题, 注意到数列求和运算与求差运算存在着互逆关系 (图片). 莱布尼茨微积分思想的产生首先是出于几何的考虑, 尤其是关于曲线的特征三角形的研究, 如在帕斯卡 (邮票: 法, 1944) 的《关于四分之一圆的正弦》中 "突然看到了一束光明", 关注自变量的增量 Δx 与函数的增量 Δy 为直角边组成的三角形. 莱布尼茨看到帕斯卡的方法可以推广, 对任意给定的曲线都可以作这样的无限小三角形, 由此可 "迅速地、毫无困难地建立大量的定理". 此外, 在 1666 年《组合艺术》一书中讨论数列求和问题, 注意到数列求和运算与求差运算存在着互逆关系 (图片).

　　第一篇发表的微分学论文 (图片):《一种求极大与极小值和求切线的新方法》(1684) [7]. 这篇仅有 6 页的论文, 内容并不丰富, 说理也颇含糊, 但却有着划时代的意义, 其中含有求两函数积高阶微分的莱布尼茨公式. 对于光学的折射定律的推证特别有意义, 莱布尼茨在证完这条定律后, 夸耀微分学方法的魔力说: "凡熟悉微分学的人都能像本文这样魔术般做到的事情, 却曾使其他渊博的学者百思不解."

　　第一篇发表的积分学论文:《深奥的几何与不可分量及无限的分析》(1686) [7], 论文中证明了积分是微分之逆, 给出摆线方程, 积分号 "∫" 第 1 次出现于印刷出版物中.

　　邮票 "著名人物" (罗马尼亚, 1966)、"莱布尼茨和图解" (德, 1996)、"莱布尼茨在汉诺威" (圣文森特, 1991)、"莱布尼茨" (阿尔巴尼亚, 1996).

　　1679 年, 莱布尼茨的《二进制算术》成为二进制计数的发明人. 莱布尼茨是第一位全面认识东方文化尤其是中国文化的西方学者. 他发现中国古老的六十四卦易图结构可以用二进制数学予以解释 (图片), 用二进制数学来理解古老的中国文化, 收藏了关于中国的书籍 50 多册, 在 200 多封信件中谈到中国. 他还认为他有办法用他创造二进制时的灵感让整个中国信基督教, 因为上帝可用 1 表示, 而无可用 0 表示, 以致他写信告诉受到康熙皇帝重用的传教士闵明我 (意, 1639 ~ 1712 年, 1689 年遇见莱布尼茨, 1694 年再次来华), 希望这能够使康熙皇帝信基督教, 从而使整个中国信基督教.

　　1697 年, 莱布尼茨著《中国新事萃编》(图片): "我们从前谁也不信这世界上有比我们的伦理更美满、立身处事之道更进步的民族存在. 现在从东方的中国, 给我们以一大觉醒! 东西双方比较起来, 我觉得在工艺技术上, 彼此难分高低; 关于思想理论方面, 我们虽优于东方一筹, 而在实践哲学方面, 实在不能不承认我们相形见拙."

黄钟骏父子在《畴人传四编》(1898) 中为莱布尼茨立了一个小传, 译 Leibniz 为 "来本之"[20].

6.3.4 优先权之争

牛顿和莱布尼茨应该分享发明微积分的荣誉. 但不幸的是在他们生前及逝世后展开了一场旷日持久的关于微积分发明权的争论.

牛顿讨论微积分的两部书稿《分析学》(1669) 和《论级数和流数方法》(1671) 呈现给英国皇家学会并提交剑桥大学出版社, 但出版社未能出版这些著作[12]. 1699 年, 德·丢勒 (瑞士, 1664 ～ 1753 年) 说: "牛顿是微积分的第一发明人", 而莱布尼茨作为 "第二发明人", "曾从牛顿那里有所借鉴". 莱布尼茨立即对此作了反驳. 1712 年, 英国皇家学会成立了由 11 人组成的 "牛顿和莱布尼茨发明微积分优先权争论委员会". 1713 年, 英国皇家学会裁定 "确认牛顿为第一发明人". 1714 ～ 1716 年, 莱布尼茨起草了《微积分的历史和起源》(1846, 遗著), 总结了自己创立微积分学的思路, 说明了自己成就的独立性.

由此, 英国与欧洲大陆数学家分道扬镳. 这是科学史上最著名的争论、最不幸的一章.

1687 年, 牛顿在《自然哲学的数学原理》中写道: "10 年前在我和最杰出的几何学家莱布尼茨的通信中, 我表明我已经知道确定极大值和极小值的方法、作切线的方法以及类似的方法, 但我在交换的信件中隐瞒了这方法······ 这位最卓越的科学家在回信中写道, 他也发现了一种同样的方法. 他并诉述了他的方法, 它与我的方法几乎没有什么不同, 除了他的措词和符号之外." 因此, 后来人们公认牛顿和莱布尼茨是各自独立地创建微积分的. 我们讲述这些伟大学者的局限性, 更有助于人们理解科学进步的艰难.

1701 年, 在柏林王宫的一次宴会上, 当普鲁士国王腓特烈一世 (1701 ～ 1713 年在位) 问到对牛顿的评价时, 莱布尼茨回答道: "综观有史以来的全部数学, 牛顿做了一多半的工作."

微积分的创立, 世界进入一个崭新阶段. 恰如韦斯特福尔 (美, 1924 ～ 1996 年) 在《近代科学的建构: 机械论与力学》(1977) 中所说: "从 17 世纪起, 科学就开始将原来以基督教为中心的文化变革成为现在这样以科学为中心的文化."

图表[16] "16 ～ 17 世纪出生的著名数学家".

提问与讨论题、思考题

6.1 近代科学兴起的标志是什么?

第7讲

18世纪的数学：分析时代

1640 年英国资产阶级革命后, 英国逐渐演变成君主立宪制的国家, 世界进入了近代史时期. 18 世纪是早期资产阶级革命时期, 资本主义制度在西欧、北美开始确立, 封建制度的衰亡和资本主义的成长是这一时期历史发展的中心内容. 1701 年普鲁士王国成立, 1775 ~ 1783 年的美国独立战争, 1789 年法国大革命及此前的以法国为中心的资产阶级启蒙运动构成了 18 世纪世界史中标志性的事件. 英国、普鲁士 (德国)、法国也成为这一时期数学家的主要家园.

微积分的创立, 被誉为 "人类精神的最高胜利" (见: 恩格斯. 《自然辩证法》, 中译本, 人民出版社, 1971). 在 18 世纪, 微积分进一步深入发展. 这种发展与广泛的应用紧密交织在一起, 刺激和推动了许多数学新分支的产生, 从而形成了 "分析" 这样一个在观念和方法上都具有鲜明特点的数学领域. 在数学史上, 18 世纪可以说是分析的时代, 也是向现代数学过渡的重要时期.

7.1 微积分的发展

在 18 世纪, 数学的主流是由微积分发展起来的数学分析, 以欧洲大陆为中心. 物理学的主流是力学, 天文学的主流是天体力学. 数学分析的发展使力学和天体力学深化, 而力学和天体力学的课题又成为数学分析发展的动力. 恰如达朗贝尔 (法, 1717 ~ 1783 年) 在《百科全书》的序言中所说[16]: "科学处于从 17 世纪的数学时代到 18 世纪的力学时代的转变, 力学应该是数学家的主要兴趣." 当时的自然科学代表人物都在此 3 个学科中作出了历史性的重大贡献.

从数学家的角度而言, 18 世纪被称为 "英雄时代", 各路豪杰各显威名. 在此介绍几位英国、瑞士和法国的数学家, 包括泰勒、贝克莱、麦克劳林、雅格布·伯努利、约翰·伯努利、丹尼尔·伯努利、欧拉、达朗贝尔、拉格朗日等. 他们为发展微积分作出了突出贡献.

7.1.1　泰勒 (英, 1685 ∼ 1731 年)

泰勒 (图片), 法学博士, 以微积分学中将函数展开成无穷级数的定理著称于世. 1712 年被选为英国皇家学会会员并进入牛顿和莱布尼茨发明微积分优先权争论委员会, 继哈雷 (英, 1656∼1742 年)之后于 1714 ∼ 1718 年任英国皇家学会秘书, 1715 年出版《正和反的增量法》[7], 陈述了他早在 1712 年给老师梅钦 (英, 1680 ∼ 1751 年) 的信中就已获得的著名定理.[1]

然而, 在半个多世纪里, 数学家们并没有认识到泰勒定理的重大价值. 这一重大价值是后来由拉格朗日 (法, 1736 ∼ 1813 年) 在 1797 年出版的《解析函数论》中给出的. 拉格朗日把这一定理刻画为微分学的基本定理, 并将其作为自己工作的出发点. 泰勒定理的严格证明是在定理诞生的一个世纪之后由柯西 (法, 1789 ∼ 1857 年) 给出的.

泰勒对数学发展的贡献, 本质上要比一条以他命名的定理大得多. 他涉及的、创造的但未能进一步发展的主要数学概念之多令人吃惊, 但他的工作过分简洁抽象, 难以追随. 在生命的后期, 泰勒转向宗教和哲学的写作. 家庭影响、生活不幸 (两位妻子在生产中死去)、健康状况不佳以及其他一些无法估量的因素, 影响了他不太长的生命中的数学创造.

7.1.2　贝克莱 (爱尔兰, 1685 ∼ 1753 年)

牛顿和莱布尼茨的微积分是不严格的, 特别在使用无限小概念上是随意与混乱的, 这使他们的学说从一开始就受到怀疑和批评. 例如, 1695 年, 纽汶蒂 (荷, 1654 ∼ 1718 年) 在其著作《无限小分析》中指责牛顿的流数术叙述 "模糊不清", 莱布尼茨的高阶微分 "缺乏根据" 等.

贝克莱 (邮票: 爱尔兰, 1985), 哲学家、牧师, 1734 年发表《分析学家, 或致一位不信神的数学家》[7] (图片), 成为在历史上对微积分最有影响力、最令人震撼的抨击.

《分析学家, 或致一位不信神的数学家》认为当时的数学家们以归纳代替演绎, 没有为他们的方法提供合法性证明, 主要矛头是牛顿的流数术, 集中攻击流

---

[1] 1671 年, 格雷戈里 (J. Gregory, 英, 1638 ∼ 1675 年) 利用格雷戈里–牛顿插值公式发现了泰勒定理 [12].

数论中关于无穷小量的混乱假设, 他讥讽地问道: "什么是流数呢? 消逝增量的速度. 这些消逝的增量究竟是什么呢? 它们既不是有限量, 也不是无限小, 又不是零, 难道我们不能称它们为消逝量的鬼魂吗?" 他对莱布尼茨的微积分也同样竭力非难, 认为其中的正确结论, 是从错误的原理出发通过 "错误的抵消" 而获得的.

贝克莱对微积分学说的攻击主要是出于宗教的动机, 目的是要证明流数原理并不比基督教义 "构思更清楚"、"推理更明白". 但他的许多批评是切中要害的, 在客观上揭露了早期微积分的逻辑缺陷, 导致 "第 2 次数学危机", 刺激了数学家们为建立微积分的严格基础而努力. 为了回答贝克莱的攻击, 在英国本土产生了许多为牛顿流数论辩护的著述, 其中以麦克劳林《流数论》(1742) 最为典型, 但所有这些辩护都因坚持几何论证而显得软弱无力. 欧洲大陆的数学家们则力图以代数化的途径来克服微积分基础的困难. 在 18 世纪, 这方面的代表人物是达朗贝尔、欧拉和拉格朗日.

7.1.3 麦克劳林 (英, 1698 ~ 1746 年)

麦克劳林 (图片), 1719 年当选英国皇家学会会员, 18 世纪英国最具有影响的数学家之一 [23]. 1719 年访问伦敦时拜见过牛顿, 从此便成了牛顿的门生, 1724 年由于牛顿的大力推荐与资助, 获得了爱丁堡大学的数学教授职位. 1742 年, 麦克劳林撰写的《流数论》, 以泰勒级数作为基本工具, 是对牛顿的流数法作出符合逻辑的、系统解释的第 1 本书, 著名的麦克劳林级数就是在该书中提出的. 此书之意图是为牛顿流数法提供一个几何框架, 以答复贝克莱主教等对牛顿的微积分学原理的攻击. 该书写得相当审慎周到, 以致在 1821 年柯西的著作《分析教程》问世之前, 一直是比较严密的微积分标准教材.

斯特林 (英, 1692 ~ 1770 年) 在《微分法兼论无穷级数的求和与插值》(1730) 中就得到了麦克劳林定理. 另外, 他还给出了 "斯特林公式" (图片).

麦克劳林在代数学中的主要贡献是在《代数论》(1748, 遗著) 中, 创立了用行列式的方法求解多个未知数联立线性方程组的 "克拉默法则", 但书中记叙法不太好. 1750 年, 克拉默 (瑞士, 1704 ~ 1752 年) 又重新发现了这个法则.

麦克劳林终生不忘牛顿对他的栽培, 并为继承、捍卫、发展牛顿的学说而奋斗. 死后在他的墓碑上刻有 "曾蒙牛顿推荐" 以表达他对牛顿的感激之情.

由于牛顿和莱布尼茨发明微积分优先权的争论, 再加上英国人的孤芳自赏, 英国数学家的工作逐渐淡出人们的视野. 推广莱布尼茨学说的任务, 在从 17 世纪到 18 世纪的过渡时期, 主要由瑞士的伯努利家族担当. 他们的工作构成了现今初等微积分的大部分内容.

下面谈谈 18 世纪巴塞尔城[2] (图片) 中著名的伯努利家族 (图片). 这个家族在

---

[2] 巴塞尔位于莱茵河湾, 瑞士连接法国、德国的重要交通枢纽, 现三国的高速公路在此交汇.

1650 ~ 1800 年间的 3 代人中至少出了 8 位卓越的数学家, 而沿其家系查询下来, 竟有 120 人从事数学工作 [15].

7.1.4   雅格布·伯努利 (瑞士, 1654 ~ 1705 年)

雅格布·伯努利 (图片), 分别于 1671 年和 1676 年在巴塞尔大学取得艺术硕士和神学硕士, 当他读了笛卡儿、沃利斯等的著作后, 对数学产生了强烈的兴趣, 毅然违背其父要他献身神学的意愿, 转而投身数学, 成为 17 世纪牛顿和莱布尼茨之后最先发展微积分的人. 雅格布的座右铭 [15]: "我违背父亲的意愿, 研究星星." 以此来鞭策、激励自己坚定地投身数学和科学.

雅格布在荷兰及英国旅行期间, 结识了一些知名的数学家, 并成了莱布尼茨的好友, 从此便和莱布尼茨有频繁的书信往来, 共同探讨微积分等问题, 深得莱布尼茨的赞赏. 雅格布 1687 年任巴塞尔大学数学教授直到去世, 工作涉及解析几何、微积分、变分法、概率论等. 雅格布 1694 年出版论文集《微分学方法, 论反切线法》, 用通俗易懂的语言去解释微分法的原理, 使莱布尼茨的微积分思想得到更大范围的普及. 1689 ~ 1704 年, 雅格布在级数方面做了大量的工作, 成为当时这一领域的权威, 其中 1689 年证明了调和级数的发散性 [7]. 论文的开篇写道: "恰如有限小之和蕴涵了无穷级数, 无限之处存在着极限: 伟大的上帝同样显迹于平凡的躯体, 狭小的空间却又无垠无边. 噢! 透过巨大而洞察细微是多么美妙. 在平凡中认识上帝的伟大又是何等荣耀."

雅格布出版的名著《猜测术》(1713, 遗著) 是概率论发展史中的一件大事. 此书是把概率论建立在稳固的理论基础之上的首次尝试, 其中给出了著名的 "伯努利大数定律" 的基本原理.

7.1.5   约翰·伯努利 (瑞士, 1667 ~ 1748 年)

约翰·伯努利 (图片), 1694 年获得医学博士, 其论文是关于肌肉的收缩问题, 但在校期间便迷上了微积分学, 并且很快地掌握了它, 数学工作涉及解析几何、微分方程、变分法, 1700 年左右发展了积分法, 他是 18 世纪初分析学的重要奠基者之一, 是欧拉 (瑞士, 1707 ~ 1783 年)、莫佩蒂 (法, 1698 ~ 1759 年) 的老师. 约翰在1695 ~1705 年任荷兰格罗宁根大学数学教授, 1705 年继任巴塞尔大学数学教授直到去世, 1712 年被选为英国皇家学会会员.

1742 年, 约翰出版的《积分学教程》(写于 1691 ~ 1692 年) [7] 是微积分发展中的重要著作. 该书汇集了他在微积分方面的研究成果, 不仅给出了各种不同的积分法的例子, 还给出了曲面的求积、曲线的求长和不同类型的微分方程的解法, 使微积分更加系统化, 同时也使微积分的作用在欧洲大陆得到正确评价, 成为当时数学界最有影响的人物之一. 事实上, 在 1690 ~ 1740 年, 他是莱布尼茨与欧拉之间在欧洲大陆数学分析的主要代表人物 [4]. 洛必达法则 (1694 年约翰写信告诉洛必达的) 出现于 1696 年由他的学生洛必达 (法, 1661 ~ 1704 年) 编写的一本非常有影响的微积分教材《关于曲线研究的无穷小分析》(图片) 中. 然而, 约翰为人争强好胜、暴躁易怒、嫉妒心强, 甚至对兄弟、儿子在数学上的成就也耿耿于怀[3].

图片 "伯努利兄弟".

7.1.6　丹尼尔·伯努利 (瑞士, 1700 ~ 1782 年)

丹尼尔·伯努利 (图片), 著名的伯努利家族中最杰出的一位, 约翰·伯努利的第 2 个儿子, 医学博士 (论文题目是 "呼吸的作用"), 在圣彼得堡工作 8 年 (1725~1733 年, 期间的 1727 ~ 1733 年与欧拉在一起工作), 任数学教授, 1733 年回到巴塞尔大学, 相继任植物学教授、生理学教授、物理学教授、哲学教授, 并开始了与欧拉之间的最受人称颂的科学通信. 在 40 年的通信中, 丹尼尔向欧拉提供最重要的科学信息, 欧拉运用杰出的分析才能和丰富的工作经验, 给以最迅速的帮助. 1750 年, 丹尼尔被选为英国皇家学会会员.

丹尼尔的研究领域极为广泛, 几乎对当时的数学和物理学的前沿问题都有所涉及. 在纯数学方面, 他的工作涉及代数、微积分、级数理论、微分方程、概率论等方面, 他是第一个把牛顿和莱布尼茨的微积分思想连接起来的人, 但他最出色的工作是将微积分、微分方程应用到物理学, 研究流体问题、物体振动和摆动问题. 1738 年, 他出版了一生中最重要的著作《流体动力学》(图片), 被推崇为数学物理方法的奠基人并使他声名远扬.

7.1.7　欧拉 (瑞士, 1707 ~ 1783 年)

欧拉 (邮票: 瑞士, 1957), 18 世纪最伟大的数学家、分析的化身, "数学家的英雄"[4], 公认为人类历史上成就最为斐然的数学家之一, 而且把数学推至几乎整个物理领域, 此外还涉及建筑学、弹道学、航海学等领域. 在数学及许多分支中都可以见到很多以欧拉命名的常数、公式和定理, 他的工作使得数学更接近于现在的形态.

欧拉公式 (1748) 虽然简单, 最能体现欧拉对于数学的贡献. 1727 年, 欧拉把极限

$$\lim_{n \to \infty} \left(1 + \frac{1}{n}\right)^n$$

定义为 e. 1735 年, 欧拉作出了令他在欧洲声名鹊起的发现 [8]

$$\sum_{n=1}^{\infty} \frac{1}{n^2} = \frac{\pi^2}{6}.$$

[3] 哈尔·赫尔曼著, 范伟译. 数学恩仇录: 数学家的十大论战. 复旦大学出版社, 2009.
[4] J. R. Newman. The World of Mathematics. New York: Simon and Schuster, 1956.

1736 年, 由于他的提倡, π 成为圆周率的专用符号. 1777 年, 同样由于他的支持, i 成为表示虚数 $\sqrt{-1}$ 的正式符号.

欧拉 13 岁进入巴塞尔大学学习哲学和法律. 约翰·伯努利任该校数学教授, 讲授基础数学课程, 同时还给那些有兴趣的少数高材生开设更高深的数学、物理学讲座, 欧拉是约翰最忠实的听众. 约翰后来在给欧拉的一封信中说: "我介绍高等分析时, 它还是个孩子, 而您正在将它带大成人."

欧拉的一生和他的科学工作都紧密地同圣彼得堡科学院 (1727 ~ 1741 年, 1766 ~ 1783 年) 和柏林科学院 (1741 ~ 1766 年) 联系在一起, 再也没有回过瑞士, 但始终保留了他的瑞士国籍. 1748 年完成的《无穷分析引论》, 1755 年完成的《微分学原理》, 1768 ~ 1770 年完成的《积分学原理》(3 卷) 成为分析的百年传世经典之作. 18 世纪微积分发展的一个历史性转折, 是将函数放到了中心的地位, 开启了微积分发展的形式化道路, 而以往数学家们都以曲线作为微积分的主要对象. 这一转折首先应归功于欧拉. 欧拉在《无穷分析引论》中明确宣称 [7]: "数学分析是关于函数的科学." 微积分被看成是建立在微分基础上的函数理论.

欧拉具有超人的计算能力. 法国天文学家阿拉果 (1786 ~ 1853 年) 说 [15]: "欧拉计算一点也不费劲, 正和人呼吸空气, 或老鹰乘风飞翔一样."

欧拉是有史以来最多产的数学家, 生前发表的著作与论文有 560 余种, 死后留下了大量的手稿5. 1911 年, 瑞士自然科学协会开始出版欧拉全集, 现已出版 70 多卷 (数学系列 29 卷已出齐), 计划出齐 87 卷 [4], 而欧拉还有不少手稿在 1771 年的圣彼得堡大火中化为灰烬. 欧拉 28 岁左眼失明, 56 岁双目失明, 他完全是依靠惊人的记忆和心算能力进行研究与写作, 晚年丝毫没有减少科学活动.

欧拉的著作在他生前已经有多种输入中国, 其中包括著名的、1748 年出版的《无穷分析引论》(图片). 这些著作有一部分曾藏于北京北堂图书馆, 它们是 18 世纪 40 年代由圣彼得堡科学院赠送给北京耶稣会或北京南堂耶稣学院的.

欧拉逝世不久, 圣彼得堡科学院和巴黎科学院举行了追悼会. 巴黎科学院秘书孔多塞 (法, 1743 ~ 1794 年) 在悼词的结尾耐人寻味地说: "欧拉停止了呼吸, 也停止了计算."

拉普拉斯: "读读欧拉, 他是我们大家的老师."

"数坛四杰" [16]: 阿基米德、牛顿、欧拉、高斯.

图片 "瑞士法郎上的欧拉" (1976).

除了伯努利家族和欧拉外, 18 世纪推进微积分及其应用贡献卓著的欧洲大陆数学家中, 最有影响的是法国学派.

18 世纪的法国启蒙运动是启迪蒙昧, 反对愚昧主义, 提倡普及文化教育的运动, 但并非单纯的文学运动, 其精神实质是反对君权神授、主张天赋人权, 是文艺

---

5 爱尔特希 (匈, 1913 ~ 1996 年) 发表论文高达 1475 篇 (包括和 511 人合写的), 为现时发表论文篇数最多的数学家.

复兴时期资产阶级反封建、反禁欲、反教会斗争的继续和发展. 它是宣扬资产阶级政治思想体系的运动, 直接为 1789 年的法国大革命奠定了思想基础.

代表人物: 代表大资产阶级利益的伏尔泰 (法, 1694 ~ 1778 年)、代表中等资产阶级利益的孟德斯鸠 (法, 1689 ~ 1755 年)、代表中、小资产阶级利益的卢梭 (法, 1712 ~ 1778 年) 和以狄德罗 (法, 1713 ~ 1784 年) 为代表的百科全书派[6].

图片 "百科全书派群像".

法国大革命开始后, 启蒙运动随着它最杰出的代表人物, 巴黎科学院终身秘书孔多塞 (法, 1743 ~ 1794 年) 的去世而结束. 1989 年, 孔多塞被重新安葬于巴黎先贤祠.

7.1.8　达朗贝尔 (法, 1717 ~ 1783 年)

达朗贝尔 (图片), 多产的科学家, 研究涉及力学、数学和天文学的大量课题. 达朗贝尔是个私生子, 靠自学掌握了牛顿和当代著名数理科学家们的著作. 他 1741 年进入巴黎科学院, 1754 年提为终身院士, 1772 年被选为科学院的终身秘书, 并成为当时影响最大的院士. 达朗贝尔对理论力学的大量课题进行了研究, 在 1743 年出版了历史性名著《动力学》(图片), 其中第 2 部分阐述了著名的达朗贝尔原理 (作用于一个物体的外力与动力的反作用之和等于零). 达朗贝尔是数学分析的重要开拓者之一, 在《百科全书》中的 "级数" 条目, 有关于级数收敛性著名的达朗贝尔判别法. 他的数学成果后来全部收入 8 卷巨著《数学手册》.

1751 ~ 1757 年, 狄德罗与达朗贝尔共同主编《百科全书》. 达朗贝尔为《百科全书》写了长篇序言, 全面讨论了科学和道德问题, 并用唯物主义观点阐明了科学史和哲学史, 成为启蒙运动的主要文件. 达朗贝尔晚年最大的成就是推动了拉格朗日和拉普拉斯的研究事业[12]. 由于他的反宗教表现, 巴黎市政府拒绝为他举行葬礼.

7.1.9　拉格朗日 (法, 1736 ~ 1813 年)

拉格朗日 (图片), 在数学、力学和天文学 3 个学科中都有重大历史性贡献, 但他主要是数学家, 研究力学和天文学的目的是表明数学分析的威力, 在分析学方面他是仅次于欧拉的最大开拓者, 最突出的贡献是在把数学分析的基础脱离几何与力学方面起了决定性的作用, 使数学的独立性更为清楚, 而不仅是其他学科的工具.

拉格朗日出身于意大利的都灵, 完全靠自学掌握了他那时代的现代分析, 学术生涯主要在 18 世纪后半期, 全部著作、论文、学术报告记录、学术通讯超过 500 篇.

---

6 《百科全书》既反映了启蒙思想的实质, 又反映了当时的科学成就, 有助于启发民智和解放思想.《百科全书》把技术、科学、艺术并列为人类知识的三大门类, 1751 ~ 1772 年出版 17 卷正卷、11 卷图版, 1777 年又出 5 卷增补卷. 由于《百科全书》有力地批判了封建制度和天主教会, 它的主编屡遭当局的迫害, 它的发行曾被禁止, 书遭焚毁.

都灵时期: 1754 ~ 1766 年. 1754 年 (18 岁) 发现高阶微分乘积的莱布尼茨公式, 19 岁就被任命为都灵炮兵学校数学教授. 由于达朗贝尔的推荐, 拉格朗日待欧拉离开柏林去圣彼得堡后, 正式接受普鲁士国王腓特烈二世 (腓特烈大帝, 1740 ~ 1786 年在位) 的邀请, 离开都灵.

柏林时期: 1766 ~ 1787 年. 一生研究中的鼎盛时期, 创立了分析力学, 完成了大量重大研究成果, 包括牛顿以后最伟大的经典力学著作《分析力学》(1788, 图片), 使牛顿的经典力学达到了至善尽美的境地, 被称为 "科学的诗" (爱尔兰数学家哈密顿 (1805 ~ 1865) 语), 成为分析力学的奠基著作.

巴黎时期: 1787 ~ 1813 年. 1797 年出版《解析函数论》(图片), 成为天体力学的奠基者. 拉格朗日在《解析函数论》中第 1 次得到微分中值定理, 用它推导出泰勒级数及带余项表达式的泰勒公式 (通常称为拉格朗日余项), 还着重指出, 泰勒级数不考虑余项是不能用的.

1789 年, 法国爆发资产阶级革命[7]. 1790 年, 拉格朗日进入科学院建立的 "度量衡委员会", 其后担任了委员会主席. 1799 年雾月政变后, 拉格朗日被提名为参议院议员, 1808 年晋封为伯爵, 临终前授予帝国大十字勋章. 1813 年, 拉格朗日被安葬于巴黎先贤祠. 拿破仑称拉格朗日是 "数学科学高耸的金字塔" [15].《拉格朗日全集》共 14 卷, 于 1867 ~ 1892 年出版.

7.2   数学新分支的形成

扩展微积分的应用范围, 尤其是与力学的有机结合, 成为 18 世纪数学的鲜明特征之一, 产生的新思想使数学本身大大受惠, 一系列新的数学分支在 18 世纪成长起来, 如常微分方程、偏微分方程、变分法、微分几何、概率论等. 在此介绍与微积分密切相关的常微分方程、偏微分方程、变分法 3 个分支的形成, 而微分几何 (第 9 讲)、概率论 (第 11 讲) 的形成与发展将在以后介绍.

7.2.1   常微分方程

1690 年, 雅格布·伯努利提出悬链线问题 (图片): 求一根柔软但不能伸长的绳子自由悬挂于两定点而形成的曲线方程. 此前, 伽利略 (1636)、惠更斯 (荷, 1629 ~ 1695 年) (1646) 都研究过这曲线. 曲线方程的建立涉及常微分方程. 1691 年, 莱布尼茨、惠更斯、约翰·伯努利分别独立地给出问题的解.

包含一个自变量和它的未知函数以及未知函数的导数的等式称为常微分方程. 它的形成和发展是微积分与力学、天文学、物理学及其他自然科学技术的发展互相促进和互相推动的结果.

---

[7] 1789 年 7 月 14 日, 巴黎人民起义, 攻占巴士底狱 (图片), 标志资产阶级革命, 或称法国大革命的开始. 1789 年 8 月 26 日, 制宪会议通过纲领性文件《人权和公民权宣言》.

初期主要关注初等解法 (分离变量法、变量代换法、积分因子法与降阶法)、常系数线性方程.

图片 "2001 年 9 月 6 日哈勃拍到的 '星体爆发' 星系".

7.2.2 偏微分方程

微积分对弦振动等力学问题的应用引导一门新的数学分支 —— 偏微分方程的建立. 包含未知函数以及偏导数的等式称为偏微分方程.

偏微分方程理论研究一个方程 (组) 是否有满足某些补充条件的解, 有多少个解, 解的各种性质与求解方法, 及其应用.

一阶偏微分方程的解法. 1772 年拉格朗日 (邮票: 法, 1958) 和 1819 年柯西发现将其转化为一阶常微分方程组.

二阶偏微分方程的突破口是弦振动方程 (图片). 给定一根拉紧的均匀柔软的弦, 两端固定在 x 轴的某两点上, 考察该弦在平衡位置附近的微小横振动. 弦上各点的运动可以用横向位移 $u(x,y)$ 表示, 则 $\dfrac{\partial^2 u}{\partial t^2} = a^2 \dfrac{\partial^2 u}{\partial x^2}$. 这方程称为弦振动方程, 或 1 维的波动方程. 波动方程现称为双曲型偏微分方程.

1715 年和 1727 年泰勒和约翰·伯努利分别提出了建立弦振动方程的问题. 达朗贝尔 (邮票: 法, 1959) 在 1747 年发表了《弦振动研究》[7], 他与欧拉 (1749) 都导出了弦振动方程并求出解, 标志着偏微分方程研究的开端. 1753 年丹尼尔·伯努利的论文 (1755 年发表) 在假定了所有可能的初始曲线均可表示为正弦级数的前提下, 导出了具有正弦周期模式的解.

另一重要类型的二阶偏微分方程是位势方程. 由欧拉在 1752 年研究流体力学时提出. 欧拉证明了对流体内任一点的速度分量 x,y,z, 一定存在函数 $s(x,y,z)$ (速度势) 满足 $\dfrac{\partial^2 s}{\partial x^2} + \dfrac{\partial^2 s}{\partial y^2} + \dfrac{\partial^2 s}{\partial z^2} = 0$, 这就是位势方程. 在热传导过程中, 当热运动达到平衡状态时, 温度 u 也满足上述方程, 所以它也称为调和方程. 1785 年拉普拉斯 (图片) 用球调和函数求解, 稍后又给出了这方程的直角坐标形式. 现在称这方程为拉普拉斯方程, 属于椭圆型偏微分方程.

拉普拉斯 (邮票: 莫桑比克, 2001), 数学家、天文学家, 天体力学的主要奠基人, 分析概率论的创始人, 应用数学的先驱. 拉普拉斯是农民的儿子, 从青年时期就显示出卓越的数学才能, 18 岁时离家赴巴黎, 决定从事数学工作, 于是带着一封推荐信去找达朗贝尔, 但被拒绝接见. 拉普拉斯就寄去一篇力学方面的论文给达朗贝尔. 这篇论文出色至极, 以致达朗贝尔推荐拉普拉斯到军事学校教书. 他于 1773 年进入巴黎科学院, 1785 年当选法国科学院院士, 1789 年研究制定公制系统, 1796 年任重新组建的法国国家科学与艺术学院科学院院长, 1799 年任内政部长, 1803 年任参议院议长, 1817 年再任法兰西学院法国科学院院长, 并封爵.

1796 年拉普拉斯的著作《宇宙体系论》问世, 提出了关于太阳系起源的星云假说 (图片)[8], 1799~1825 年出版 5 卷 16 册的经典巨著《天体力学》, 包括了大行星运动理论和月球运动理论方面的研究成果, 用数学方法证明了著名的拉普拉斯定理: 行星的轨道大小只有周期性变化. 因研究太阳系的普遍稳定性的动力学问题被誉为 "法国的牛顿" 和 "天体力学之父" (图片).《拉普拉斯全集》共 14 卷, 于 1878~1912 年出版.

名言: "一切自然现象都是少数不变定律的数学推论."

戏言: "陛下, 我不需要这样的假设!"

遗言: "我们知道的, 是很微小的; 我们不知道的, 是无限的."

对二阶偏微分方程的求解构成 19 世纪数学家和物理学家关注的中心问题之一.

7.2.3　变分法

变分法是研究泛函的极值的方法. 1756 年, 欧拉在论文中将其正式命名为 "the calculus of variation". 它起源于 1696 年 6 月约翰·伯努利提出的最速降线问题 (图片)[7]: 求出两点之间一条曲线, 使质点在重力作用下沿着它由一点至另一点降落最快, 即所需时间最短. 1797 年元旦, 约翰又发布公告, 声称向 "全世界最有才能的数学家" 挑战, "能够解决这一非凡问题的人寥寥无几, 即使是那些对自己的方法自视甚高的人也不例外." 这引发了欧洲数学界的一场论战.

这一问题的正确答案是连接两个点上凹的唯一一段旋轮线 (图片). 1697 年 5 月, 牛顿、莱布尼茨、洛必达、约翰·伯努利、雅格布·伯努利等都各自解决[7]. 当约翰看到牛顿的匿名解答后说: "从这锋利的爪我认出了雄狮."

1673 年, 惠更斯证明了旋轮线是摆线. 因为钟表摆锤做一次完全摆动所用的时间相等, 所以摆线又称等时曲线 (图片).

早期变分法三大问题: 最速降线问题、等周问题、测地线问题 (图片).

变分法成为一门学科应归功于欧拉 (图片). 欧拉, 1728 年解决了测地线问题, 1736 年提出欧拉方程, 1744 年发表《寻求具有某种极大或极小性质的曲线的方

---

[8] 拉普拉斯认为, 太阳系的原始物质是炽热的呈球状的星云, 并缓慢地转动. 因散热冷却, 星云逐渐收缩并变得致密, 转动速度也逐渐变快. 由于赤道附近离心力的不断增大, 星云逐渐变成星云盘, 当离心力超过向心力时, 赤道边缘的物质便分离出来, 形成一个旋转的环, 并相继分离出与行星数目相等的另一些环. 星云的中心部分最后形成太阳, 各环在绕太阳旋转过程中, 环中的物质逐渐向一些凝块聚集形成行星. 行星又以同样的方式分离出环, 再凝结成卫星. 这一成因模式可概括为: 炽热的气体云 – 分离环 – 团块 – 行星. 1755 年, 康德 (德, 1724~1804 年) 在《自然通史和天体理论》中也提出关于太阳系起源的 "星云假说". 星云假说较成功地解释了太阳系的起源问题, 克服了牛顿片面强调引力作用因而无法说明行星绕日运动的初始动力.

法》, 阐述了最小作用量原理, 标志着变分学的诞生[9]. 欧拉之后, 在 18 世纪对变分法作出最大贡献的数学家是拉格朗日和勒让德 (法, 1752 ~ 1833 年). 1760 年, 拉格朗日引入变分的概念, 在纯分析的基础上建立变分法 [7]. 1786 年起, 勒让德 (图片) 讨论了变分的充分条件, 但在 18 世纪这一问题一直没有得到解决.

19 世纪关于极值条件进行了一系列的工作, 最后在克内泽尔 (德, 1862 ~ 1930年) 的《变分法教程》(1900) 中得到系统的发展.

7.3 19 世纪的数学展望

18 世纪末, 数学家们对自己从事的这门科学却奇怪地存在着一种普遍的悲观情绪. 数学家的主导意见: 数学的资源已经枯竭.

1754 年, 狄德罗: "我敢说, 不出一个世纪, 欧洲就将剩不下 3 个大的几何学家了."

1781 年, 拉格朗日: "在我看来, 似乎数学矿井已挖掘很深了, 除非发现新的矿脉, 否则迟早势必放弃它." "牛顿只有一个."

1780 年, 法国科学院报告: "几乎所有的分支里, 人们都被不可克服的困难阻挡住了 …… 所有这些困难好像是宣告我们的分析的力量实际上是已经穷竭了."

数学发展的两个方面: 外在源泉、内部动力. 过于将数学的进展与天文、力学的进展等同起来, 对于数学靠内在逻辑需要推动而发展的前景缺乏充分的预见.

1781 年, 孔多塞 (法, 1743 ~ 1794 年) (邮票: 法, 1989): "不应该相信什么我们已经接近了这些科学必定会停滞不前的终点. …… 我们应该公开宣称, 我们仅仅是迈出了万里征途的第一步."

18 世纪末的数学问题: 高于 4 次的代数方程的根式解, 欧几里得几何中平行公设, 牛顿、莱布尼茨微积分算法的逻辑基础等. 这导致数学在 19 世纪跨入了一个前所未有、突飞猛进的历史时期, 取得了代数、几何与分析的全面进步, 即代数学的新生, 几何学的变革, 分析的严格化, 并在 19 世纪末进入现代数学时期.

提问与讨论题、思考题

7.1 18 世纪英国数学家关于分析的代表性工作.

7.2 "第 2 次数学危机" 的形成.

7.3 您所知道的欧拉.

7.4 为什么称欧拉是 "数学家的英雄"?

---

[9] 1705 年, 莱布尼茨已发现了作用量原理. 1744 年, 莫佩蒂 (法, 1698 ~ 1759 年) (邮票 "莫佩蒂测地图": 芬, 1986): 提出了最小作用量原理, 并在《由形而上学原理导出的运动和静止的定律》(1746) 展示其思想: 对于所有的自然现象, 作用量趋向于最小值. 1746 年, 莫佩蒂成为柏林科学院的第一任院长.

7.5　谈谈您对于 "读读欧拉, 他是我们大家的老师" (拉普拉斯语) 的看法.

7.6　分析的发展如何促进数学新分支的形成?

7.7　简述 18 世纪关于空间曲线、曲面理论的工作.

7.8　试分析 18 世纪末数学家的主导意见: 数学的资源已经枯竭.

7.9　18 世纪末数学内部主要聚集了哪些突出问题?

第 8 讲

19 世纪的代数

19 世纪的代数称为 "代数学的新生", 显著的特点是突破传统代数学的研究领域, 表现在方程的根式解、四元数的发现、行列式与矩阵理论、布尔代数、代数数论等方面, 在此主要介绍 6 位数学家 —— 高斯、阿贝尔、伽罗瓦、哈密顿、布尔和费马 (17 世纪) 的生平与数学贡献.

8.1　代数方程根式解

自从 16 世纪中叶, 数学家们完成了 3 次、4 次方程的根式解以来, 19 世纪初代数学研究的注意力仍是解代数方程, 关注 5 次或高于 5 次的代数方程.

1629 年, 吉拉尔 (荷, 1595 ～ 1632 年) (图片) 在《代数的新发明》中最先提出 "代数基本定理" [7]: 任一多项式都有根. 后经笛卡儿 (法, 1596 ～ 1650 年)、牛顿 (英, 1643 ～ 1727 年) 等众多学者反复陈述、应用, 但均未给出证明, 欧拉 (瑞士, 1707 ～ 1783 年)、拉格朗日 (法, 1736 ～ 1813 年) 等名家都先后试图证明, 竟均告败北. 1799 年, 高斯 (德, 1777 ～ 1855 年) (邮票: 联邦德国, 1955) 提交了他的博士论文, 公布了代数基本定理的一个实质性证明[1]. 这是对 18 世纪方程论的一个漂亮的总结.

　　高斯, 德国数学家、物理学家和天文学家, 1795 年进入哥廷根大学学习, 1799 年在赫尔姆斯泰特大学 (University of Helmstedt) 获博士学位 [导师普法夫 (J. F. Pfaff, 德, 1765 ∼ 1825 年)], 1807 年起担任哥廷根大学天文台台长和天文学教授, 与阿基米德、牛顿一起被誉为有史以来的三大数学家, 近代数学奠基者之一, 有 "数学家之王" 之称 [15]. 高斯的数学研究几乎遍及所有领域, 在数论、代数学、非欧几何、复变函数和微分几何等方面都作出了开创性的贡献, 他还把数学应用于天文学、大地测量学和磁学的研究. 高斯是位完美主义者, 对待学问十分严谨, 只把自己认为十分成熟的作品才发表出来, 一生共发表 155 篇论文.《高斯全集》共 12 卷, 于 1863 ∼ 1929 年出版.

　　高斯 [15]: "宁可少些, 但要好些."

　　高斯幼年时就表现出超人的数学天才, 11 岁就发现了二项式定理, 1796 年发现了正十七边形的尺规作图法 (图片), 用代数方法解决了古希腊学者提出了 2000 多年的几何难题, 坚定了高斯献身数学的决心, 他也视此为生平得意之作, 还交待要把正十七边形刻在他的墓碑上 (图片)[2].

　　"高斯和正十七边形" (邮票: 民主德国, 1977).

　　在解出 3 次、4 次方程后的整整两个半世纪内, 很少有人怀疑 5 次或高于 5 次的代数方程根式解的可能性. 历史上第一个明确怀疑 "用根式解 4 次以上方程" 的数学家是拉格朗日 (图片). 1770 年, 拉格朗日发表了 220 页的长文《关于代数方程解的思考》, 引进了置换的概念并提出预解式方法, 认为置换理论才是 "整个问题的真正哲学", 但其方法只适用于解 3 次、4 次方程, 不适用于 5 次方程 (因为需要解一个 6 次的预解方程). 这使他认识到求解一般 5 次方程的代数方法可能不存在, "好像是在向人类的智慧挑战".

　　1799 年, 鲁菲尼 (意, 1765 ∼ 1822 年) (图片) 分析了拉格朗日的预解式方法, 明确提出要证明高于 4 次的一般方程不可能用代数方法求解 (给出一个证明, 后发现是错误的). 18 世纪的数学家可以说已经到了成功的边缘.

　　1824 年, 阿贝尔 (挪, 1802 ∼ 1829 年) (图片; 邮票: 挪, 1929) 自费出版了一本小册子《论代数方程, 证明一般 5 次方程的不可解性》[7], 严格证明了以下事实 (阿贝尔定理): 如果方程的次数大于 4, 并且系数看成是字母, 那么任何一个由这些字母组成的根式都不可能是方程的根.

　　阿贝尔 (邮票: 挪, 1983) 是一位命运多舛的卓越数学家. 在他生前, 社会并没

---

　　[1] 1746 年, 达朗贝尔给出了代数基本定理一个不完全的证明. 现在我们可以利用标准的方法和定理补上达朗贝尔证明中的漏洞; 相反, 要补上高斯 (1799) 的证明中的漏洞仍没有容易的方法 [12].
　　[2] 现今的高斯墓碑上, 除了姓名和生卒年月, 没有那传说中的正十七边形. 在高斯的出生地不伦瑞克 (Braunschweig) 建有高斯的纪念碑, 在高斯全身像基石的侧面, 刻有正十七角星. 见: 蔡天新. 访学哥廷根 (五). 中国数学会通讯, 2013(1): 20 ∼ 24.

有给他的才能和成果以公正的承认.

16 岁那年, 阿贝尔遇到了一个能赏识其才能的老师霍姆伯 (挪, 1795 ～ 1850 年), 受益良多, "要想在数学上取得进展, 就应该阅读大师的而不是他们的门徒的著作". 1820 年左右, 阿贝尔自认为已获得了一般 5 次方程的根式解, 后发现了错误. 1821 年, 阿贝尔进入奥斯陆大学学习. 1823 年, 他终于成功地证明了用根式解一般 5 次方程的不可能性, 并发现了椭圆函数的反演方法.

1825 年 8 月, 阿贝尔开始历时两年的欧洲大陆之行. 踌躇满志的阿贝尔把自费印刷的关于 5 次方程不可解的论文作为拜见大陆大数学家们 (特别是高斯) 的科学护照. 虽然等候高斯召见的期望终于落空, 但在柏林, 阿贝尔遇到并熟识了克雷尔 (德, 1780 ～ 1855 年). 克雷尔将阿贝尔的论文载入《克雷尔杂志》的第 1 卷 (1826 年创刊, 延续至今最早的数学杂志, 1959 年起更名为《纯粹和应用数学杂志》).

阿贝尔一生最重要的工作 —— 关于椭圆函数理论的广泛研究, 就完成在柏林时期. 现在公认, 在被称为 "函数论世纪" 的 19 世纪的前半叶, 阿贝尔的工作, 后来还有雅可比 (德, 1804 ～ 1851 年) 的工作, 如《椭圆函数新理论基础》(1829)[7], 是函数论的两个最高成果之一. 阿贝尔把这些丰富的成果整理成长篇论文《论一类极广泛的超越函数的一般性质》[7], 从柏林启程前往巴黎.

1826 年 7 月, 阿贝尔抵达巴黎. 在这世界最繁华的大都会里, 荟萃着像柯西、勒让德、拉普拉斯、傅里叶、泊松这样一些久负盛名的数学家. 阿贝尔相信他将在这里找到知音, 然而却没有一个人愿意仔细倾听他谈论自己的工作. 他只好将论文提交法国科学院 (1826 年 10 月 30 日). 科学院秘书傅里叶读了论文的引言, 委托勒让德和柯西负责审查, 但毫无音信[3]. 阿贝尔在巴黎等了半年, 钱快花光了, 又得了肺病, 心力交瘁, 只好于 1826 年 12 月拖着病弱的身体, 告别巴黎, 经柏林后于 1827 年 5 月回到奥斯陆.

继那篇主要论文之后, 阿贝尔又写过若干篇关于椭圆函数的论文, 都在《克雷尔杂志》上发表了 [7]. 阿贝尔回挪威后一年里, 欧洲大陆的数学界渐渐了解了他, 他已成为欧洲众所瞩目的优秀数学家之一. 遗憾的是, 他处境闭塞, 对此情况竟少有所知, 甚至连他想在自己的国家谋一个普通的大学教职也不可得. 1829 年 1 月, 阿贝尔的病情恶化, 不时陷入昏迷. 1829 年 4 月 6 日, 这颗耀眼的数学新星便过早地殒落了. 阿贝尔死后两天, 克雷尔的一封信寄到, 告知柏林大学已决定聘请他担任数学教授. 1830 年 6 月, 法国科学院把大奖授予他和雅可比, 以表彰他们在椭圆函数论方面的重大突破. 正如勒让德所说, 这项工作是阿贝尔的 "比时间还经久的纪念碑" [15]. 1881 年,《阿贝尔全集》分两卷出版.

图片 "1908 年维格兰 (挪, 1869 ～ 1943 年) 雕塑的阿贝尔塑像"、"阿贝尔

---

[3] 1830 年, 柯西从旧书堆中找出了阿贝尔的手稿. 1841 年, 论文发表于《法兰西科学院著名科学家论文集》第七卷, 后原稿再次遗失. 1952 年, 手稿在意大利的佛罗伦萨被发现.

铜像".

1898 年, 挪威数学家李 (1842 ~ 1899 年) 提议设立阿贝尔奖. 2001 年, 挪威政府拨款 2 亿挪威克郎, 设立阿贝尔纪念基金, 在阿贝尔诞辰 200 周年之际设立阿贝尔奖 (邮票 "阿贝尔": 挪, 2002). 从 2003 年起每年颁发一次, 颁奖典礼每年 6 月在奥斯陆举行. 阿贝尔奖颁发给那些在数学领域作出杰出贡献的数学家, 宗旨在于提高数学在社会中的地位, 同时激励青少年学习数学, 奖金额为 600 万挪威克朗.

2003 年, 法兰西学院的塞尔 (法, 1926 ~) 首度获奖 (图片).

怎样特殊的方程能够有根式来求解?

1829 ~ 1831 年, 伽罗瓦 (法, 1811 ~ 1832 年) (邮票: 法, 1984) 完成的几篇论文中, 首创了现在称为置换群的思想, 建立了判别方程根式解的充分必要条件, 从而宣告了方程根式解这一经历了 300 年的难题彻底解决.

伽罗瓦通过改进拉格朗日的思想, 把预解式的构成同置换群联系起来, 发展了阿贝尔的思想, 把问题转化为置换群及其子群结构的分析. 这个理论的大意是: 每个方程对应于一个含有方程全部根的域 (伽罗瓦域), 这个域对应于这个方程根的置换群 (伽罗瓦群). 一个方程的伽罗瓦群是可解群当且仅当这方程是根式可解的. 作为这个理论的推论, 可以得出 5 次以上一般代数方程根式不可解, 以及尺规作图中 "三等分任意角" 和 "倍立方体" 问题不可能等结论.

伽罗瓦短暂的悲剧人生充满神秘, 使其成为数学史上最具浪漫色彩的人物之一.

在中学就读于著名的路易大帝皇家学校时, 伽罗瓦已经显示了非凡的数学才能. 中学的数学教师里夏尔 (法, 1795 ~ 1849 年) 在遗留下的笔记中记载: "伽罗瓦只宜在数学的尖端领域中工作", "他大大地超过了全体同学". 1829 年起, 伽罗瓦写了几篇文章, 把它作为应征法国科学院的数学奖的论文. 他 3 次向科学院递交关于代数方程的论文, 第 1 次交柯西 (要求重新修改), 第 2 次交傅里叶 (病逝), 第 3 次交泊松 (审查说 "不可理解"). 伽罗瓦的思想大大超出了他的时代, 其工作在他生前完全被忽视了.

伽罗瓦的数学研究是在社会激烈动荡和遭受种种打击的情况下, 利用极为有限的时间进行的. 伽罗瓦诞生在拿破仑帝国 (法兰西第一帝国) 时代. 他是当时信仰共和主义的政治集团 "人民之友" 的成员, 曾发誓: "如果为了唤起人民需要我死, 我愿意牺牲自己的生命." 两次报考巴黎综合工科学校都没被录取. 1829 年 10 月, 伽罗瓦录取于巴黎师范学校. 年轻热情的伽罗瓦对师范学校教育组织极为不满, 校方于 1830 年 12 月将伽罗瓦开除. 之后, 他积极参加政治活动, 两次入狱. 在监狱中伽罗瓦一方面与官方进行不妥协的斗争, 另一方面他还抓紧时间刻苦钻研数学, 静下心来在数学王国里思考.

伽罗瓦获释后不久, 1832 年 5 月 30 日, 年轻气盛的伽罗瓦卷入了一场 "爱情与荣誉" 的决斗. 伽罗瓦连夜给朋友写信 (图片), 仓促地把自己生平的数学研究心得扼要写出, 并附以论文手稿 [7]. 他在天亮之前那最后几个小时写出的东西, 为一个折磨了数学家们 3 个世纪的问题找到了真正的答案, 并且开创了数学的一片新天地. 在第 2 天上午的决斗场上, 伽罗瓦被打穿了肠子后死去. 或许, 伽罗瓦的悲剧在于他具有自我牺牲的人格 [12].

伽罗瓦死后, 刘维尔 (法, 1809 ~ 1882 年) 整理了他的部分遗稿并刊登在自己主办的《纯粹与应用数学杂志》(也称《刘维尔杂志》, 1846) 上, 他在代数方面的独创性工作才得以为世人所知. 但伽罗瓦理论在一段时期内并没有为数学界所广泛知晓, 其传播及接受经历了三四十年的过程 [4]. 1962 年, 《伽罗瓦的著述及论文集》出版.

伽罗瓦稍纵即逝的数学生涯留下了永恒的遗产. 他的工作可以看成是近世代数的发端, 现代数学酝酿的标志之一: 代数抽象化的尝试.

从置换群, 1849 ~ 1854 年, 凯莱 (英, 1821 ~ 1895 年) (图片) 引入抽象群; 从伽罗瓦域, 1893 年, 韦伯 (德, 1842 ~ 1913 年) (图片) 引入抽象域. 代数学由于群的概念的引进和发展而获得了新生. 它不仅仅是研究代数方程, 而更多的是研究各种抽象的 "对象" 的运算关系, 为 20 世纪初代数学的腾飞奠定了最重要的基础.

8.2 数系扩张

实数系的进展.

1737 年, 欧拉 (瑞士, 1707 ~ 1783 年) 证明了 e 和 e^2 是无理数. 1761 年, 兰伯特 (法, 1728 ~ 1777 年) 证明了 π 是无理数. 1844 年, 刘维尔第 1 次显示了超越数的存在. 1873 年埃尔米特 (法, 1822 ~ 1901 年) [7] 和 1882 年林德曼 (德, 1852 ~ 1939 年) 分别证明了 e 和 π 是超越数[4]. 由此, 解决了尺规作图中 "化圆为方" 问题的不可能.

1740 年, 欧拉提出下列数列的极限:

$$\lim_{n \to \infty} \left(1 + \frac{1}{2} + \frac{1}{3} + \cdots + \frac{1}{n} - \ln n \right),$$

通常记为 γ, 称为欧拉常数. 目前还不知道它是有理数还是无理数.

复数系的进展.

虚数或复数的出现、承认与反承认一直在欧洲徘徊 [10].

16 世纪. 1572 年, 邦贝利 (意, 1526 ~ 1572 年) 理直气壮地承认虚数, 创造了符号 R[Om9] 表示虚数 $\sqrt{-9}$.

---

[4] 1934 年, 盖尔丰德 (苏, 1906 ~ 1968 年) 证明了 α^β 是超越数, 其中 α 是非 0, 1 的代数数, β 是无理代数数, 解决了希尔伯特于 1900 年提出的 23 个问题中的第 7 个问题. 至今, 尚不知 e + π 是否超越数.

17 世纪. 1629 年, 吉拉尔 (荷, 1595 ~ 1632 年) 在《代数的新发明》中引入符号 $\sqrt{-1}$ 表示虚数, 但没有真正认清虚数的意义. 1637 年, 笛卡儿在《几何学》一书中说: "负数开平方是不可思议的", 后来认识到虚数的存在, 并与 "实数" 相对应把 "虚构的根" 改为 "虚数", 因此得名并沿用至今, 同时还进一步给 $a + bi$ $(a, b$ 为实数) 取名为 "复数", 也沿用至今.

18 世纪. 1747 年, 达朗贝尔 (法, 1717 ~ 1783 年) 用符号 $a + b\sqrt{-1}$ 表示复数, 未引起注意. 1777 年, 欧拉在递交给圣彼得堡科学院的论文《微分公式》中支持 1637 年笛卡儿用法文 "imaginaries" (虚的) 的第一个字母 i 表示虚数 $\sqrt{-1}$, 于是虚数符号 i 正式诞生了, 也未引起注意. 1797 年, 韦塞尔 (挪, 1745 ~ 1818 年) 向丹麦科学院递交了论文《方向的解析表示》[7], 引进了实轴和虚轴, 并把虚数 $\sqrt{-1}$ 记作 ε, 从而建立了复数的几何表示, 仍未引起注意.

图片 "复数与平面向量".

19 世纪. 这是确立复数地位的真正较量. 1831 年, 德摩根 (英, 1806 ~ 1871 年) 在论文《论数学的研究和困难》中仍认为虚数和负数 "二者都是同样的虚构, 因为 $0 - a$ 和 $\sqrt{0 - a}$ (a 为正数) 同样是不可思议的" [1]. 另一方面, 1806 年, 阿甘德 (阿尔冈, 瑞士, 1768 ~ 1822 年) 的论文《虚量, 它的几何解释》, 将虚数看成是平面直角坐标逆时针旋转 90° 的结果, 从而使复数的几何表示简洁化. 1811 年, 高斯讨论了复数的几何表示. 1831 年, 高斯又清晰地公布了虚数的几何意义, 并支持欧拉用 i 表示 $\sqrt{-1}$ (邮票 "高斯": 联邦德国, 1977). 这样, 虚数蒙上的那层神秘色彩逐渐消失了, 数学家们逐渐承认虚数概念及其符号. 复数在数学中起着举足轻重的作用, 给人们留下深刻的印象.

四元数的发现.

复数能用来表示和研究平面上的向量, 这与物理学上的力、速度或加速度等联系起来. 在代数上, 如何处理几个不一定在同一平面上的力作用于一个物体的情形? 虽然 3 维坐标表示从原点到该点的向量, 但不存在 3 元数组的运算来表示向量的运算.

对复数的类似推广作出重要贡献的是哈密顿 (爱尔兰, 1805 ~ 1865 年) (图片)—— 英国自牛顿以后最伟大的数学家、物理学家 [4], 英国声誉仅次于牛顿的数学家, 作为一个物理学家甚至比作为一个数学家在当时更有名 [1].

哈密顿 (邮票: 爱尔兰, 1943), 自幼聪明, 具有非凡的语言能力, 13 岁时夸口说他生活的每一年都掌握了一种语言, 被称为神童. 他在 1820 年已阅读了牛顿的《自然哲学的数学原理》, 还开始读拉普拉斯的《天体力学》, 1823 年进入都柏林大学三一学院学习, 1827 年 (作为一名大学生) 被任命为三一学院的天文学教授, 1832 年成为爱尔兰皇家科学院院士, 1837 ~ 1845 年被任命为爱尔兰皇家科学院院长. 1834 年, 哈密顿发表了历史性论文《一种动力学的普遍方法》, 称为哈密顿力学, 成为动力学发展过程中的新里程碑, 奠定了现代物理学的基石, 并于 1835

年获得英国皇家学会的皇家奖章.

1837 年, 哈密顿表示复数为有序实数对, 规定了数对的运算. 在对复数长期研究的基础上, 作为复数向 3 维数组的推广, 1843 年 10 月 16 日, 哈密顿把所要找的新数定义为四元数, 它包含 4 个分量, 能加、减、乘、除, 只是乘法不服从交换律. 这是代数学中一项重要成果. 它本身虽无广泛的应用, 但它对代数的发展来说是革命性的, 从此数学家们可以更加自由地构造新的数系, 通过减弱、放弃或替换普通代数中的不同定律和公理, 为众多代数系的研究开辟了道路.

哈密顿 (邮票 "哈密顿的四元数": 爱尔兰, 1983; 2005): "我感到思想的电路接通了, 而从中落下的火花就是 **i, j, k** 之间的基本方程.······ 我感到一个问题在那一刻已经解决了, 智力该缓口气了, 它已经纠缠着我至少 15 年了."

哈密顿的研究工作涉及不少领域, 但他主要是数学家, 成果最突出的是光学、力学和四元数. 他研究的光学是几何光学, 具有数学性质; 力学则是列出动力学方程及求解.

贝尔 (美, 1883 ～ 1960 年) 曾评论道[15], "哈密顿最深刻的悲剧既不是酒精, 也不是他的婚姻, 而是他顽固地相信, 四元数是解决物质宇宙的数学关键, 而没有一个伟大的数学家这样毫无希望地错误过." 哈密顿的遗著《四元数原理》1866 年出版[7].

图片 "布鲁穆桥的纪念匾 (1958)".

四元数理论的发展导致向量理论的建立. 哈密顿之后, 各种新的超复数像雨后春笋般涌现出来. 1844 年, 格拉斯曼 (德, 1809 ～ 1877 年) (图片) 在《线性扩张性》中引进了 n 个分量的超复数[7]. 1847 年, 凯莱 (英, 1821 ～ 1895 年) (图片) 定义了八元数, 可是乘法连结律都不满足, 也没有一定的除法了. 这些是后来结合代数和非结合代数的前身.

以实数域或复数域为基域的超复数到底有多少? 1861 年, 魏尔斯特拉斯 (德, 1815 ～ 1897 年) 证明了有有限个基元素的实系数或复系数线性结合代数, 如果要服从乘积定律和乘法交换律, 就只有实数代数和复数代数[1]. 1958 年, 用代数拓扑学方法证明了实数域上有限维可除代数, 只有 1, 2, 4, 8 这 4 种已知维数[27]. 可见实数及复数域具有独特的性质, 而且只要有除法, 即使结合律和交换律都不满足, 也只有四元数和八元数代数, 可见类似于 "数" 的代数到此为止.

将四元数改造成物理学家所需要的工具的第一步, 是由物理学家麦克斯韦 (英, 1831 ～ 1879 年) (图片) 迈出的, 他创造了向量分析.

8.3 布 尔 代 数

布尔代数的创立来源于对数学和逻辑基础的探讨. 莱布尼茨想要发明一种通用的语言, 以它的符号和专门的语法来指导推理, 建立一种推理代数, 提出思维演算和逻辑的数学化思想, 一些工作的细节直到 20 世纪初才出版.

德摩根 (英, 1806～1871 年) (图片), 就读于剑桥大学三一学院, 主要任教于伦敦大学学院, 重要著作是 1847 年的《形式逻辑》, 发展了一套适合推理的符号, 首创关系逻辑的研究, 以代数的方法研究逻辑的演算, 建立著名的德摩根定律, 成为后来布尔代数的先声, 突破古典的主谓词逻辑的局限, 影响到后来数理逻辑的发展.

布尔 (英, 1815～1864 年) (图片), 数学、逻辑学家, 通过自学掌握了拉丁语、希腊语、意大利语、法语和德语. 1835 年, 布尔在林肯市 (位于英格兰东部、伦敦以北 132 英里) 创办了一所中学, 一边教书, 一边自修高等数学, 攻读了牛顿的《自然哲学的数学原理》, 还掌握了拉格朗日的《解析函数论》和拉普拉斯的《天体力学》, 足以证明他自学取得的成功.

1839 年, 布尔放弃了接受高等教育的念头, 潜心致力于自己的数学研究, 其中最大的成就在于逻辑方面. 他的主要贡献是用一套符号来进行逻辑演算, 即逻辑的数学化. 大约 150 年以前, 莱布尼茨曾经探索过这一问题, 但最终没有找到精确有效的表示方法.

布尔凭着他卓越的才干, 从逻辑公理出发, 导出推理的规律, 创造了逻辑代数系统, 从而基本上完成了逻辑的演算工作. 1847 年, 布尔出版了这方面的第 1 本书《逻辑的数学分析, 论演绎推理的演算法》. 1849 年, 布尔分别获得牛津大学和都柏林大学的名誉博士学位, 随即被聘为爱尔兰科克皇后学院的数学教授, 直至逝世. 1854 年, 布尔又出版了《思维规律的研究, 作为逻辑与概率的数学理论的基础》(图片) [7], 奠定了数理逻辑的基础, 为这一学科的发展铺平了道路. 此外, 布尔一生共发表了 50 篇学术论文, 1857 年被推选为英国皇家学会会员.

布尔, 以自学取得成就而著称于世, 19 世纪数理逻辑最杰出的代表. “布尔代数” 现已发展为结构极为丰富的代数理论, 无论在理论方面还是在实际应用方面都显示出它的重要价值. 特别是近几十年来, 布尔代数在自动化系统和计算机科学中已被广泛应用. 著名的现代逻辑史家波享斯基 (瑞士, 1902～1995 年) 有过评价: “我们能够在布尔时代的著作《逻辑的数学分析》中找到一种示范形式展开的清晰表达, 这方面他优于许多后人的著作, 其中包括罗素的《数学原理》.”

施罗德 (德, 1841～1902 年) (图片) 的《逻辑代数讲义》(3 卷, 1890～1905 年) 把布尔的逻辑代数推向顶峰.

8.4　数　　论

19 世纪以前, 数论只有一些孤立的结果.

费马 (法, 1601～1665 年) (图片), 律师, 1646 年出任图卢兹地方议会首席发言人, 后来还当过天主教联盟主席等职. 费马在官场虽无突出的政绩值得称道, 但其品行却赢得了人们的信任和称赞.

费马独骋 17 世纪数论天地, 使数论新结果令人目不暇接, 其影响绵延数百年. 费马一生未受过专门的数学教育, 数学研究只不过是业余爱好, 生前极少发表自己的论著, 连一部完整的著作也没有出版,《数学论集》(1670, 遗著) 是其长子将其笔记、批注及书信整理成书而出版的. 然而, 在 17 世纪的法国还找不到哪位数学家可以与之匹敌: 他是解析几何的发明者之一, 对于微积分诞生的贡献仅次于牛顿、莱布尼茨, 概率论的主要创始人, 近代数论的开创者. 费马堪称 17 世纪法国最伟大的数学家, 被誉为 "业余数学家之王" [15].

近代意义的数论研究是从费马开始的. 丢番图的《算术》传到欧洲的时间较晚, 1575 年才出版第一个拉丁文译本, 1621 年出版了经巴歇 (法, 1581 ~ 1638 年) 校订的希腊–拉丁文对照本 [4]. 约 1637 年, 费马在巴黎买到经巴歇校订的《算术》. 他利用业余时间对书中的不定方程进行了深入研究, 从而发展了数论这门数学分支, 并取得了巨大的成就. 例如,

(1) 费马小定理 (1640): 如果 p 是素数, a 与 p 互素, 则 $p|a^p - a$.

(2) 费马大定理 (1670): 方程 $x^n + y^n = z^n$ 对于任意大于 2 的自然数 n 无非零整数解[5].

费马的批注: "我已找到一个奇妙的证明, 但书边空白太窄, 写不下." 费马究竟有没有找到证明? 他很可能证明了 $n = 4$ 的情形, 至于其他情形已成为数学史上的千古之迷. 从那时起, 为了 "补出" 这条定理的证明, 数学家们花费了 300 多年的心血, 至 1995 年才由怀尔斯 (英, 1953 ~) 给出证明.

(3) 平方数问题 I: 形如 $4n + 1$ 的素数和它的平方只能以一种方式表为两个平方数之和.

(4) 平方数问题 II: 每个正整数可表示为至多 4 个平方数之和.

(5) 费马数: 让 $F_n = 2^{2^n} + 1$, $n = 0, 1, 2, 3, \cdots$. 1640 年, 费马在给梅森 (法, 1588 ~ 1648 年) 的信中断言 "形如 F_n 的数永远是素数".

18 世纪. 数论的研究受到费马思想的主宰. 1770 年, 欧拉 (瑞士, 1707 ~ 1783 年) 发表的《代数指南》是 18 世纪最重要的数学著作之一 [7].

1732 年, 欧拉证明 F_5 不是素数. 1736 年, 欧拉证明了费马小定理. 1753 年, 欧拉宣布证明了 $n = 3$ 时的费马大定理 (1770 年发表). 1754 年, 欧拉证明了费马平方数问题 I. 1770 年, 拉格朗日 (法, 1736 ~ 1813 年) 证明了费马平方数问题 II. 1783 年, 欧拉明确表述了二次互反律 [7], 后发展为代数数论.

哥德巴赫 (德, 1690 ~ 1764 年) 猜想 (1742) [7]: 每个大于 4 的偶数是两个奇素数之和. 叙述如此简单的问题, 连欧拉都不能证明. 许多数学家不断努力想攻克它, 但至今都没有成功.

华林 (英, 1734 ~ 1798 年) 问题 (《代数沉思录》, 1770): 任一自然数 n 可表

---

[5] 该定理在国际上也常称为费马最后定理.

示成至多 r 个数的 k 次幂之和. 例如, 每个自然数或者是 4 个平方数之和, 或者是 9 个立方数之和, 或者是 19 个 4 次方数之和. 1909 年, 希尔伯特 (德, 1862~1943 年) 给出了华林问题的首次证明.

高斯 (德, 1777 ~ 1855 年) 的数论研究总结在 1801 年的《算术研究》[7] 中 (图片). 这本书奠定了近代数论的基础. 它不仅是数论方面的划时代之作, 也是数学史上不可多得的经典著作之一. 此后, 数论作为现代数学的一个重要分支得到了系统的发展, 这一年高斯只有 24 岁.

高斯名言: "数学, 科学的女皇; 数论, 数学的女皇."

《算术研究》中的主要思想有 3 个: 同余理论、复整数理论和二次型理论. 其中复整数理论是代数数论的开端, 给出了二次互反律的证明. 高斯称二次互反律为 "算术中的宝石", 一生中至少给出过它 8 个不同的证明.

从研究风格、方法乃至所取得的具体成就方面, 高斯都是 18 ~ 19 世纪之交的中坚人物, 欧拉以后最重要的数学家. 如果把 18 世纪的数学家想象为一座座的高山峻岭, 那么最后一个令人肃然起敬的巅峰就是高斯. 如果把 19 世纪的数学家想象为一条条江河, 那么其源头就是高斯. 在高斯之前, 德国有科学天才莱布尼茨 (1646 ~ 1716 年), 天文学家开普勒 (1571 ~ 1630 年), 数学家中最出名的算是雷格蒙塔努斯 (1436 ~ 1476 年)、斯蒂费尔 (1487 ~ 1567 年)、克拉维乌斯 (1537 ~ 1612 年) 和哥德巴赫 (1690 ~ 1764 年), 高斯开创了德国数学的新局面 (邮票 "高斯和哥廷根": 尼加拉瓜, 1994), 使其在 19 至 20 世纪上半叶成为世界数学的中心. 1855 年, 在获得崇高声誉、德国数学开始主宰世界之时, 一代天骄走完了生命旅程.

图片 "德国马克上的高斯" (1989).

代数整数 (首系数为 1 的整系数方程的根) 是整数的自然推广, 代数数是有理数的自然推广. 当把有理系数代数方程的根, 如 $\sqrt{2}, \sqrt{-1}, \sqrt{5}$ 等加入有理数域中, 经过加、减、乘、除后形成的域称为代数数域. 代数数论就是研究代数数域的数论性质. 整数最基本的性质是唯一因子分解定理, 但代数整数就不一定了. 如 $6 = 2 \cdot 3 = (1 + \sqrt{-5})(1 - \sqrt{-5})$.

库默尔 (德, 1810 ~ 1893 年) (图片) 的工作与证明费马大定理有关, 涉及代数整数的因子分解定理, 为了在复整数理论中重建唯一分解定理, 使普通数论的一些结果在推广到代数数论时仍能成立. 1844 ~ 1847 年, 库默尔创立了理想数理论 [7], 借此成功证明了费马大定理对 100 以内的奇素数成立, 成为现代数论的先驱 (1868~1869 年, 库默尔任柏林大学校长). 1871 年, 戴德金 (德, 1831 ~ 1916 年) (图片) 把库默尔的工作系统化并推广到一般的代数数域, 并于 1879 年得出理想论的基本定理: "每个非单位的理想或是素理想, 或可唯一地表示为素理想之积", 创立了代数数理论 (邮票 "戴德金": 民主德国, 1981). 1898 年, 希尔伯特 (德, 1862~

1943 年) (图片) 发表纲领性论文《相对阿贝尔域理论》, 确立了代数数域理论.

注: 素数判定之梅森素数

从欧几里得开始就知道素数有无限多个, 当然就没有最大的素数. 已知的最大素数是多少? 梅森素数是确定大素数的一种途径.

2005 年 11 月 10 日《南方周末》"不是游戏的数学游戏".

梅森数:《物理数学随感》(1644) 提出 $2^p - 1 = M_p$, p 是素数.

在梅森 (法, 1588 ~ 1648 年) (图片) 之前, 已发现了 7 个梅森素数 ($p = 2, 3, 5, 7, 13, 17, 19$). 梅森猜测 $p = 31, 67, 127, 257$ 时, M_p 是素数[6]. 事实上, 后面紧接的梅森素数 $p = 31, 61, 89, 107, 127$. 其中, 1772 年, 欧拉找到了第 8 个梅森素数 M_{31} (有 10 位数字); 1876 年, 卢卡斯 (法, 1842 ~ 1891 年) 找到了第 12 个梅森素数 M_{127}. 在 "手算笔录年代" 仅找到上述 12 个梅森素数. 1878 年, 卢卡斯获得了 M_p 为素数的充要条件.

1952 年, 用计算机编程找到第 13 个梅森素数 M_{521}. 1996 年, 美国数学家及程序设计师乔治·沃特曼 (G. Woltman, 1957~) 编制了因特网梅森素数大搜索程序 (GIMPS 项目). 自此以后, 新产生的 17 个 (第 35 至 51 个) 梅森素数都是通过 GIMPS 项目发现的 (邮票 "梅森素数与对数螺线": 列支敦士登大公国, 2004). 目前, 至少有 160 多个国家的 16 万多名志愿者、超过 30 万台计算机参与这项计划. 美国电子新领域基金会 (EFF) 设立了 10 万美元的奖金, 鼓励第一个找到超过千万位素数的人, 25 万美元奖第一个找到超过十亿位素数的人. 其实, 绝大多数研究者参与该项目并不是为了金钱, 而是出于乐趣、荣誉感和探索精神.

2008 年 8 月, 美国加利福尼亚大学洛杉矶分校的计算机专家史密斯 (E. Smith) 发现了第 45 个梅森素数 $2^{43112609} - 1$, 它有 12978189 位数, 是第一个找到的超过千万位的素数 (图片). 该成就被美国《时代》杂志评为 "2008 年度 50 项最佳发明" 之一. 2019 年 1 月, 美国的自愿者帕特里克·罗什 (Patrick Laroche) 发现了第 51 个梅森素数 $2^{82589933} - 1$, 它有 24862048 位数, 这也是到 2021 年 12 月止发现的最大素数.

1992 年, 周海中 (1955 ~) (图片) 提出猜测 ("周氏猜测")[7]: 当 $2^{2^n} < p < 2^{2^{n+1}}$ 时, M_p 有 $2^{n+1} - 1$ 个素数. 由此, 周海中首次给出了梅森素数分布的表达式, 还据此作出了 $p < 2^{2^{n+1}}$ 时梅森素数的个数为 $2^{n+2} - n - 2$ 的推论.

素数的研究曾经在人类很长的历史时期没有实际用处, 似乎只是数学家的游戏. 然而, 第二次世界大战之后, 素数在密码学中得到了重要的应用.

---

[6] M_{67} 和 M_{257} 都不是素数. 1903 年, 柯尔 (F. N. Cole, 美, 1861 ~ 1926 年) 在美国数学学会的大会上作了一个报告. 他先是专注地在黑板上算了 $2^{67} - 1$, 得到一个巨大的结果 147573952588676412927, 接着又算出 193707721 × 761838257287, 两个算式结果完全相同! 换句话说, 他成功地把 $2^{67} - 1$ 分解为两个素数相乘的形式, 从而证明了 M_{67} 是个合数. 报告中, 他一言未发, 却赢得了现场听众的起立鼓掌, 更成了数学史上的佳话.

[7] 周海中. 梅森素数的分布规律. 中山大学学报 (自然科学版), 1992, 31(4): 121 ~ 122.

提问与讨论题、思考题

8.1　5 次方程根式解的历程.

8.2　伽罗瓦的数学道路.

8.3　数系是如何扩张的?

8.4　四元数的诞生.

8.5　您所知道的高斯.

8.6　解方程的魅力.

8.7　谈谈数 e 的历史与作用.

8.8　虚数的历史地位是如何逐步确立的?

8.9　简述 18 ～ 19 世纪行列式与矩阵理论的发展.

8.10　简述 18 ～ 19 世纪线性方程组解的理论的发展.

8.11　简述女数学家热尔曼 (法, 1776 ～ 1831 年) 对费马大定理作出的贡献.

8.12　对素数判定意义的分析.

8.13　数论在实际生活中的作用.

8.14　如何理解 "数学是科学的王后"?

8.15　如何理解 "数学是科学的女仆"?

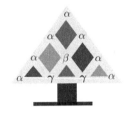

第**9**讲

19 世纪的几何

几何学的基础: 现实空间与思维空间. 19 世纪是 "几何学变革" 的年代, 体现于非欧几何的建立及几何学的统一. 介绍 4 位数学家 —— 蒙日、罗巴切夫斯基、黎曼、克莱因的生平和数学贡献.

9.1 微 分 几 何

微分几何是以分析的方法来研究几何性质的一门数学学科.

伴随着微积分的创立, 17 世纪基本完成了平面曲线理论. 1696 年, 洛必达 (法, 1661 ~ 1704 年) (图片) 的《关于曲线研究的无穷小分析》传播了平面曲线理论. 1697 年, 约翰·伯努利 (瑞士, 1667 ~ 1748 年) 提出测地线问题.

18 世纪微分几何的主要工作是建立空间的曲线与曲面理论. 1760 年, 欧拉 (瑞士, 1707 ~ 1783 年) (邮票: 苏, 1957) 的《关于曲面上曲线的研究》建立了曲面理论. 1795 年, 蒙日 (法, 1746 ~ 1818 年) (邮票: 法, 1990) 的《关于分析的几何应用的活页论文》借助微分方程对曲面族、可展曲面、直纹面做深入研究 [7]. 1805 年, 蒙日出版微分几何学的第 1 本教材《分析法在几何中的应用》. 1828 年, 高斯 (德, 1777 ~ 1855 年) 发表《关于曲面的一般研究》[7], 开创了微分几何的新时代.

蒙日, 数学家、教育家、画法几何的主要奠基人, 被誉为微分几何之父. 蒙日在法国热尼埃皇家学院任教期间, 发明简单而迅速的制图法, 1775 年任数学教授后, 将制图原理系统化, 创立画法几何, 1780 年当选法国科学院院士. 由于军事上筑城术等方面的需要, 画法几何应运而生, 但因牵涉军事秘密, 他的名著《画法几何》(1799) 的出版已在该学科开始建立之后 30 年.

蒙日是法国大革命时期学术界的领导人物, 1792 年任法兰西共和国海军部部长, 签署了处决路易十六 (1774 ~ 1792 年在位) 的报告书 (图片), 1794 年组建巴黎综合工科学校 (图片, 后任校长), 1795 年设立巴黎师范学校 (1845 年更名为巴黎高等师范学校), 培养一批优秀学生, 如泊松、刘维尔、傅里叶、拉克鲁瓦、彭赛列、柯西等, 人称他们为蒙日学派. 拿破仑远征埃及时 (1798 ~ 1801 年), 带领一批专家学者随行, 蒙日是其中之一, 1800 年任元老院议长, 1808 年封爵, 波旁王朝复辟后被革职. 1989 年, 蒙日的遗体在法国大革命 200 周年纪念时移入巴黎先贤祠.

图片 "先贤祠" (建于 1758 ~ 1789 年).

9.2   非 欧 几 何

非欧几何是人类认识史上一个富有创造性的伟大成果. 它的创立, 不仅带来了近百年来数学的巨大进步, 而且对现代物理学、天文学以及人类时空观念的变革都产生了深远的影响.

直到 18 世纪末, 几何领域仍然是欧几里得 (图片) 一统天下. 它作为数学严格性的典范始终保持着神圣的地位. 许多数学家都相信欧几里得几何是绝对真理. 然而, 欧几里得几何并非无懈可击. 从公元前 3 世纪到 18 世纪末, 数学家们虽然一直坚信欧氏几何的完美与正确, 但有一件事却始终让他们耿耿于怀, 这就是平行公设.

平行公设 (欧几里得第五公设). 若一直线落在两直线上所构成的同旁内角和小于两直角, 那么把两直线无限延长, 它们都在同旁内角和小于两直角的一侧相交.

平行公设的研究 (公元前 3 世纪至 1800 年). 从古希腊时代起, 数学家就一直没有放弃消除对平行公设疑问的努力. 一些更加自然的等价公设被提出. 如普莱费尔 (苏格兰, 1748 ~ 1819 年) (图片) 公设 (1795): 过已知直线外一点能且只能作一条直线与已知直线平行.

勒让德 (法, 1752 ~ 1833 年) (图片)《几何学原理》(1794): 平行公设等价于三角形内角和等于 π. "这条关于三角形的 3 个内角和的定理应该认为是那些基本真理之一. 这些真理是不容争论的, 它们是数学永恒真理的不朽的例子." (1832)

1733 年, 萨凯里 (意, 1667 ~ 1733 年) 发表《欧几里得无懈可击》(图片), 提

出 "萨凯里四边形". 继续阿拉伯数学家纳西尔丁 (1201 ~ 1274 年) 的探讨, 从 "萨凯里四边形" 出发, 通过 "直角假设" (平行公设)、"钝角假设"、"锐角假设", 应用归谬法来证明平行公设. 他证明了 "钝角假设" 不成立 (默认直线长度无穷 这个假设), 在证明 "锐角假设" 不成立时获得了下述结果 [28]: "如果三角形内角 之和小于两直角, 则过给定直线外一定点, 有无穷多条直线不与该给定直线相 交", 便以为导出矛盾. 尽管如此, 这部书的确包含了后来非欧几何学中的丰富 内容.

1763 年, 克吕格尔 (德, 1739 ~ 1812 年) (图片) 在博士论文中指出萨凯里的工 作实际上并未导出矛盾. 他是第一位对平行公设是否能由其他公理或公设加以证 明表示怀疑的数学家.

1766 年, 兰伯特 (法, 1728 ~ 1777 年) (图片) 在《平行线理论》(1786 年出版) 中认识到, 如果一组假设不引起矛盾, 就提供了一种可能的几何, 最先指出通过替 换平行公设而展开新的无矛盾的几何学道路.

1820 年, F. 波尔约 (匈, 1775 ~ 1856 年) (邮票: 匈, 1975): "我经过了这个长 夜的渺无希望的黑暗, 在这里埋没了我一生的一切亮光和一切快乐······ 或许这 个无底洞的黑暗将吞食掉一千个犹如灯塔般的牛顿, 而使大地永无光明······ 这 是永远留在我心中的巨创."

萨凯里、克吕格尔、兰伯特等都可以看成是非欧几何的先行者. 然而, 当他 们走到了非欧几何的门槛前, 却止步了. 突破具有两千年根基的欧氏几何传统的 束缚, 需要更高大的巨人, 他们是高斯 (图片)、罗巴切夫斯基 (图片) 和 J. 波尔约 (图片).

1813 年, 高斯 (德, 1777 ~ 1855 年) 提出反欧几里得几何, 或非欧几何, 由于 担心世俗的攻击而未发表.

1826 年, 罗巴切夫斯基 (俄, 1792 ~ 1856 年) 发表了《简要论述平行线定理的 一个严格证明》的演讲, 成为历史上第 1 篇公布的非欧几何文献. 罗巴切夫斯基 (邮票: 苏, 1956) 一生都在坚定地捍卫自己的新几何学思想, 现今这几何学命名为 罗巴切夫斯基几何. 罗巴切夫斯基被后人称颂为 "几何学上的哥白尼" [15].

罗巴切夫斯基 (邮票: 苏, 1951) 是从 1815 年着手研究平行线理论的, 曾试图 给出平行公设的证明. 可是, 他很快便意识到自己的证明是错误的, 从而启发他产 生可能根本就不存在平行公设证明的思想. 于是, 他着手寻求平行公设不可证的 解答, 由此发现了一个崭新的几何世界.

1826 年 2 月, 罗巴切夫斯基于喀山大学物理数学系学术会议上, 宣读了他的 第 1 篇关于非欧几何的论文《简要论述平行线定理的一个严格证明》, 标志着非欧 几何的诞生. 学校把他的论文交付审查, 结果连原稿也遗失了. 1829 年, 他又撰写 出《论几何原理》的论文 [7]. 此时, 罗巴切夫斯基已被推选为喀山大学校长 (1827 ~ 1846 年),《喀山大学通报》全文发表了这篇论文.

　　然而, 这一重大成果刚一公诸于世, 就遭到正统数学家的冷漠甚至反对. 1832 年 11 月, 圣彼得堡科学院院士奥斯特罗格拉茨基 (俄, 1801 ~ 1862 年) (邮票: 苏, 1951) 在罗巴切夫斯基论文的评审报告中写道: "看来, 作者旨在写出一部使人不能理解的著作. 他达到自己的目的 …… 由此我得出结论, 罗巴切夫斯基校长的这部著作谬误连篇, 因而不值得科学院的注意." 1837 年, 罗巴切夫斯基在《克雷尔杂志》上用法文发表了他的成果《虚几何学》, 但似乎只有高斯认识到它的重要性 [16]. 直至 19 世纪 50 年代末, 罗巴切夫斯基几何不但没能赢得社会的承认和赞美, 反而遭到种种歪曲、非难和攻击, 说新几何是 "荒唐的笑语", 是 "对有学问的数学家的嘲讽", 使非欧几何这一新理论迟迟得不到学术界的公认.

　　J. 波尔约 (匈, 1802 ~ 1860 年) (邮票: 匈, 1960) 在几何学的研究中发现了 "绝对几何", 即非欧几何. 1823 年 11 月, 他在给父亲的信中说到 [1]: "如果它们被丢失了, 那才将是永生的遗憾 …… 我从虚无中创造了一个奇妙的新世界." 1831 年, 其父 F. 波尔约把 J. 波尔约的研究成果作为附录刊登于自己的著作《为好学青年的数学原理论著》(1832) 并寄给了高斯; 1832 年, 高斯回信说: "称赞他就等于称赞我自己. 整篇文章的内容, 您儿子所采取的思路与获得的结果, 与我在 30 ~ 35 年前的思考几乎不谋而合."[12] J. 波尔约 (邮票: 罗马尼亚, 1960) 灰心丧气, 甚至认为高斯是个 "贪心的巨人", 想夺去他的优先权, 后来看到罗巴切夫斯基的论文后更为愤怒, 又怀疑剽窃了他的成果, 他一生中不再发表任何数学论著, 而在不满、酗酒、决斗、潦倒中离开人世.

　　图片 "波尔约父子塑像"、"波尔约父子之墓".

　　用欧氏几何的眼光来看, 罗巴切夫斯基几何有许多令人惊奇的结果:

　　(1) 三角形内角之和小于两直角; 假如三角形变大, 使它的所有 3 条高都无限增长, 则它的 3 个内角全部趋向于零.

　　(2) 不存在面积任意大的三角形.

　　(3) 如果两个三角形的 3 个内角相等, 则它们全等.

　　非欧几何要获得接受, 需要确实地建立自身的无矛盾性和现实意义.

　　黎曼 (德, 1826 ~ 1866 年) 是最先理解非欧几何意义并作出开拓性贡献的数学家. 他发展了罗巴切夫斯基等的思想, 建立了一种更广泛的几何, 即黎曼几何. 1854 年 6 月, 黎曼在出任哥廷根大学讲师一职时作了《关于几何基础的假设》的著名演讲 (1868 年发表) [7]. 黎曼研究了任意空间的内蕴几何, 通过定义黎曼度量及曲线长度, 引进流形曲率的概念, 引起了整个空间观念的深刻变革. 黎曼几何中最重要的是常曲率空间. 对于 3 维空间, 曲率为零是通常的欧几里得几何学, 曲率为负常数对应于罗巴切夫斯基几何, 而曲率为正常数对应于所谓的黎曼几何 (图片). 在黎曼几何中, 过已知直线外一点不能作任何平行于该给定直线的直线. 这实际上是萨凯里等的钝角假设基础而展开的非欧几何学. 黎曼几何的进一步发展,

---

　　[1] 纪志刚. 数学的历史. 江苏人民出版社, 2009, 106 页.

尤其是微分形式与张量的研究, 使它在现代物理中获得了辉煌的应用. 正如黎曼在他的演讲中的结束语所说: "这条道路将把我们引到另一门科学领域, 进入物理学的王国, 进入现在的科学事实还不允许我们进入的地方."[2]

黎曼 (图片), 1846 年按其父的意愿进入哥廷根大学专修哲学和神学. 由于从小酷爱数学, 黎曼也听些数学课, 并被这里的数学教学和研究气氛所感染, 决定放弃神学, 专攻数学. 1847 ~ 1848 年到柏林大学, 进入数学领域, 成为雅可比 (德, 1804 ~ 1851 年)、狄利克雷 (德, 1805 ~ 1859 年)、施泰纳 (瑞士, 1796 ~ 1863 年) 的学生. 1849 年重回哥廷根大学攻读博士学位, 成为高斯晚年的学生. 1851 年在哥廷根大学, 取得博士学位 (学位论文 "单复变函数一般理论基础"[7]), 1854 年任讲师, 1857 年任副教授, 1859 年晋升教授, 在狄利克雷之后继承了哥廷根大学的数学教授席位. 因长年的贫困和劳累, 黎曼在 1862 年婚后不到一个月就开始患胸膜炎和肺结核, 其后 4 年的大部分时间在意大利治病疗养. 1866 年, 黎曼被选为柏林科学院院士、巴黎科学院院士和英国皇家学会会员. 1866 年 7 月 20 日病逝于意大利, 终年 39 岁[3].

图片 "黎曼墓".

黎曼, 作为伟大的分析学家, 其贡献是全方位的, 是最具独创精神的数学家之一, 著作不多, 却异常深刻, 极富于对概念的创造与想象. 1876 年出版《黎曼全集》(发表论文 18 篇, 遗稿 12 篇).

"黎曼是一个富有想象的天才, 他的想法即使没有证明, 也鼓舞了整整一个世纪的数学家."[1]

模型与相容性.

1868 年, 贝尔特拉米 (意, 1835 ~ 1899 年) (图片) 发表了非欧几何发展史上里程碑式的论文《论非欧几何学的解释》[7], 在 "伪球面" 模型 (片段上) 实现罗巴切夫斯基几何 (图片). 其主要结论是: 如果非欧几何中有矛盾, 这种矛盾也将在欧氏几何中出现. 由于一般承认欧氏几何学是真的, 所以罗氏几何学也有了可靠的基础, 不再是虚无缥缈的了. 它从理论上消除了人们对非欧几何的误解.

1871 年, 克莱因 (德, 1849 ~ 1925 年) (图片) 发表《论所谓非欧几何学》, 给出 "圆" 模型实现罗巴切夫斯基几何. 1882 年, 庞加莱 (法, 1854 ~ 1912 年) (图片) 也对罗巴切夫斯基几何给出了一个欧几里得模型.

图片 "克莱因 – 庞加莱圆".

由于在欧几里得空间中给出了非欧几何的直观模型, 揭示出非欧几何的现实意义, 至此非欧几何才真正获得了广泛的理解.

---

[2] 丘成桐说: 黎曼的创见, 颠覆了前人对空间的看法, 给数学开辟了新途径. ⋯⋯ 大约 50 年后, 爱因斯坦发觉包含弯曲空间的这种几何学, 刚好用来统一牛顿的重力理论和狭义相对论, 沿着新路迈进, 他终于完成了著名的广义相对论. 见: 丘成桐. 数学和物理如何走在一起. 光明日报, 2012-04-30, 第 5 版.

[3] 贝尔特拉米. 意大利黎曼墓. 见: 数学与人文第 16 辑: 数学与生活. 高等教育出版社, 2015, 60 ~ 63 页.

9.3   射 影 几 何

19 世纪以前, 一直在欧氏几何的框架下研究射影几何.

早期开拓者: 德萨格 (法, 1591 ∼ 1661 年), 帕斯卡 (法, 1623 ∼ 1662 年).

蒙日 (邮票: 法, 1953) 的《画法几何学》(1799) 和卡诺 (法, 1753 ∼ 1823 年)⁴ (邮票: 法, 1950) 的《位置几何学》(1803) 都是射影几何早期的重要著作. 它们重新激发了人们对综合射影几何的兴趣.

将射影几何真正变革为具有自己独立的目标与方法的学科的数学家是曾受教于蒙日的彭赛列 (法, 1788 ∼ 1867 年) (1812 年以工兵中尉的身份随拿破仑远征俄国时被俘, 在关押的两年期间酝酿射影几何的蓝图, 1848 ∼ 1850 年任巴黎综合工科学校校长).

综合方法. 1822 年, 彭赛列 (图片) 的《论图形的射影性质》[7] 探讨了图形在投射和截影下保持不变的性质, 阐述了连续性原理 (图片)、对偶原理 (图片).

热尔岗 (法, 1771 ∼ 1859 年) 在蒙日的影响下从事数学研究, 同为 19 世纪射影几何学的开拓者, 他首创了 "对偶" 一词, 独立地发现了对偶原理, 强调解析途径, 并于 1825 ∼ 1826 年开始以平行的两栏形式发表一系列的对偶定理. 热尔岗的解析观点后为普吕克 (德, 1801 ∼ 1868 年) 等所发展.

代数方法. 1827 年, 默比乌斯 (德, 1790 ∼ 1868 年) (图片) 在《重心计算》中引进了齐次坐标. 1829 年, 普吕克 (德, 1801 ∼ 1868 年) (图片) 又引进三线坐标, 成为用代数方法推导包括对偶原理在内许多射影几何基本结果的有力工具.

1847 年, 施陶特 (德, 1798 ∼ 1867 年) (图片) 在《位置几何学》中提出一套方案, 不借助长度概念就得以建立射影几何, 从而使射影几何摆脱了度量关系, 成为与长度等度量概念无关的全新学科, 且射影几何在逻辑上要先于欧氏几何概念, 因而射影几何比欧氏几何更基本.

1859 年凯莱 (英, 1821 ∼ 1895 年) (图片) 和 1874 年克莱因在射影几何基础上分别建立欧氏几何和非欧几何, 明确了欧氏几何与非欧几何都是射影几何的特例. "神圣" 的欧氏几何再度 "降格" 为其他几何的特例.

9.4   埃尔朗根纲领

非欧几何的出现, 引起了人们关于几何观念和空间观念的深刻革命. 寻求不同几何学之间的内在联系, 用统一的观点来解释它们, 成为数学家们追求的一个目标.

1872 年, 克莱因 (德, 1849 ∼ 1925 年) (图片) 任埃尔朗根大学教授, 发表了他登峰造极的著名论文《关于新近几何学研究的比较考察》[7], 论述了变换群在几何

---

⁴ 1889 年, 卡诺的遗体在法国大革命 100 周年纪念时移入巴黎先贤祠.

中的主导作用, 把到当时为止已发现的所有几何统一在变换群的观点之下, 明确地把几何定义为一个变换群之下的不变性质. 这种观点突出了变换群在研讨几何中的地位, 后来简称为《埃尔朗根纲领》. 它阐述了几何学统一的思想: 所谓几何学, 就是研究几何图形对于某类变换群保持不变的性质的学科, 或者说任何一种几何学只是研究与特定的变换群有关的不变量. 由此, 变换群的一种分类对应于几何学的一种分类, 一些几何问题就变成了关于群的问题.

图片 "克莱因几何学分类".

并非所有的几何都能纳入克莱因的方案, 如代数几何、微分几何, 然而克莱因的纲领的确能给大部分的几何提供一个系统的分类方法, 对几何思想的发展产生了持久的影响.

克莱因, 1865 年进入波恩大学学习生物, 但是数学教授普吕克 (1847 ~ 1868 年任物理学教授) 改变了他的主意. 1866 ~ 1868 年成为普吕克的博士, 1869 ~ 1886 年历经哥廷根大学、柏林大学、普法战争、埃尔朗根大学、慕尼黑工业大学、莱比锡大学、哥廷根大学, 开始了他的数学家生涯. 1908 年, 克莱因被选为在罗马召开的国际数学家大会主席.

克莱因在哥廷根直到 1913 年退休, 使哥廷根这座具有高斯、黎曼传统的德国大学更富有科学魅力, 吸引了一批有杰出才华的年轻数学家, 实现了要重建哥廷根大学作为世界数学研究中心的愿望, 使之成为 20 世纪初世界数学的中心之一.

克莱因: "音乐能激发或抚慰情怀, 绘画使人赏心悦目, 诗歌能动人心弦, 哲学使人获得智慧, 科学可改善物质生活, 但数学能给予以上的一切."

9.5 几何学的公理化

克莱因引导许多年轻数学家到哥廷根工作, 其中最重要的一位是 1895 年到哥廷根的希尔伯特 (德, 1862 ~ 1943 年) (图片). 希尔伯特到哥廷根 3 年以后, 提出了另一条对现代数学影响深远的统一几何学的途径: 公理化方法.

公理化方法始于欧几里得, 当 19 世纪的数学家重新审视《原本》时发现, 它有不少隐蔽的假设、模糊的定义及逻辑的缺陷, 要重建欧氏几何及其他包含同样弱点的几何基础.

1899 年, 希尔伯特发表《几何基础》[7]. 希尔伯特的划时代贡献在于, 他比任何前人都更加透彻地弄清了公理系统的逻辑结构与内在联系. "建立几何的公理和探究它们之间的关系, 是一个历史悠久的问题. 关于这个问题的讨论, 从欧几里得以来的数学文献中, 有过难以计数的专著. 这问题实际就是要把我们的空间直观加以逻辑的分析."

"本书中的研究, 是重新尝试着来替几何建立一个完备的, 而又尽可能简单的公理系统; 要根据这个系统推证最重要的几何定理, 同时还要使我们的推证能明显地表出各类公理的含义和个别公理的推论的含义."

　　希尔伯特在历史上第 1 次明确地提出了选择和组织公理系统的三原则: 相容性、独立性、完备性.《几何基础》至 1977 年已出到第 12 版, 影响巨大 [4]. 希尔伯特所发展起来的形式公理方法在 20 世纪已远远超出了几何学的范围而成为现代数学甚至某些物理领域中普遍应用的科学方法.

提问与讨论题、思考题

9.1　什么是非欧几何学?
9.2　非欧几何的诞生有何意义?
9.3　从非欧几何学的建立谈谈您对几何真实性的认识.
9.4　论述阿拉伯科学家关于平行公设的讨论.
9.5　简述黎曼的数学贡献.
9.6　简述埃尔朗根纲领.
9.7　几何学中的公理化方法.
9.8　19 世纪世界数学的中心何在?
9.9　以 18 ～ 19 世纪的数学为例, 分析数学发展的动力.

第10讲

19世纪的分析

主要内容: 分析的严格化、复变函数论、分析的拓展. 介绍 7 位数学家 —— 魏尔斯特拉斯、康托尔、柯西、傅里叶、格林、柯瓦列夫斯卡娅和庞加莱的生平和数学贡献.

10.1 分析的严格化

经过近一个世纪的尝试与酝酿, 数学家们在严格化基础上重建微积分的努力到 19 世纪初开始获得成效. 分 3 个方面论述: 分析的算术化、实数理论、集合论.

10.1.1 分析的算术化

所谓分析是指关于函数的无穷小分析, 算术化来源于第 2 次数学危机所产生的问题, 核心概念是函数、无穷小. 主要贡献归功于柯西 (法, 1789 ~ 1857 年) 和魏尔斯特拉斯 (德, 1815 ~ 1897 年). 柯西著有《分析教程》(第 1 部分, 1821) (图片)[1]、《无穷小分析教程概论》(1823) 和《微分学教程》(1829), 为微积分奠定了基础. 魏尔斯特拉斯创造了 ε-δ 语言 [7], 完成了分析的算术化, 被称为 "现代分析之父".

---

[1]《分析教程》的第 2 部分长期以来人们不知其内容, 直到 1981 年才整理出版.

认识函数主要经历 3 个阶段: 初等函数、解析函数、函数. 现代意义的函数概念属于 1837 年狄利克雷 (德, 1805 ~ 1859 年) (图片) 的定义[2].

狄利克雷函数 (图片). 即使是连续函数也可以是很复杂的, 如处处不可微的连续函数 (图片, 1872 年魏尔斯特拉斯构造).

数学分析达到今天所具有的严密形式, 本质上归功于魏尔斯特拉斯的工作.

魏尔斯特拉斯, 1834 年入波恩大学攻读财务与管理, 由于不喜欢父亲所选专业, 于是把很多时间花在自由自在的放纵生活上, 学业兴趣在于数学, 研读过拉普拉斯的《天体力学》和雅可比的《椭圆函数新理论基础》(1829), 曾说 "大学生涯对我无比重要, 促使我下定决心献身数学." 1838 年秋离开波恩大学时, 魏尔斯特拉斯甚至连学位也没有取得, 被父亲呵斥为一个 "从躯壳到灵魂都患病的人".

1839 年, 为了参加中学教师任职资格考试, 魏尔斯特拉斯到明斯特神学哲学院注册, 遇见了使他终身铭记的椭圆函数专家古德曼 (德, 1798 ~ 1852 年).

1841 年, 魏尔斯特拉斯取得中学教师职位, 开始了 15 年的中学教师生涯. 除教数学、物理外, 他还教德文、历史、地理、书法、植物、体育等课程. 繁重的教学工作使他只能在晚上钻研数学, 他曾在学校刊物上发表了一些论文, 但无人觉察. 1854 年, 魏尔斯特拉斯在《克雷尔杂志》上发表论文 "阿贝尔函数论", 引起数学界瞩目. 柯尼斯堡大学授予魏尔斯特拉斯名誉博士学位, 并派代表亲赴布伦斯堡颁发证书.

1856 年, 魏尔斯特拉斯被聘任为柏林大学副教授[3], 同年又当选为柏林科学院院士, 1864 年成为柏林大学教授. 在柏林大学就任以后, 魏尔斯特拉斯即着手系统建立数学分析的基础, 并进一步研究椭圆函数论与阿贝尔函数论. 几年后, 他就名闻遐迩, 成为德国以至全欧洲知名度最高的数学教授. 1873 ~ 1874 年, 魏尔斯特拉斯出任柏林大学校长. 魏尔斯特拉斯晚年享有很高的声誉, 几乎被看成是德意志的民族英雄.

魏尔斯特拉斯在数学分析领域中的最大贡献, 是在柯西等开创的数学分析严格化潮流中, 以 ε-δ 语言, 严格定义了极限概念, 系统建立了实和复分析的严谨基础, 基本上完成了分析的算术化.

1895 年, 克莱因 (德, 1849 ~ 1925 年) 在魏尔斯特拉斯 80 大寿庆典上谈到那些年分析的进展时说, "我想把所有这些进展概括为一个词: 数学的算术化", 而在这方面 "魏尔斯特拉斯作出了高于一切的贡献".

希尔伯特 (德, 1862 ~ 1943 年) (图片) 认为: "魏尔斯特拉斯以其酷爱批判的精神和深邃的洞察力, 为数学分析建立了坚实的基础. 通过澄清极小、函数、导

[2] 现在使用的函数关系定义是布尔巴基于 1939 年在《集合论》中给出的.

[3] 1828 ~ 1855 年, 狄利克雷 (德, 1805 ~ 1859 年) 在柏林大学任教. 1834 ~ 1863 年, 施泰纳 (瑞士, 1796 ~ 1863 年) 在柏林大学任教. 1844 ~ 1851 年, 雅可比 (德, 1804 ~ 1851 年) 也在柏林大学任教. 1855 年, 库默尔 (德, 1810 ~ 1893 年) 和克罗内克 (德, 1823 ~ 1891 年) 来到柏林大学任教, 使柏林大学成为当时的数学中心. 魏尔斯特拉斯等建立了一个影响达半个世纪的柏林学派.

数等概念, 他排除了微积分中仍在涌现的各种异议, 扫清了关于无穷大和无穷小的各种混乱观念, 决定性地克服了起源于无穷大和无穷小概念的困难 …… 分析达到这样和谐、可靠和完美的程度 …… 本质上应归功于魏尔斯特拉斯的科学活动."

龙格 (德, 1856 ~ 1927 年) 说, 魏尔斯特拉斯在其连续性课程中 "自下而上地构筑了完美的数学大厦, 其中任何想当然的、未经证明的东西没有立足之地".

算术化进程

1817 年, 波尔查诺 (捷, 1781 ~ 1848 年) 在小册子《纯粹分析的证明》首次给出连续、导数的恰当定义. 1821 年, 柯西《分析教程》[7] 定义了极限、收敛、连续、导数、微分, 证明了微积分基本定理、微分中值定理, 给出了无穷级数的收敛条件. 1854 年, 黎曼 (德, 1826 ~ 1866 年) 定义了有界函数的积分. 19 世纪 60 年代, 魏尔斯特拉斯提出 ε-δ 语言. 1875 年, 达布 (法, 1842 ~ 1917 年) (图片) 提出了大和、小和.

图片 "黎曼和与达布和".

10.1.2 实数理论

魏尔斯特拉斯很早就认识到, 为使分析具备牢靠的基础, 必须建立严格的实数理论, 所以他在讲授解析函数论等课程时, 总要在第一阶段花很多时间阐明他关于实数的理论. 稍后, 一些数学家各自独立地给出了无理数的定义, 建立了严格的实数理论, 彻底解决了第 1 次数学危机.

一些关键时刻如下: 1817 年, 波尔查诺 (邮票: 捷, 1981) 提出 "确界原理" 和 "聚点定理". 1821 年, 柯西 (图片) 提出 "收敛准则". 19 世纪 60 年代, 魏尔斯特拉斯 (图片) 提出 "聚点定理" 和 "单调有界原理". 1872 年海涅 (德, 1821 ~ 1881 年) (图片) 和 1895 年博雷尔 (法, 1871 ~ 1956 年) (图片) 提出 "有限覆盖定理" (图片). 1872 年, 戴德金 (德, 1831 ~ 1916 年) (图片) 在《连续性与无理数》[7] 中提出 "分割理论". 1892 年, 巴赫曼 (德, 1837 ~ 1920 年) (图片) 提出 "区间套原理" (图片).

实数的定义及其完备性的确立, 标志着由魏尔斯特拉斯倡导的分析算术化运动大致宣告完成.

10.1.3 集合论

在分析的严格化过程中, 需要对函数的不连续点的收敛问题进行研究, 这导致了集合论的建立.

康托尔 (德, 1845 ~ 1918 年) (图片) 是 19 世纪末对 20 世纪有极大影响的数学家之一, 其工作大致分为 3 个时期, 早期的主要兴趣在数论和经典分析等方面,之后创立了超穷集合论, 晚年较多从事哲学和神学的研究. 康托尔的成就不是一直在解决问题, 而是在开创新的研究领域, 这使他成为数学史上最富于想象力, 也是最有争议的人物之一.

康托尔, 1862 年到柏林大学学习数学, 1867 年获得博士学位 (导师库默尔, 第二导师魏尔斯特拉斯). 1872 年, 康托尔发表论文《关于三角级数论中一个定理的推广》[7], 用基本序列定义了无理数, 并引进了初步的点集论. 1874 年, 康托尔在度蜜月时碰到曾著文论及 "无限" 的戴德金 (图片) (此前, 两人曾多次通信讨论 "无限" 问题). 同年, 在研究三角函数唯一地表示函数等问题时, 康托尔发表了关于超穷集合理论的第 1 篇革命性的论文《论所有实代数数的一个性质》, 引入了震撼知识界的 "无穷集合" 的概念, 受到世人注目.

康托尔在证明了全体有理数的集合是可数的之后, 明确提出: 全体正整数集合和全体实数集合能否建立一一对应? 其后, 康托尔证明了实直线是不可数集合, 并且任意 n 维空间与直线能建立一一对应关系, 以致他惊呼 "我看到了, 但我简直不能相信" (1877 年 6 月 20 日给戴德金的信). 1878 年, 康托尔提出著名的连续统假设.

康托尔的遭遇并不顺利, 一直在小城市哈雷 (德国东部城市, 全称 "萨勒河畔哈雷", 今属萨克森–安哈尔特州, 图片) 的哈雷大学任教, 曾希望进入柏林大学任教, 但是身为柏林大学教授的克罗内克 (德, 1823 ~ 1891 年) 极力反对, 而他自己对于 "连续统假设" 又百思不得其解. 他是一个热切渴望攀登绝顶的数学家. 1884 年, 康托尔患了精神分裂症.

康托尔最重要的著作是《超穷数理论基础》(1895, 1897) [7], 其工作最终获得了世界的承认. 在 1897 年的第 1 届国际数学家会议上, 罗素 (英, 1872 ~ 1970 年) 称赞康托尔的工作 "可能是这个时代所能夸耀的最巨大的工作". 可是这时康托尔仍然神志恍惚, 不能从人们的崇敬中得到安慰和喜悦. 1918 年, 康托尔病逝于哈雷精神病研究所.

柯尔莫哥洛夫 (苏, 1903 ~ 1987 年) 说过: "康托尔的不朽功绩, 在他敢于向无穷大冒险迈进, 他对似是而非之论、流行的成见、哲学的教条等作了长期不懈的斗争, 由此使他成为一门新学科的创造者. 这门学科今天已经成了整个数学的基础."

希尔伯特曾热烈赞美康托尔的业绩, "没有人能把我们从康托尔所创造的天国中赶走!" "没有任何问题可以像无穷那样深深地触动人的情感, 很少有别的观念能像无穷那样激励理智产生富有成果的思想, 然而也没有任何其他的概念能像无穷那样需要加以阐明."

例　康托尔对角线法: 证明单位闭区间的不可数性.

10.2 复变函数论

在分析领域, 19 世纪中最辉煌的数学进展是椭圆函数论的发展和复变函数论的创立. 本节简述复变函数论的奠基性工作, 主要成就是复函数的偏导数与积分理论的建立.

随着复数地位的确立, 开展了复变量函数的研究. 在 18 世纪后半叶到 19 世纪初, 开始了复函数的偏导数与积分性质的探索. 达朗贝尔 (1752) 与欧拉 (1777) 获得了现今所称的柯西–黎曼条件. 1782 ~ 1812 年拉普拉斯 (法, 1749 ~ 1827 年) (邮票: 法, 1955), 1815 年泊松 (法, 1781 ~ 1840 年) (图片) 讨论了复函数的积分.

复分析真正作为现代分析的一个研究领域是在 19 世纪建立起来的, 主要奠基人: 柯西、黎曼和魏尔斯特拉斯.

柯西生活于法国一个动荡、轰轰烈烈的年代: 1789 年法国爆发大革命, 1792 年建立法兰西第一共和国, 1799 ~ 1815 年拿破仑当政 (其间 1814 年 4 月至 1815 年 2 月, 拿破仑退位), 1814 ~ 1830 年波旁王朝复辟, 1830 ~ 1848 年建立了代表金融资产阶级利益的 "七月王朝", 1848 年爆发欧洲革命, 建立法兰西第二共和国, 1852 ~ 1870 年建立法兰西第二帝国.

柯西建立了复变函数的微分和积分理论. 1814 年, 1825 年的论文《关于积分限为虚数的定积分的报告》详细讨论了复函数的积分, 建立了柯西积分定理, 1826 年提出留数概念 (图片), 1831 年获得柯西积分公式, 1846 年发现积分与路径无关的定理. 1814 ~ 1857 年, 柯西对复分析的研究经历了 40 多年, 先后发表了 200 多篇论文, 大约占他工作总量的四分之一[4].

柯西 (邮票: 法, 1989), 一个复杂的人: 多产的科学家、忠诚的保王党人、热心的天主教徒、不出色的教师. 父亲与拉普拉斯、拉格朗日交往颇多, 他们对他的才能十分常识. 柯西 1805 年进入巴黎综合工科学校, 主要学习数学和力学, 1807 年考入桥梁公路学校, 1810 ~ 1815 年在瑟堡参加海港工程 (拿破仑工程) 建设, 在业余时间悉心攻读有关数学方面的书籍, 获得数学方面突出成果, 这给他带来了很高的声誉.

波旁王朝复辟后, 柯西于 1816 年先后被任命为法国科学院院士和综合工科学校数学和力学教授, 1821 年又被任命为巴黎大学力学教授, 1821 ~ 1829 年出版 3 部微积分重要著作, 成为数学教程的典范, 为数学分析严格化的开拓者和复变函数论的奠基人.

七月革命后, 规定在法国担任公职必须宣誓对新法王效忠. 由于柯西属于拥护波旁王朝的正统派, 他拒绝宣誓效忠, 并自行离开法国, 先到瑞士, 1831 年在都灵, 1833 年到布拉格 (哈布斯堡王朝的统治区).

1838 年, 柯西回到巴黎. 由于他没有宣誓对法王效忠, 只能参加科学院的学术活动, 不能担任教学工作. 1848 年法国又爆发了革命, 废除了公职人员对法王效忠的宣誓. 柯西于 1849 年担任了巴黎大学数理天文学教授, 重新进行教学工作. 法兰西第二共和国建立后 (1852), 恢复了公职人员对新政权的效忠宣誓, 柯西立即向巴黎大学辞职. 后来拿破仑三世 (1848 ～ 1870 年在位) 特准免除他的忠诚宣誓, 于是柯西得以继续进行所担任的教学工作, 直到 1857 年在巴黎逝世. 柯西留下的最后一句话 [15]: "人们去了, 但是他们的功绩留下了."

柯西是一位仅次于欧拉的多产数学家, 发表论文 800 篇以上, 他的全集从 1882 年开始出版到 1974 年才出齐最后一卷, 总计 27 卷.

曾有评论: 柯西是最不可爱的科学家之一, 讲授内容过于抽象, 与同事关系冷淡, 对年轻人冷漠.

黎曼 (德, 1826 ～ 1866 年) (图片) 利用几何观点建立复变函数论, 在对多值函数的处理中, 引入了 "黎曼面" 的概念 (图片). 1851 年博士论文《单复变函数一般理论基础》[7], 其重要性恰如阿尔福斯 (芬–美, 1907 ～ 1996 年) 所说: "这篇论文不仅包含了现代复变函数论主要部分的萌芽, 而且开启了拓扑学的系统研究, 革新了代数几何, 并为黎曼自己的微分几何研究铺平了道路." 此外, 建立了柯西–黎曼条件, 真正使这方程成为复分析大厦的基石, 揭示出复函数与实函数之间的深刻区别, 以狄利克雷原理为基础建立著名的黎曼映射定理: 若 D 是一个边界点集多于一个点的单连通区域, $z_0 \in D$, 则一定存在唯一确定的解析函数 $w = f(z)$ 将 D 双方单值保形映射为单位圆 $|w| < 1$, 且使 $f(z_0) = 0$, $f'(z_0) > 0$.

黎曼的观点还是遭遇到一些同时代人的反对. 例如, 魏尔斯特拉斯就称黎曼面不过是一种 "几何幻想物". 魏尔斯特拉斯曾用反例说明狄利克雷原理不正确. 1899 年, 希尔伯特只作稍许限制, 使狄利克雷原理起死回生, 给出一个严格, 思路简单, 但绝不直观的证明.

魏尔斯特拉斯 (图片) 研究复变函数的出发点是解析性概念. 19 世纪 40 年代起, 魏尔斯特拉斯在研究阿贝尔函数一般理论时, 以严格方式建立了幂级数基础上的解析函数理论, 阐述和论证了复变函数论, 并获得解析开拓原理 (图片), 使复变函数论进入了深入发展的阶段. 魏尔斯特拉斯所提供的一般性方法, 成为他对这一领域的主要贡献. 他晚年考虑了自己在分析学中的工作, 禁不住惊呼, "除了幂级数, 什么也没有!" [15]

F. 克莱因在比较这两位数学家时说过: "黎曼具有非凡的直观能力, 他的理解天才胜过所有同代数学家 …… 魏尔斯特拉斯主要是一位逻辑学者, 他缓慢地、系统地逐步前进. 在他工作的分支中, 他力图达到确定的形式."

庞加莱 (法, 1854 ～ 1912 年) 写道, "黎曼的方法首先是一种发现的方法, 而魏尔斯特拉斯的则首先是一种证明的方法."

魏尔斯特拉斯的方法在 19 世纪末占据主导地位, 使得 "函数论" 成为复变函数论的同义词. 后来柯西和黎曼的思想被融合在一起, 其严格性也得到了改进, 而魏尔斯特拉斯的思想也逐渐能从柯西–黎曼观点推导出来. 上述三者得到了统一, 成为当代的复变函数论.

10.3 分析的拓展

介绍分析在数论及微分方程方面的贡献.

10.3.1 解析数论

1737 年, 欧拉的恒等式 (欧拉乘积公式) 导致在数论的研究中引进了分析方法: 解析数论. 解析数论作为有意识地使用分析方法研究数论问题的一门分支是从狄利克雷 (德, 1805 ~ 1859 年) 开始的. 1837 年, 狄利克雷用分析方法证明了欧拉、勒让德提出的素数问题 (狄利克雷定理): 若 a 与 b 互素, 则算术数列 $\{a + nb\}$ 中有无穷多个素数. 狄利克雷引入的 L 级数

$$L(s, \chi) = \sum_{n=1}^{\infty} \frac{\chi(n)}{n^s}$$

成为研究数论问题的重要工具, 遗著《数论讲义》(1863, 1871, 1879, 1894, 戴德金整理) 是高斯《算术研究》的最好注释, 融入了他在数论方面的许多精心创造, 成为解析数论的经典文献.

促使解析数论取得长足进展的重要因素是关于素数分布问题的研究. 黎曼开创了解析数论的新时期, 并使复分析成为这一领域的重要工具. 以 $\pi(x)$ 表示不超过 x 的素数的个数. 当 x 充分大时, 关于 $\pi(x)$ 性态的研究是解析数论的中心问题之一. 欧拉、勒让德等都曾估计过 $\pi(x)$. 高斯曾推测 $\pi(x) \sim x/\ln x$, 但未能给予证明 (图片). 1850 年, 切比雪夫 (俄, 1821 ~ 1894 年) (邮票: 苏, 1946) 证明了

$$c' \frac{x}{\ln x} < \pi(x) < c \frac{x}{\ln x},$$

其中 c, c' 是接近 1 的常数, $0 < c' < 1 < c$. 1859 年, 黎曼发表《论不超过一个给定值的素数个数》[7], 建立了与 $\zeta(s)$ 的零点有关的表示 $\pi(x)$ 的性质, 由此研究素数分布的关键在于研究 $\zeta(s)$ 的性质. 1896 年, 阿达马 (法, 1865 ~ 1963 年) (图片) 和瓦莱·普桑 (比利时, 1866 ~ 1962 年) (图片) 根据黎曼的方法和结果, 终于独立地证明了素数定理[4], 即 $\pi(x) \sim x/\ln x$ [7].

素数定理是简洁而且优美的, 但是它对于素数分布的描述仍然是比较粗略的, 是否有更精确地描述素数分布的公式? 这是黎曼 1859 年的著名论文想要回答的问题 (图片). 这是一篇只有短短 8 页的论文, 它将欧拉乘积公式蕴涵的信息破译

---

[4] 1949 年, 赛尔伯格 (挪–美, 1917 ~ 2007 年) 和爱尔特希 (匈, 1913 ~ 1996 年) 分别给出了素数定理令人惊叹的初等证明. 赛尔伯格获得了菲尔兹奖 (1950) 和沃尔夫奖 (1986), 爱尔特希获得了沃尔夫奖 (1984).

得淋漓尽致, 注定要把人们对素数分布的研究推向壮丽的巅峰. 黎曼的论文给出了 6 个猜想, 其中的 5 个至 1895 年都已获得了证明 [4]. 尚未解决的猜想就是著名的黎曼猜想 (图片): $\zeta(s)$ 的全部复零点都位于 Res = 1/2 这条线上. 它为后世的数学家们留下一个魅力无穷的谜团, 其正面回答将对围绕素数分布的许多奥秘带来光明.

希尔伯特说过, "如果我一千年后复活, 我的第一个问题就是黎曼猜想解决了没有?"

随着费马大定理的获证 (1995), 黎曼猜想作为最困难的数学问题的地位更加突出, 并被列为 21 世纪七大数学难题之一. 2000 年, 美国克莱数学促进会把这七个数学难题设为 "千年大奖问题", 每个难题悬赏 100 万美元征求证明.

2012 年 3 月 8 日《南方周末》"素数之魂 —— 黎曼和他的伟大猜想".

20 世纪初, 经过朗道 (德, 1877 ~ 1938 年)、哈代 (英, 1877 ~ 1947 年) 和李特尔伍德 (英, 1885 ~ 1977 年) 的开创性工作, 解析数论成为一门专门的技术, 数论的背景已经淡化了.

10.3.2　偏微分方程

从牛顿时代起, 物理问题就成为数学发展的一个重要源泉. 18 世纪数学和物理的结合点主要是常微分方程, 对于偏微分方程也进行了初步的工作, 如弦振动方程、波动方程、位势方程. 随着物理科学所研究的现象从力学向电学以及电磁学扩展, 到了 19 世纪, 偏微分方程的求解成为数学家和物理学家关注的重心. 如 1882 年, 基尔霍夫 (德, 1824 ~ 1887 年) 完成了 3 维波动方程的求解.

经过泊松、高斯等的工作, 位势理论有了一定的发展. 其后, 位势理论主要在英国和德国发展, 而起主导作用的则是格林 (英, 1793 ~ 1841 年), 他给位势方程以全新的解法.

格林, 诺丁汉 (位于英格兰中部, 是东米德兰地区的首府) 磨坊主的儿子, 自学成才的数学家. 通过研读拉普拉斯、拉格朗日的著作, 1828 年完成成名之作《关于数学分析应用于电磁学理论的一篇论文》(图片) [7], 提出位势方程的求解方法, 把位势函数的概念用到电磁学中, 建立了二重积分和曲线积分之间关系的格林公式. 1833 年成为剑桥大学自费生, 1837 年毕业后留在剑桥大学冈维尔与凯斯学院任教, 积劳成疾, 1840 年返回诺丁汉, 一年后逝世.

格林一生发表了 10 篇论文, 但在他生前, 他的工作在数学界并不知名. 1846 年, 英国物理学家开尔文勋爵 (威廉·汤姆生, 1824 ~ 1907 年) 重新发现了格林的著作, 将其推荐于《克雷尔杂志》分 3 部分发表 (1850, 1852 和 1854 年), 才引起数学界的重视. 格林不仅发展了电磁学理论, 引入了求解数学物理边值问题的格林函数, 他还发展了能量守恒定律, 在光学和声学方面也有很多贡献.

格林培育了数学物理方面的剑桥学派, 其目标是发展求解重要物理问题的一般数学方法, 其中包括近代的很多数学物理学家, 如斯托克斯 (英, 1819 ~ 1903 年) (图片)、麦克斯韦 (英, 1831 ~ 1879 年) (图片) 等. 尤其是麦克斯韦于 1864 年在研究电磁现象时导出了电磁场方程组 (麦克斯韦方程组), 并预言电磁波的存在, 使电、磁、光得以统一, 成为 19 世纪数学物理最壮观的胜利, 也被认为是 19 世纪科学史上最伟大的综合之一, 同时也使偏微分方程威名大振. 1873 年, 麦克斯韦出版了巨著《电磁理论》, 体现出理论和实验的一致性, 与牛顿的《自然哲学的数学原理》交相辉映.

1986 年, 格林的磨坊房修复, 用来展示 19 世纪的磨坊实际运作, 并作为格林纪念馆和科学中心 (图片). 格林的自强不息、自学成才的精神, 实为后人楷模.

关于位势方程给定边值的解, 19 世纪下半叶, 狄利克雷原理成为德国数学家研究位势理论的核心.

热传导方程. 主要研究吸热或放热物体内部任何点处的温度随空间和时间的变化规律, 如在一个均匀的传热物体中, 物体内部的温度 u 的分布函数应满足偏微分方程

$$\frac{\partial u}{\partial t} = a^2 \left(\frac{\partial^2 u}{\partial x^2} + \frac{\partial^2 u}{\partial y^2} + \frac{\partial^2 u}{\partial z^2} \right),$$

称为热传导方程, 或抛物型偏微分方程.

傅里叶 (法, 1768 ~ 1830 年) (图片) 在 1807 年就写成关于热传导的基本论文, 但经拉格朗日、拉普拉斯和勒让德审阅后被法国科学院拒绝, 1811 年又提交了经修改的论文, 获科学院大奖. 1822 年, 傅里叶终于出版了专著《热的解析理论》[7], 将欧拉、丹尼尔·伯努利等在一些特殊情形下应用的三角级数方法发展成内容丰富的一般理论, 三角级数后来就以傅里叶的名字命名 (图片).

傅里叶应用三角级数求解热传导方程, 同时为了处理无穷区域的热传导问题又导出了 "傅里叶积分", 极大地推动了偏微分方程边值问题的研究. 此外, 他是傅里叶定律的创始人, 在代表作《热的解析理论》中解决了热在非均匀加热的固体中分布传播问题, 成为分析学在物理中应用的最早例证之一, 对 19 世纪的理论物理学的发展产生深远影响.

傅里叶级数, 既用于热传导问题、波动问题的求解, 又是新的普遍性数学方法的创造. "这只有富于生动的想象力和具有适合其工作的清醒的数学哲学头脑的数学大师才能达到." 恩格斯 (德, 1820 ~ 1895 年) 把傅里叶的数学成就与他所推崇的哲学家黑格尔 (德, 1770 ~ 1831 年) 相提并论, "傅里叶是一首数学的诗而且还没有失去意义, 黑格尔是一首辩证法的诗". 5

傅里叶, 早年父母双亡, 沦为孤儿, 由当地主教送入地方军事学校读书, 1795 年 1 月就读于巴黎师范学校, 1795 年 5 月师范学校关闭后在巴黎综合工科学校作为拉格朗日、蒙日的助手, 1798 年随拿破仑远征埃及, 任埃及研究院秘书, 受

---

5 《马克思恩格斯全集》第 20 卷, 人民出版社, 1971 年, 547 页

到拿破仑器重, 1802 年被拿破仑任命为法国东南部的伊泽尔省省长, 1808 年被授予男爵爵位, 1815 年起全力投入学术研究, 1817 年就职于法国科学院, 1822 年当选为终身秘书, 1827 年被选为法兰西学院院士.

傅里叶: "对自然界的深刻研究是数学最富饶的源泉. 数学分析与自然界本身同样的广阔."

注: 巴黎皇家科学院

17 世纪初, 巴黎学界有不少小群体, 其中比较著名的是梅森 (1588 ~ 1648 年) 的小组. 1666 年, 在财政大臣科尔培 (法, 1619 ~ 1683 年) 的资助和安排下, 惠更斯 (荷, 1629 ~ 1695 年) 等一小群学者来到新落成的国王图书馆举行学术会议, 以后每周两次, 科学院也就由此形成.

1699 年, 法王路易十四 (1661 ~ 1715 年在位) 将这个组织命名为 "巴黎皇家科学院", 安置于卢浮宫中, 行政事务由终身秘书掌管. 法国大革命时期, 1793 年科学院遭到解散, 孔多塞 (1743 ~ 1794 年) 死于狱中, 拉瓦锡 (1743 ~ 1794 年) 被送上断头台. 1795 年, 重新设立 "国家科学与艺术学院", 下设科学、道德与政治科学、文学与美术 3 个学部. 1816 年, 路易十八 (1814 ~ 1824 年在位) 恢复旧制, "国家科学与艺术学院" 改组为 "法兰西学院", 科学部改为 "法国科学院".

18 世纪中叶到 19 世纪前 30 年, 巴黎及法国科学院一直是世界科学的中心. 看看终身秘书的名单: 1754 年达朗贝尔 (1717 ~ 1783 年), 1773 年孔多塞, 1785 年拉瓦锡, 1803 年居维叶 (1769 ~ 1832 年, 动物学家), 1822 年傅里叶, 1830 年阿拉果 (1786 ~ 1853 年, 天文学家).

19 世纪最初的 30 年, 法兰西学院达到了它的顶峰. 与此相应, 居维叶、安培 (1775 ~ 1836 年, 物理学家)、泊松 (1781 ~ 1840 年)、卡诺 (1796 ~ 1832 年) 等的工作也使法国科学院达到了其辉煌的顶点.

法国大革命以后, 法国兴起了新型的科学教育和研究机构, 其代表就是巴黎综合工科学校, 知名的科学家大多是这些专业学校的教授, 院士不过是他们享受津贴的名誉头衔. 到了 19 世纪中叶, 科学院已不能满足科学发展的要求, 大学接过了研究的重任.

10.3.3　微分方程解的性质

"九星会聚" (邮票: 中, 1982). 以海王星的发现说明微分方程的作用.

图片 "八大行星图"[6]. 美国国家航空和航天局发布的行星合成照片.

17 世纪, 牛顿总结出万有引力定律, 由此可以精确地确定太阳系中行星的位置. 当时人们只知道太阳系中有 6 颗行星, 其运行规律与由万有引力定律计算的

---

[6] 2006 年 8 月 24 日, 布拉格国际天文学联合会大会通过了行星的新定义, 太阳系行星包括水星、金星、地球、火星、木星、土星、天王星和海王星, 冥王星被列为 "矮行星".

结果几乎完全一致. 1781 年 3 月, 英国天文学家威廉·赫谢尔 (1738 ~ 1822 年) 发现了太阳系中第 7 颗行星 —— 天王星. 实际观测数据表明, 天王星的运行规律与计算结果差异甚大. 有两种值得考虑的解释: 也许引力定律在大距离情况下会偏离平方反比形式? 或者天王星受到其外围尚未被发现的一颗行星的吸引?

1844 ~ 1845 年, 两个年轻人亚当斯 (英, 1819 ~ 1892 年) 和勒威耶 (法, 1811 ~ 1877 年) 各自独立地根据万有引力定律和天王星的观测资料, 通过建立行星运动的微分方程, 推算出在天王星附近还有一颗行星, 并给出了其运行轨道和位置. 1845 年 9 月, 亚当斯通知了英国格林威治天文台, 可惜未被重视. 1846 年 9 月, 德国柏林天文台根据勒威耶所预言的位置, 找到了那颗行星, 即海王星. 这是人类历史上第 1 次通过数学计算准确地预言未知行星的事例. 1930 年 1 月, 美国天文学家汤博 (1906 ~ 1997 年) 发现了冥王星.

解的存在性. 1820 ~ 1830 年柯西 (图片) 获得第一个解的存在性定理, 1869 年利普希茨 (德, 1832 ~ 1903 年) (图片) 条件, 1890 年皮卡 (法, 1856 ~ 1941 年) (图片) 逐步逼近定理.

关于偏微分方程解的存在唯一性定理: 柯西–柯瓦列夫斯卡娅定理 (1875) [7].

苏菲娅·柯瓦列夫斯卡娅 (俄, 1850 ~ 1891 年) (邮票: 俄, 1996), 很小就对数学痴迷, 17 岁时掌握了微积分. 但那时正处于沙皇时代 (1547 ~ 1917 年), 妇女是不允许注册高等学校学习的. 1869 年, 苏菲娅以 "假结婚" 的名义, 来到德国的海德堡大学旁听基础课. 1870 年, 前往柏林, 打算听魏尔斯特拉斯的课, 但柏林的大学不允许妇女听教授的课. 苏菲娅只好登门到魏尔斯特拉斯家求教. 魏尔斯特拉斯向她提出了一些当时很新颖的问题, 她的解答给魏尔斯特拉斯留下了深刻的印象. 于是, 魏尔斯特拉斯破例答应苏菲娅每星期日在家里给她上课, 每周还另抽一日到她的寓所登门授课.

经过魏尔斯特拉斯 4 年的指导, 苏菲娅写出了 3 篇出色的论文, 其中一篇就是关于偏微分方程解的存在性的研究, 发展了柯西于 1842 年关于线性偏微分方程组初值问题解的存在性定理, 引起了强烈的反响, "这样的学习, 对我整个数学生涯影响至深, 它最终决定了我以后的科学研究方向." 1874 年, 苏菲娅获得了哥廷根大学博士学位[7], 使她成为历史上第一位女数学博士 (邮票: 苏, 1951).

但苏菲娅回国后却找不到工作. 在米塔-列夫勒 (瑞典, 1846 ~ 1927 年) 的帮助下, 1883 年, 苏菲娅才得以担任斯德哥尔摩大学的讲师, 但当地报纸公然对她攻击: "一个女人当教授是有害和不愉快的现象 —— 甚至, 可以说那种人是一个怪物." 但苏菲娅以生动的讲课, 赢得了学生的热爱, 击败了 "男人样样胜过女人" 的

---

[7] 哥廷根大学是德国第一所准许授予妇女博士学位的大学. 1831 年, 高斯推荐授予热尔曼 (法, 1776 ~ 1831 年) 荣誉博士学位, 由于热尔曼的去世而未能如愿. 杨 (G. C. Young, 英, 1868 ~ 1944 年) 是德国大学里第一位通过标准课程学习、考试、论文程序拿到博士学位的女性, 她于 1893 年进入哥廷根大学, 在克莱因指导下于 1895 年秋获得荣誉博士学位. 见: 布拉德利著, 王潇译. 现代数学伟人: 10 位 20 世纪上半叶数学家的故事. 上海科学技术文献出版社, 2014.

偏见. 一年后, 她被正式聘为高等分析教授, 成为全欧洲第一个女教授, 后来又兼聘为力学教授.

法国科学院曾 3 次悬赏征解关于刚体绕定点转动的 "数学水妖" 难题. 1888 年当法国科学院再次宣布新的悬赏时, 苏菲娅攻破了这道 100 多年来悬而未决的难题, 整个欧洲科学界为之轰动. 法国科学院院长致词说: "当今最辉煌、最难得的荣誉桂冠, 有一顶将落到一位妇女头上. 本科学院的成员们发现, 她的工作不仅证明她拥有广博深刻的科学知识, 而且显示了她巨大的创造才智."

1889 年, 在切比雪夫 (俄, 1821 ~ 1894 年) 等学者的努力下, 俄国圣彼得堡科学院物理学部通过了柯瓦列夫斯卡娅为通讯院士, 她成为全世界第一个女科学院院士. 1891 年, 苏菲娅患肺炎因误诊导致病情恶化, 与世长辞.

解的定性与稳定性理论. 来源于关于三体问题的研究, 关心行星或卫星轨道的稳定性. 对描述天体运动的微分方程周期解的研究, 1881 ~ 1886 年, 庞加莱 (法, 1854 ~ 1912 年) (邮票: 法, 1952) 在《由微分方程定义的积分曲线》[7] 的 4 篇论文中, 寻求通过考察微分方程本身就可以回答关于解的定性与稳定性的问题, 创建了微分方程的定性理论, 获得了关于三体问题周期解的许多新结果. 1892 年, 李雅普诺夫 (俄, 1857 ~ 1918 年) (邮票: 苏, 1957) 在博士论文《运动稳定性的一般问题》中开创了微分方程的稳定性理论.

庞加莱 (图片), 多病的童年、显赫的家族、全才的数学家. 庞加莱对数学的特殊兴趣大约开始于 15 岁, 很快就显露了非凡才能. 从此, 他习惯于一边散步, 一边解数学难题, 并保持终身. 1873 年进入巴黎综合工科学校, 1875 ~ 1878 年, 庞加莱又在国立高等矿业学校学习工程, 准备当一名工程师, 但与兴趣不符. 1879 年关于微分方程的论文得到博士学位, 1882 年提升为巴黎大学教授, 1906 年当选法国科学院院长, 1908 年当选为法兰西学院院士.

庞加莱的研究涉及数论、代数、几何、拓扑等许多领域, 最重要的工作是在分析学方面, 是欧拉、柯西之后最多产的数学家 —— 500 篇科学论文和 30 本科学专著, 开辟了微分方程、动力系统、代数拓扑、代数几何等新方向的研究, 成为 19 世纪末和 20 世纪初世界数学的领袖人物, 对数学及应用具有全面了解、能够雄观全局的最后一位大师. 1905 年, 匈牙利科学院颁发奖金为 10000 金克朗的波尔约奖, 以奖励在过去 25 年间为数学发展作出过最大贡献的数学家. 此奖非庞加莱莫属.

阿达马 (法, 1865 ~ 1963 年) 认为, 庞加莱 "整个地改变了数学科学的状况, 在一切方向上打开了新的道路." 沃尔泰拉 (意, 1860 ~ 1940 年) 说: "我们确信, 庞加莱一生中没有片刻的休息. 他永远是一位朝气蓬勃的、健全的战士, 直至他的逝世."

庞加莱的哲学著作《科学与假设》(1902)、《科学的价值》(1905)、《科学与方法》(1908) 也有着重大的影响. 在《科学的价值》中说: "追求真理应该是我们活动的目标, 它是值得我们活动的唯一目的. 毫无疑问, 世界一日不灭, 痛苦终身不能已. 如果我们希望越来越多地使人们摆脱物质烦恼, 那正是因为他们能够在对真理的研究和思考之中享受到自由."1916～1954 年间, 法国科学院出版了《庞加莱文集》, 共 11 卷 [16].

在 19 世纪末, 数学发展呈现出一派生机蓬勃的景象, 这与 18 世纪形成了鲜明的对比. 无论从内部需要还是外部应用看, 数学家们似乎都有做不完的问题.

图表 "19 世纪的主要数学家".

庞加莱、克莱因与希尔伯特是在 19 和 20 世纪数学交界线上高耸着的 3 个巨大身影. 他们反射着 19 世纪数学的光辉, 同时照耀着通往 20 世纪数学的道路.

提问与讨论题、思考题

10.1 分析的严格化进程.

10.2 康托尔的品质.

10.3 柯西关于复变函数论的贡献.

10.4 18～19 世纪的法国科学院.

10.5 关于黎曼猜想.

10.6 魏尔斯特拉斯对于分析的严格化有哪些重要贡献?

10.7 如何理解 19 世纪的数学是 "函数论的世纪"?

10.8 试分析 19 世纪世界数学中心的转移.

10.9 如何化解第 1 次数学危机?

10.10 如何化解第 2 次数学危机?

10.11 从柯瓦列夫斯卡娅的数学道路谈数学中的性别歧视.

10.12 近、现代数学的分界线应从何算起? 谈谈您的想法.

10.13 您是如何认识 19 世纪分析学的发展的?

10.14 简述 19 世纪数学主要研究内容的变化.

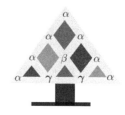

第11讲

300 年的中国数学

主要内容: 18 ～ 20 世纪的中国数学, 从 "西学中源" 到 "陈省身猜想". 介绍 7 位数学家 —— 梅文鼎、明安图、李善兰、华蘅芳、华罗庚、陈景润、陆家羲的生平和数学贡献.

11.1 18 世纪的中国数学

图片 "康熙南巡图" (局部) (王翚, 1698).

"康乾盛世" (1681 ～ 1795 年) 共 114 年, 其中康熙 41 年 (1681 ～ 1722 年), 雍正 13 年 (1723 ～ 1735 年), 乾隆 60 年 (1736 ～ 1795 年).

图表 "18 世纪的中国经济统计表" (安格斯·麦迪逊, 1999 年 1 月 11 日《华尔街日报》).

从朱世杰的《四元玉鉴》(1303) 起至西方数学传入之前, 中国数学一直没有达到宋元数学的水平, 至于宋元数学的许多重要成果则直到清代中期才作为历史研究发掘出来. 对于这一史实, 数学界称为中国古代数学的 "中断" [21]. 明末清初传入的西方数学, 由于中西之争日趋剧烈, 很少有人能进行实事求是的研究. 在 18 世纪初, 发生了清廷与天主教会的 "礼仪之争". 1721 年, 康熙宣布严厉禁教, 造成了西方知识传入的中断, 致使中国人在天文、数学等事务上自立.

11.1.1　梅文鼎 (清, 1633 ~ 1721 年)

梅文鼎是清初著名的数学家、天文学家, 坚信中国传统数学 "必有精理", 不遗余力地表彰传统数学, 使濒于枯萎的老树发出新芽.

梅文鼎 (图片), 安徽宣城 (今安徽省宣城市) 人, 数学、天文方面造诣极深, 在 "会通中西" 方面做了艰苦卓绝的工作, 大力阐扬 "西学中源", 是中国传统数学处于沉寂和复苏交接时期承前启后、融会中西的数学家, 官至光禄大夫、左都御史[1], 被誉为清初 "历算第一名家"、"开山之祖" 和 "国朝算学第一", 著有《梅氏历算丛书辑要》(25 种 62 卷, 1761), 内容包含代数、几何、三角, 特别是对笔算及三角的介绍, 意义相当深远. 梅文鼎所著《笔算》(5 卷, 1693) 一书出版后, 笔算才逐渐在中国得到普及. 由于几乎所有的中国传统数学名家都缺少普遍 "角" 的概念, 梅文鼎关于西方三角学的整理与归纳工作, 使人们对三角学有比较系统的了解. 康熙皇帝 (1662 ~ 1722 年在位) 于 1705 年曾 3 次召见他, 并说 "天象算法, 朕最留心, 此学今鲜知者, 如文鼎, 真仅见也. 其人亦雅士, 惜乎老矣." 与他研讨天文与数学问题, 并特赐 "绩学参微".

图片 "梅文鼎纪念馆" (建于 1989 年)、"梅文鼎墓地" (1985 年发现).

康熙 (图片) 提倡 "西学中源", 1711 年与赵宏燮 (1656 ~ 1722 年, 清直隶总督) 论数时说: "算法之理, 皆出于《易经》. 即西洋算法亦善, 原系中国算法, 彼称为 '阿尔朱巴尔'[2]. '阿尔朱巴尔' 者, 传自东方之谓也."

在中国历史上, 与数学关系最密切的帝王, 首推康熙. 康熙重视西方科学 (图片 "康熙御用数学用表"), 除亲自学习天文数学外, 还关注人才培养和西方著作的翻译, 1712 年命梅文鼎之孙梅毂成 (清, 1681 ~ 1763 年) 任蒙养斋[3] 汇编官 (相当于主编), 编纂天文算法书. 1721 年, 完成康熙 "御制" 的巨型乐律历算丛书《律历渊源》100 卷, 其中《数理精蕴》53 卷 (图片) [18], 于 1723 年刻竣.《数理精蕴》是一部较全面的初等数学百科全书, 分上、下编, 上编 "立纲明体", 包括《几何原本》(与欧几里得《几何原本》名同实异)、《算法原本》等基础理论, 下编 "分条致用", 包括算术、代数、几何、三角等问题为主的实际应用内容, 并附有数学用表以备计算使用, 就其资料来源, 从整体上说是西方数学著作的编译作品, 也录有中国数学家的一些研究成果. 由于以康熙 "御制" 的名义, 在全国流传甚广, 成为 19 世纪末西方数学知识第 2 次输入之前中国人学习西方数学知识最权威的资料, 是中

---

[1] 中国古代官职, 清代为都察院主官, 负责监察、纠劾事务, 兼管审理重大案件和考核官吏, 正从一品.

[2] 法文 algébre 的音译. 阿拉伯文的 al-jabr 在 12 世纪译为拉丁文时为 algebra, 后英文 algebra, 法文 algébre, 德文 Algebra 都来源于此. algebra 输入我国, 最初音译为 "阿尔热巴拉", "阿尔热巴尔", "阿尔热巴达". 1853 年, 伟烈亚力 (英, 1815 ~ 1887 年) 用中文写了《数学启蒙》介绍西方数学, 在序中说: "有代数、微分诸书在, 余将续梓之." 这是第 1 次使用代数这个词来作数学分科的名称 [5].

[3] 在法国传教士张诚 (1654 ~ 1707 年, 1685 年来华, 1687 年到华) 和白晋 (1656 ~ 1730 年, 1685 年来华, 1687 年到华) 的建议下, 康熙于 1713 年在畅春园蒙养斋创建了算学馆, 成为 18 世纪中国诞生杰出数学家的摇篮. 法国传教士将蒙养斋视为 "中国科学院".

国数学西化历程上的一个里程碑[29].

梅毂成对后世数学影响最大的是他通过学习欧洲代数方法重新理解了中国传统的天元术, 使失传已久的天元术重新显露于世.

11.1.2　明安图 (清, 1692 ~ 1764 年)

明安图 (图片), 蒙古正白旗 (今内蒙古锡林郭勒盟正白旗) 人, 清代杰出的数学家、天文学家和地理测绘学家. 年轻时 (约 1710 年) 被选入钦天监学习天文、历象和数学, 并从康熙在皇宫听西方传教士讲授测量、天文、数学, 后留在钦天监工作. 受乾隆 (1736 ~ 1795 年在位) 派遣, 明安图两次 (1756, 1759) 去新疆进行天文大地测量, 并于 1759 年升任钦天监监正, 执掌钦天监. 明安图最主要的数学贡献是杜–明九术. 杜德美 (法, 1668 ~ 1720 年, 1701 年来华) 来华传教, 传进了 3 个无穷级数 (杜氏三术), 载于梅毂成的《赤水遗珍》(1761), 没有证明. 明安图不仅证明了杜氏三术, 而且又论证了 6 个新的无穷级数, 合称杜–明九术 (图片), 载于与学生陈际新写成的《割圆密率捷法》(1774, 1839) (图片)[18], 首开我国无穷级数证明的先河, 在清代数学界被誉为 "明氏新法".

11.1.3　乾嘉学派

雍正 (1723 ~ 1735 年在位) 即位后, 发布了禁教令, 对外闭关自守, 导致西方科学停止输入中国, 对内实行高压政策, 致使一般学者既不能接触西方数学, 又不敢过问经世致用之学, 因而埋头于究治古籍.

乾隆 (图片) 与嘉庆 (图片) 年间 (1736 ~ 1820 年), 逐渐形成一个以考据学为主的 "乾嘉学派". 18 世纪中叶至 19 世纪初的大部分数学家都是乾嘉学派的学者. 1781 年, 由总纂官纪昀 (1724 ~ 1805 年) 等, 穷毕生精力, 率 360 位一流学士编成《四库全书》(1773 ~ 1781) (图片; 邮票 "国家图书馆之四库全书": 中, 2009)[4]. 《四库全书》著录的科技文献 300 余种 (约占全书著录的 1/10)、存目 360 余种 (约占全书存目的 1/20), 其中以数学[5]、天学、农学、医学、生物学和地学方面的书籍最多, 收录《算经十书》、《数书九章》、《测圆海镜》、《数理精蕴》等, 存目《算法统宗》等, 《四元玉鉴》、《杨辉算法》等未收录. 乾嘉时期的数学研究以古学复兴为标识, 从《四库全书》中为数众多, 高质量的按语中可以说明, 在当时八股取士的大气候中, 仍有真知灼见的学者, 保好火种, 使绝学不绝.

随着《算经十书》与宋元数学著作的收集与注释, 出现了研究传统数学的高潮. 这些知识水平如何? 如与中国传统数学甚至宋元时期的数学比较, 是有进步的, 但和同时代的西方数学比较却大为逊色. 在欧洲, 解析几何已经创立 (1637),

---

[4] 四库: 经史子集 4 部, 收书 3503 种、79337 卷, 存目书 6793 种、93551 卷, 分装 36000 余册, 约 10 亿字.

[5] 戴震 (1724 ~ 1777 年)、陈际新等对古典算书作了认真的整理和校勘工作, 成为乾嘉时期古算复兴的基础.

微积分的诞生 (1665) 标志着世界数学已进入了近代数学时期. 在 18 世纪, 欧洲数学已进入分析大发展时期, 伯努利家族正致力于微积分的发展, 许多新的数学分支正迅速建立, 加之最伟大的数学家欧拉已经诞生并作出了划时代的贡献, 影响了百年的数学分析进程. 尽管从康熙起造就了中国历史上少有的 "康乾盛世" (1681 ~ 1795 年), 可谓 "国富民强", 但中国的数学是明显落后了.

11.2 19 世纪的中国数学

西方数学在中国早期传播的第 2 次高潮是从 19 世纪中叶开始的. 对夷之长技之深信贯穿着中国近代史 [13]. 李善兰和华蘅芳是这一时期最重要的中国算学家.

11.2.1 李善兰 (清, 1811 ~ 1882 年)

继梅文鼎之后, 李善兰成为清代数学史上的又一杰出人物, 代表了 19 世纪中国数学的最高峰. 李善兰 (图片), 清浙江海宁人, 自幼刻苦自学数学, 9 岁时, 发现父亲的书架上有一本《九章算术》, 感到十分新奇有趣, 从此迷上了数学. 14 岁时, 李善兰又靠自学读懂了徐光启、利玛窦合译的欧几里得《几何原本》前 6 卷. 李善兰在《九章算术》的基础上, 又吸取了《几何原本》的新思想, 使他的数学造诣日趋精深.

1840 年鸦片战争后, 李善兰萌生了科学救国的思想, 在所译《重学》的序中曾说: "呜呼! 今欧罗巴各国日益强盛, 为中国之边患. 推源其故, 制器精也, 推源制器之精, 算学明也." "人人习算, 制器日精, 以威海外." 李善兰集前人 (如朱世杰关于三角垛序列的工作) 之大成, 约 1850 年完成著作《垛积比类》[18], 内容涉及组合数学, 堪称杰作, 其中以 "李善兰恒等式" (图片) 最负盛名, 成为晚清中国数学具有世界意义的仅有成果. 李善兰的主要著作都汇集在《则古昔斋算学》(1867) 内, 13 种 24 卷, 共约 15 万字, 其中不少内容是 19 世纪中国传统数学的重大成就.

1852 ~ 1859 年, 李善兰到上海, 参加墨海书馆 (1843 ~ 1877 年) 编辑工作, 与一些传教士交往, 共同研讨科学问题, 翻译了部分西方学术著作.

(1) 与英国伟烈亚力 (1815 ~ 1887 年, 1847 年来华) 合译了欧几里得《几何原本》的后 9 卷 (1857 年出版, 原著 1660 年英国数学家巴罗的《原本 15 卷》英文评注本 [9]), 距徐光启等 1607 年译《几何原本》前 6 卷已整整 250 年. 1865 年, 李善兰又把《几何原本》的前 6 卷和后 9 卷合刻成 15 卷.

(2) 与英国韦廉臣 (1829 ~ 1890 年, 1855 年来华) 和艾约瑟 (1823 ~ 1905 年, 1848 年来华) 合译了林德利 (英, 1799 ~ 1865 年) 的《植物学》(1858 年出版, 原著 1841 年《植物学基础》), 为最早介绍西方近代植物学的著作.

(3) 与伟烈亚力合译了约翰·赫谢尔 (英, 1792 ~ 1871 年) 的《谈天》(1858 年出版, 原著 1849 年《天文学纲要》), 第 1 次把万有引力定律及天体力学知识介绍到中国.

(4) 与艾约瑟合译了惠威尔 (英, 1794 ~ 1866 年) 的《重学》(1859 年出版, 原著 1833 年《初等力学教程》(第 2 版)), 较系统地把牛顿运动定律等经典力学知识介绍到中国[6].

(5) 与伟烈亚力合译了卢米斯 (美, 1811 ~ 1889 年) 的《代微积拾级》(1859 年出版, 中国第 1 部微积分学译本, 原著 1851 年《解析几何与微积分基础》)、德摩根 (英, 1806 ~ 1871 年) 的《代数学》(1859 年出版, 原著 1835 年《代数学基础》), 将包括解析几何、微积分、无穷级数论等近代数学知识传入中国.

李善兰对上述两书评价极高, 称 "此书为算学中上乘功夫, 此书一出, 非特中法几可尽废, 即西法之古者亦无所用之矣", 并创造了光怪陆离的符号体系, 今人读之, 宛若天书 (图片). 在《代数学》的译本中, 首次使用了 "函数" 一词, 有 "凡式中含天, 为天之函数" 的句子. 在《代微积拾级》一书中将 "直线方程 $y = Ax + B$, 则 y 为 x 的函数" 译为 "直线之公式, 地 = 甲天 ⊥ 乙, 则地为天的函数".

咸同之际, 李善兰先后入江苏巡抚徐有壬 (1800 ~ 1860 年)[7]、两江总督曾国藩 (1811 ~ 1872 年) 幕, 以精于数学, 深得倚重, 参与洋务运动中的科技学术活动. 清同治元年 (1862), 清王朝在京设立了中国历史上第一所培养翻译人才的学校 "京师同文馆" (图片), 把 "中学为体, 西学为用, 中西并用, 观其会通" 确立为办学宗旨 [28]. 同治七年 (1868), 经广东巡抚郭嵩焘 (1817 ~ 1891 年) 举荐, 李善兰入京任同文馆天文算学馆第一任数学教习 (图片 "李善兰及他的学生们"). 同文馆的数学教学以西法为主, 包括当时传入的代数学、几何学、微积分等内容, 同时也保存了中国传统算学中《测圆海镜》等内容 [29]. 李善兰学通古今, 融中西数学于一堂, 培养人才甚多, 曾自署对联 "小学略通书数, 大隐不在山林" 张贴门上, 潜心科学, 执教 14 年, 直至逝世, 历授户部郎中、总理衙门章京[8]等职, 加官三品衔, 为造就中国近代第一代科学人才作出了贡献.

11.2.2　华蘅芳 (清, 1833 ~ 1902 年)

李善兰之后, 引进西算影响最大的学者是中国清末数学家、翻译家和教育家华蘅芳 (图片). 华蘅芳, 江苏金匮 (今无锡市) 人 (图片), 少年时酷爱数学, 于 20

---

[6] 力学的英文是 mechanics, 原初是机械学的意思. 到了伽利略, 才把 mechanics 由单纯的机械学转化为运动学, 创立了新的物理学. 到了牛顿, 力才被引入新物理学, 使 "力学" 变得名副其实. 力学在明末清初传入中国, 起初被译为重学 ("力艺, 重学也"), 后传教士丁韪良 (W. Martin, 美, 1827 ~ 1916 年, 1850 年来华) 将其更名为力学. 见: 聂馥玲, 郭世荣. 晚清西方力学知识体系的译介与传播. 自然辩证法通讯, 2010, 32(2): 65 ~ 70.

[7] 嘉庆初年, 阮元 (1764 ~ 1849 年) 抚浙时, 访得旧抄本《四元玉鉴》, 此后不少学者都对《四元玉鉴》进行了研究. 1822 年, 徐有壬见《四元玉鉴》, 通过 3 昼夜的研究, 完成了阐示 "四元术" 方法的 "细草". 徐有壬可能是宋元以后理解 "四元术" 的第一人 [29].

[8] 总理各国事务衙门简称总理衙门, 为清政府为办洋务及外交事务而特设的中央机构, 位列 6 部之首, 设大臣、章京两级职官. 章京分管本官署事务, 总理文书, 起草章奏及各项公文等.

岁时购得《数理精蕴》, 开始接触西方数学, 青年时游学上海, 与李善兰交往, 李氏向他推荐西方的代数学和微积分, 对他走上数学道路有重要的影响. 1868 年, 江南机器制造总局开设翻译馆 (图片), 华蘅芳积极从事介绍西方先进的科学技术, 对近代科学知识特别是数学知识在中国的传播, 起到了重要的作用.

华蘅芳与傅兰雅 (英, 1839 ~ 1928 年) 的重要数学译著是 1872 年的《代数术》, 1874 年的《微积溯源》, 1880 年的《决疑数学》(我国第 1 本有关概率论的数学译作, 1896 年刊刻出版), 分别译自《大英百科全书》第 8 版 (1853 ~ 1860) 的词条 Algebra, Fluxions 与 Probability. 华蘅芳的著作中, 提到行列式时倒是采用了西算的符号 (图片). 华蘅芳官至四品, 终生布衣素食, 不屑涉足宦途, 淡泊名利, 致力科学, 与李善兰等同为中国近代科学事业的先行者.

我国采用正负号是从清末开始的. 在 1893 年美国传教士潘慎文 (1850 ~ 1924 年, 1875 年来华) 与谢洪赉 (1872 ~ 1916 年, 浙江绍兴人) 合译的《代形合参》(3 卷, 美国卢米斯 1851 年原著) 一书中, 译者则以 "− 天" 表示 "−x".

1859 年, 李善兰译的《代数学》中第 1 次讲到了虚数, 并用符号 $\sqrt{\top\,-}$ 表示 $\sqrt{-1}$, 持勉强态度承认虚数. 1872 年, 华蘅芳译的《代数术》中首次采用 "虚数", 原意是 "虚假的数", 并引用了记号 i.

西方数学在中国的早期传播的最主要意义, 在于能使西方数学真正地在中国扎下根来, 并对中国现代数学的形成起一定的作用, 但总的来说功效并不显著. 因为输入的近代数学需要一个消化吸收的过程, 同时清末数学教育仍以初等数学为主, 京师同文馆未将学习微积分作为重要项目, 即使在 "京师大学堂" (图片) 中 (1898 年成立京师大学堂, 1912 年改京师大学堂为北京大学), 数学教学的内容并没有超出初等微积分的范围, 并且多半被转化为传统的语言来讲授, 加上清末统治的腐败, 在太平天国运动 (1851 ~ 1864 年) (图片) 的冲击及帝国主义列强的掠夺下 (如, 鸦片战争 (1840 ~ 1842 年, 1856 ~ 1860 年)、中法战争 (1883 ~ 1885 年)、甲午战争 (1894 ~ 1895 年)、八国联军侵华 (1900) 等) (图片), 焦头烂额, 无暇顾及数学研究.

自 19 世纪末开始, 一批中国留学生到日本、欧美学习数学. 他们回国后创办数学系、尝试做研究. 1919 年 "五四" 运动 (图片; 邮票: 中, 1979) 前后, 中国现代数学稍具雏形. 遗憾的是, 曾经辉煌一时的中国传统数学并没有融入西方数学, 此后只作为历史存在和文化影响, 成为数学史的研究对象, 而中国现代数学基本上是另起炉灶, 从西方移植过来并发展壮大的.

明清是中国历史上最后两个封建王朝, 其数学发展经历了一个传统数学的衰落, 西方数学的传入, 传统数学的整理复兴和与世界数学合为一体的过程. 西方数学在明代政权将被取代之际引入中国, 而中国数学的西化的历程在清代政权接近灭亡及传统文化、政治体系遭遇毁灭性重创之时完成, 这本身显示出其与中国社会、文化环境之间不可分割的关系 [29].

图表 "中算之进程"、"中国与西方科学发展示意图".

19 世纪中叶, 日本政府采取了开国政策, 西方数学大量传入. 明治天皇 (1867 ~ 1912 年在位) 以 "富国强兵" 为口号, 开始了著名的维新运动. 日本政府采取西方的政治、经济体制, 废除封建制度, 1889 年颁布宪法, 1890 年召开国会, 完成了政治制度改革. 此时, 中国的戊戌变法 (1898) 却告失败. 明治维新时期, 日本在数学上实行 "和算废止, 洋算专用" 的政策, 和算迅速衰废 (只有珠算沿用至今), 同时开始了近代数学的研究. 高木贞治 (日, 1875 ~ 1960 年) 于 1898 ~ 1901 年在柏林和哥廷根等地学习, 深受希尔伯特 (德, 1862 ~ 1943 年) 的影响, 创立高木类域论, 解决了希尔伯特于 1900 年提出的 23 个问题中的第 9 个问题, 1932 年当选为国际数学家大会副主席.

11.3　20 世纪的中国数学

19 世纪末, 维新变法首领之一谭嗣同 (1865 ~ 1898 年) 认为变法的急务在 "教育贤才", 求才的第一步在 "兴算学"9

1912 年, 北京大学 (邮票: 中, 1998) 创办了国内第一个大学数学系 (算学系).

20 世纪 20 年代, 国内开办了一批大学数学系[30]: 南开大学数学系 (1920)、东南大学数学系 (1921)、武汉大学数学系 (1922)、北京师范大学数学系 (1922)、厦门大学数学系 (1923)、四川大学数学系 (1924)、中山大学数学系 (1924)、东北大学数学系 (1925)、浙江大学数学系 (1926)、清华大学数学系 (1927)、交通大学数学系 (1928) 等10.

11.3.1　中国数学会

1935 年, 中国数学会在上海交通大学图书馆成立 (图片), 其宗旨 "谋数学之进步及其普及".

抗日战争时期, 1940 年 "新中国数学会" 在昆明西南联合大学 (1937~1946 年) 成立.

图片 "西南联大".

早期中国数学会的主要成就: 开办数学系、创立数学刊物. 1949 年以前, 总共有 74 位数学家发表了 342 篇论文[31].

图片 "开国大典 (1949 年 10 月 1 日)".

1951 年, 新中国成立后的 "中国数学会" 第 1 次代表大会在北京大学召开.

图片 "中国数学会会标".

---

9 中国数学会通讯, 2012(1): 9 页.
10 到 1936 年 1 月, 全国共有 34 所大学设立了数学系, 这年毕业生总人数为 181 人[28].

1949 ~ 1966 年, 估计至少有 450 位数学家发表了约 1800 篇论文[11].

图片 "毛泽东会见华罗庚 (1958)".

新中国成立后, 中国数学会第 1 ~ 13 届理事长 (图片): 华罗庚 (1 ~ 3 届)、吴文俊 (4 届)、王元 (5 届)、杨乐 (6 届)、张恭庆 (7 届)、马志明 (8、10 届)、文兰 (9 届)、王诗宬 (11 届)、袁亚湘 (12 届)、田刚 (13 届).

中国数学会设立的数学奖.

华罗庚数学奖: 1992 年设立, 奖励我国有系统贡献和影响的资深数学家.

陈省身数学奖: 1986 年设立, 奖励我国有突出研究成果的中青年数学家.

钟家庆数学奖: 1987 年设立, 奖励国内优秀的博士生和硕士生.

11.3.2 中国科学院数学物理学部中的数学家

中国科学院成立于 1949 年 11 月, 是我国科学技术方面最高学术机构和全国自然科学与高新技术综合研究发展中心[12]. 中国科学院学部成立于 1956 年, 由中国科学院学部委员 (1993 年 10 月起改称院士) 组成, 包括数学物理学部、化学部、生物学部、地学部、技术科学部和信息技术科学部等 6 个学部, 是国家在科学技术方面的最高咨询机构.

中国科学院从国内外最优秀的科学家中选出中国科学院院士和中国科学院外籍院士. 中国科学院已进行了 18 次院士增选 (1955 ~ 2019 年), 共增选院士 1434 人; 已进行了 14 次外籍院士增选 (1994 ~ 2019 年), 共增选外籍院士 133 人.

1955 ~ 2001 年增选的中国科学院数理学部中的 42 位数学家 (图片).

1955 年: 王湘浩, 华罗庚, 江泽涵, 许宝騄, 苏步青, 李国平, 陈建功, 柯召, 段学复.

1957 年: 吴文俊.

1980 年: 王元, 冯康, 关肇直, 杨乐, 谷超豪, 陆启铿, 陈景润, 胡世华, 姜伯驹, 夏道行, 程民德.

1991 年: 丁夏畦, 万哲先, 王梓坤, 石钟慈, 张恭庆, 周毓麟, 胡和生, 廖山涛, 潘承洞.

1993 年: 严志达, 林群.

1995 年: 马志明, 刘应明, 李大潜.

1997 年: 丁伟岳, 陈希孺.

1999 年: 文兰, 严加安.

2001 年: 田刚, 李邦河, 郭柏灵.

---

[11] 我国学者的部分研究成果 (1918 ~ 1960 年) 目录可参考: 袁同礼. 袁同礼著书目汇编 1: 现代中国数学研究目录. 国家图书馆出版社, 2010, 351 ~ 516 页.

[12] 中国科学院数学研究所成立于 1952 年. 1998 年, 数学研究所与应用数学研究所 (建于 1979 年)、系统科学研究所 (建于 1979 年)、计算数学与科学工程计算研究所 (建于 1995 年) 等 4 个研究所通过整合, 成立了中国科学院数学与系统科学研究院.

图表 [32] "中国科学院首批数学学部委员简况".

国家自然科学奖一等奖的数学类获奖项目:

(1) 典型域上的多复变函数论 (华罗庚, 1956).

(2) 示性类与示嵌类的研究 (吴文俊, 1956).

(3) 哥德巴赫猜想的研究 (陈景润、王元和潘承洞, 1982).

(4) 微分动力系统稳定性研究 (廖山涛, 1987).

(5) 关于不相交施泰纳三元系大集的研究 (陆家羲, 1987)[13].

(6) 哈密顿系统的辛几何算法 (冯康等, 1997).

国家最高科学技术奖的数学获奖者: 吴文俊 (2000)、谷超豪 (2009).

11.3.3　华罗庚、陈景润、陆家羲

华罗庚 (1910 ~ 1985 年), 人民的数学家, 中国科学院院士, 1910 年生于江苏省金坛县, 1985 年 6 月 12 日卒于日本东京. 2009 年 9 月, 入选 100 位新中国成立以来感动中国人物.

1924 年, 华罗庚 (邮票: 中, 1988) 在金坛中学初中毕业, 后刻苦自学. 1930 年, 上海《科学》杂志第 2 期发表论文《苏家驹之代数的五次方程式解法不能成立之理由》, 同年到清华大学任教. 1936 年赴英国剑桥大学访问、学习. 1938 年回国后任西南联合大学教授. 1946 年赴美国, 任普林斯顿高等研究院研究员、普林斯顿大学和伊利诺伊大学教授, 1950 年回国. 历任清华大学教授, 中国科学院数学研究所、应用数学研究所所长, 中国数学学会理事长, 中国科学院副院长, 中国科学技术大学副校长, 中国科协副主席, 第 6 届全国政协副主席等职. 当选美国国家科学院外籍院士, 发展中国家科学院院士, 联邦德国巴伐利亚科学院院士. 曾被授予法国南锡大学、香港中文大学和美国伊利诺伊大学荣誉博士学位. 主要从事解析数论、矩阵几何学、典型群、自守函数论、多复变函数论、偏微分方程、高维数值积分和应用数学等领域的研究工作并取得杰出成就.

华罗庚发表研究论文 200 多篇, 并有专著和科普性著作数十种. 专著《堆垒素数论》(1947, 1953) 系统地总结、发展与改进了哈代与李特尔伍德圆法、维诺格拉多夫三角和估计方法, 先后被译为俄、匈、日、德、英文出版, 成为 20 世纪经典数论著作之一. 专著《多复变函数论中的典型域调和分析》(1958) 具体给出了典型域的完整正交系, 从而给出了柯西与泊松核的表达式, 在调和分析、复分析、微分方程等研究中有着广泛深入的影响, 获得中国国家自然科学奖一等奖. 倡导应用数学研究与计算机的研制, 出版《统筹方法平话》(1964 年完成, 1967 年出版)、《优选学》(1967) 等多部著作并在中国推广应用.

1983 年, 施普林格出版社出版了《华罗庚论文集》. 评论者说[14]: 这是一位具

---

[13] Steiner 原译为斯坦纳, 现改译为施泰纳.
[14] 数学译林, 1989, 8(3): 259.

有独特而感人经历的数学家的富有魅力的论文集. 2010 年, 科学出版社出版 9 卷本《华罗庚文选》.

图片 "华罗庚与他的学生们 (1980)".

陈景润 (1933 ~ 1996 年), 中国知名度最高的现代数学家, 中国科学院院士, 1933 年生于福建省闽侯县, 1996 年 3 月 19 日在北京去世. 2009 年 9 月, 入选 100 位新中国成立以来感动中国人物. 2018 年 12 月, 中共中央、国务院授予陈景润改革先锋称号 (激励青年勇攀科学高峰的典范).

1973 年, 陈景润在《中国科学》上发表论文 "大偶数表为一个素数及一个不超过 2 个素数的乘积之和", 在国际数学界引起了轰动, 被命名为 "陈氏定理". 韦伊 (法, 1906 ~ 1998 年) 曾说: "陈景润的工作, 好像是在喜马拉雅山山巅上行走, 每前进一步都非常困难."

1973 年 3 月, 关于陈景润的两篇内参受到了中央领导的高度重视. 毛泽东 (1893 ~ 1976 年) 主席指示改善陈景润的生活条件.

徐迟: 哥德巴赫猜想 (1978 年 1 月《人民文学》)

"何等动人的一页又一页篇页! 这些是人类思维的花朵. 这些是空谷幽兰、高寒杜鹃、老林中的人参、冰山上的雪莲、绝顶上的灵芝、抽象思维的牡丹. 这些数学的公式也是一种世界语言. 学会这种语言就懂得它了. 这里面贯穿着最严密的逻辑和自然辩证法. 它是在探索太阳系、银河系、河外系和宇宙的秘密, 原子、电子、粒子、层子的奥妙中产生的. 但是能升登到这样高深的数学领域去的人, 一般地说, 并不很多. 在深邃的数学领域里, 既散魂而荡目, 迷不知其所之. 闵嗣鹤老师却能够品味它, 欣赏它, 观察它的崇高瑰丽."

陈景润的著名论文由闵嗣鹤 (1913 ~ 1973 年) 和王元 (1930 ~ 2021 年) 负责审查.

图片 "陈景润与徐迟".

旭翔:《走近陈景润》(厦门大学出版社, 1997).

陈景润, 中国老百姓中知名度最高的科学家. 他是亿万人心中刻苦进取的楷模. 陈景润以 "哥德巴赫猜想" 问鼎数学王国的皇冠, 他的 "1 + 2" 成果曾经撩起了多少人对科学的神往, 甚至改写了一代青年的人生方程式.

世界著名的《一百个有挑战性的数学问题》一书中, 仅刊登两位华人的画像, 一为祖冲之, 一为陈景润. 陈景润的名字, 成为中国人的光荣与自豪.

让我们走近陈景润, 了解陈景润……

图片 "陈景润墓碑".

陆家羲 (1935 ~ 1983 年), 攻克两项世界数学难题的中学物理教师[15].

陆家羲初中毕业后辍学, 1951 年到哈尔滨电机厂工作, 1957 年考入吉林师范

---

[15] 朱安远, 朱婧姝. 中国最伟大的业余数学家: 陆家羲. 中国市场, 2015(23): 188 ~ 199.

大学 (今东北师范大学) 物理系, 1961 年毕业后在包头市的几所中学任教, 直到逝世.

插曲: 1983 年春, 加拿大多伦多大学门德尔松 (E. Mendelsohn, 1943 ~) 教授来华讲学. 门德尔松表示 "很想见到陆家羲." 陪同的一名中国数学家听错了, 以为他想见中国科学院院长卢嘉锡. "不, 是写《论不相交的施泰纳三元系大集》的作者." 那位中国数学家有些尴尬, 因为到当时为止他还从没听说过陆家羲这个名字.

相信在 1983 年大多数中国数学家都没听过陆家羲, 因为他是包头市第九中学的物理教师. 但他在美国的《组合论杂志 A 辑》上分两期刊登了《论不相交的施泰纳三元系大集》的 6 篇系列论文, 标志着保留了 120 多年的 "施泰纳 (瑞士, 1796 ~ 1863 年) 系列" 问题被陆家羲最先基本解决了.

1957 年夏天, 陆家羲偶然读到《数学方法趣引》(孙泽瀛, 1956 年版, 上海科学技术出版社), 书中介绍了 8 个世界著名难题, 其中的 "柯克曼问题" 和 "施泰纳系列" 吸引着他. 他把 1850 年柯克曼 (英, 1806 ~ 1895 年) 提出的女生分组问题, 列为自己攻克的第一个目标.

某教员打算安排她班上的 15 名 (n 名) 女生散步, 散步时每 3 名女生为 1 组, 共 5 组 ($n/3$ 组). 问能否在 7 日 ($(n-1)/2$ 日) 内每日安排一次散步, 使得每两名女生在这 7 日 ($(n-1)/2$ 日) 内恰好一道散步一次? 这就是著名的柯克曼女生问题.

大学四年中, 每当夜深人静时, 陆家羲便来到楼梯口那盏彻夜不熄的电灯下, 与他的 "女生问题" 对话. 1961 年, 他不仅以优异的成绩毕业, 而且完全解决了 "柯克曼问题".

1961 ~ 1965 年, 他的论文《柯克曼系列与施泰纳系列制作方法》3 次投稿, 最后收到的评审意见是没有价值. "文化大革命" 开始后, 这个工作只好搁浅. 1971 年, "柯克曼问题" 被两位美国学者解决了, 虽比陆家羲晚 10 年, 然而他们却在世界 "夺魁" 了.

陆家羲又向 "施泰纳系列" 问题 (1861) 发起了进攻. 1980 年, 陆家羲终于基本攻克了这一问题. 陆家羲的论文被转寄给《组合论杂志 A 辑》. 在回信中, 门德尔松教授写道: "这是世界 20 年来组合设计方面最重大的成果之一." "在此之前, 我们没有料到施泰纳问题会这么快就得到解决."

1983 年 10 月, 陆家羲参加了在武汉举行的第 4 届中国数学会代表大会, 报告了自己的工作及新的进展. 他成功了, 但他却倒下了. 由于心脏病突发, 1983 年 10 月 31 日, 陆家羲猝然与世长辞, 年仅 48 岁. 当代一颗灿烂夺目的数学之星殒落了.

《关于不相交施泰纳系列三元系大集》获 1987 年度国家自然科学一等奖.

11.3.4 群星闪烁

小行星是太阳系内环绕太阳运行、质量和体积都比行星小得多的天体. 它们不能清空其轨道附近区域, 且主要集中在火星和木星之间的小行星带之中. 1801 年, 意大利天文学家皮亚齐 (1746 ~ 1826 年) 发现的第一颗小行星被命名为谷神星. 在早期的小行星命名中, 小行星的名字大都来自希腊或罗马神话中的人物. 随着小行星越来越多地被发现, 其命名也变得随意起来. 19 世纪中叶起, 国际天文学界采用小行星编号方式来命名小行星.

对于获得国际永久编号的小行星, 发现者个人有权在编号后的 10 年内为它提出一个名字用于命名. 国际天文学联合会小天体命名委员会对名字予以审核后, 将对外发布.

有 10 颗小行星是以中国或华人数学家命名的[16].

(1) 祖冲之星, 国际永久编号 1888, 紫金山天文台于 1964 年 11 月 9 日发现.

(2) 一 行星, 国际永久编号 1972, 紫金山天文台于 1964 年 11 月 9 日发现.

(3) 郭守敬星, 国际永久编号 2012, 紫金山天文台于 1964 年 10 月 9 日发现.

(4) 沈 括星, 国际永久编号 2027, 紫金山天文台于 1964 年 11 月 9 日发现.

(5) 陈景润星, 国际永久编号 7681, 北京天文台于 1996 年 12 月 24 日发现.

(6) 吴文俊星, 国际永久编号 7683, 北京天文台于 1997 年 2 月 19 日发现.

(7) 明安图星, 国际永久编号 28242, 北京天文台于 1999 年 1 月 6 日发现.

(8) 陈省身星, 国际永久编号 29552, 北京天文台于 1998 年 2 月 15 日发现.

(9) 谷超豪星, 国际永久编号 171448, 紫金山天文台于 2007 年 9 月 11 日发现.

(10) 苏步青星, 国际永久编号 297161, 紫金山天文台于 2008 年 2 月 29 日发现.

综观中国数学, 可以总结为: 古代数学领跑世界, 近代数学日渐势微, 现代数学奋起直追.

吴文俊说[17]: "复兴而不仅是振兴中国数学, 使自秦汉迄宋元傲居世界舞台中央的中国数学重展昔日雄风于今日, 应该是完全可能的."

毫无疑问, 20 世纪的中国数学已取得巨大成就. 21 世纪 "数学大国"、"世界数学中心" 在哪里? 20 世纪 90 年代, 陈省身曾预言: "21 世纪中国必将成为数学大国!" 在华人数学界, 这一预言被称为 "陈省身猜想".

2002 年北京 ICM (图片 "2002 北京 ICM 开幕式").

[16] 苏青, 黄永明, 李娜. 天空中闪烁的中国科学家群星 —— 你知道以中国人姓名命名的小行星吗? 科技导报, 2008, 26(18): 19 ~ 25.

[17] 吴文俊. 现代数学新进展 —— 刘徽数学讨论班报告集. 合肥: 安徽科学技术出版社, 1988, 10 页.

我们与数学强国的差距在哪里? 马志明说[18]: "我们与数学强国还有距离. 最主要的差距是我们缺乏引领国际数学研究方向的强有力的学术领军人物, 缺乏大师级的数学家, 具有特色的中国学派在国际上的影响还不是很强."

吴文俊对数学科学发展的预言[19]: 将来的数学, 应该是走中国古代数学道路, 而不是国际道路, 这是一条总的趋势.

提问与讨论题、思考题

11.1   康熙帝与数学.

11.2   "康乾盛世" 中, 中国数学与欧洲数学的差距.

11.3   为何在 "康乾盛世" 中国数学明显落后于西方?

11.4   "西学中源" 对 18 世纪中国数学的复兴的积极意义.

11.5   19 世纪中国数学的显著特点.

11.6   简述 "中学为体, 西学为用" 对中国近代科学兴起的影响.

11.7   简述 "和算废止, 洋算专用" 对日本近代数学兴起的影响.

11.8   19 世纪末中日数学之比较.

11.9   分析中国 20 世纪 70 ~ 80 年代的 "陈景润现象".

11.10   陆家羲的故事.

11.11   对现代数学而言, 中国传统数学是否只是作为 "历史存在" 与 "文化影响"?

11.12   21 世纪 "数学大国" 感言.

11.13   从中国数学的变化, 谈谈数学工作者的责任.

---

[18] 马志明. 我们与数学强国的差距 —— 关于我国数学发展的点滴思考. 中国数学会通讯, 2011, (1): 11 ~ 19.

[19] 吴文俊. http://baike.baidu.com/view/34449.htm.

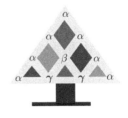

第12讲

20世纪数学：纯粹数学大发展

主要内容：国际数学家大会、纯粹数学的发展、数学基础大论战. 介绍 5 位数学家 —— 希尔伯特、诺特、柯尔莫哥洛夫、罗素和哥德尔的生平和数学贡献.

12.1　国际数学家大会

1893 年, 为纪念哥伦布发现美洲大陆 400 周年, 在芝加哥举办了 "世界哥伦布博览会" (邮票: 美, 1893), 期间安排了一系列科学与哲学会议, "数学家和天文学家国际大会" 即在其列, 但到会的 45 名数学家中只有 4 人来自美国以外的欧洲国家 [33]. 克莱因 (德, 1849 ~ 1925 年) 给大会带来了许多欧洲数学家的论文, 并作了 "数学的现状" 的演讲, 他强调 "具有极高才智的人物在过去开始的事业, 我们今天必须通过团结一致的努力和合作以求其实现" [33]. 这是数学史上第 1 次超越洲界的数学家会议. 1897 年, 在瑞士苏黎世联邦综合科技学校 (图片) 召开了真正意义上的国际数学家大会 (ICM), 庞加莱 (法, 1854 ~ 1912 年) (邮票: 法, 1952) 提交了 "关于纯分析和数学物理的报告", 后来被认定为 "第 1 届 ICM". 与 18 世纪末认为数学源泉已近枯竭的悲观情绪相反, 19 世纪末数学家对数学前途充满信心 [2].

1900 年, 在第 2 届 ICM 上形成了每 4 年举行一次会议的惯例.

在 ICM 的历史上, 特别重要的一次会议就是 1900 年在巴黎举行的会议, 因为在这次会议上希尔伯特 (德, 1862 ~ 1943 年) 作了 "数学问题" 的重要报告 (图片). 希尔伯特认为, 科学在每个时代都有它自己的问题, 而这些问题的解决对于科学发展具有深远意义. 他在报告中提出了著名的 23 个重大问题为 20 世纪数学的研究目标.

　　希尔伯特说: "我们当中有谁不想揭开未来的帷幕, 看一看在今后的世纪里我们这门科学发展的前景和奥秘? 我们下一代的主要数学思潮将追求怎样的特殊目标? 在广阔而丰富的数学思想领域, 新世纪将会带来怎样的新方法和新成果?"

　　一个多世纪以来, 这些问题一直激发着数学家们浓厚的研究兴趣. 一位科学家如此自觉、如此集中地提出一整批的问题, 并如此持久地影响了一门科学的发展, 这在科学史上是不多见的. 自 1900 年 ICM 后, 在国际数学家会议上提出重大问题, 引导数学的发展方向已成为 ICM 的特定内容. 因为除了解决一个引人关注的问题, 更重要的是在解决问题的过程中一些全新的数学思想诞生了, 难怪在问题解决后也有人遗憾地感叹一只会生金蛋的母鸡被杀死了.

　　外尔 (德, 1885 ~ 1955 年): "希尔伯特就像穿杂色衣服的风笛手, 他那甜蜜的笛声诱惑了如此众多的老鼠, 跟着他跳进了数学的深河."[1]

　　韦伊 (法, 1906 ~ 1998 年): "希尔伯特问题就是一张航图, 过去 50 年间, 数学家总是按照这张航图来衡量他们的进步."

　　在 20 世纪的 100 年间, 希尔伯特问题有一大半获得解决, 对推动 20 世纪数学的发展起了重要作用[34]. 1992 年, 联合国教科文组织根据国际数学联盟 (IMU) 的提议, 决定 2000 年为 "国际数学年" (图片), 其宗旨是 "使数学及其对世界的意义被社会所了解, 特别是被公众所了解".

　　"国际数学年" 邮票: 卢森堡, 2000; 意大利, 2000; 阿根廷, 2000; 捷克, 2000; 摩纳哥, 2000; 比利时, 2000.

　　希尔伯特, 生于柯尼斯堡[2], 1880 年, 他不顾父亲让他学法律的意愿, 进入柯尼斯堡大学攻读数学. 在大学期间, 希尔伯特与赫尔维茨 (德, 1859 ~ 1919 年)、闵可夫斯基 (德, 1864 ~ 1909 年) 结下了深厚的友谊. 1885 年获得博士学位, 1893 年任柯尼斯堡大学教授. 1895 年, 转入哥廷根大学任教授, 1902 年起一直担任德国《数学年刊》主编, 1910 年获匈牙利科学院第 2 次波尔约奖, 1930 年退休. 希特勒 (1889 ~ 1945 年) 上台后, 曾经盛极一时的哥廷根学派衰落了, 希尔伯特在极其孤寂的气氛下度过了生命的最后岁月.

　　希尔伯特是对 20 世纪数学有深刻影响的数学家之一. 希尔伯特, 与克莱因

　　[1] H. Weyl. David Hilbert and his mathematical work. Bull. Amer. Math. Soc., 1944, 50: 612 ~ 654.
　　[2] 柯尼斯堡建成于 1255 年, 1772 年成为东普鲁士王国的首都, 1945 年划归苏联版图, 1946 年更名为加里宁格勒.

(德, 1849 ~ 1925 年) 一道, 使哥廷根这座因为高斯逝世而日渐衰落的大学恢复了青春, 重新回到了充满激情的年代. 在他的身边, 很快聚集起了一大群年轻的数学家和物理学家, 培养了一批对现代数学发展作出重大贡献的杰出数学家, 他领导了著名的哥廷根学派, 使其成为当时世界数学研究的重要中心. 希尔伯特的数学工作主要可以划分为, 不变量理论 (1885 ~ 1893 年)、代数数域理论 (1893 ~ 1898年)、几何基础 (1898 ~ 1902 年)、变分法与积分方程 (1899 ~ 1912 年)、物理学 (1912 ~ 1922 年)、一般数学基础 (1917 年以后) 等.

库朗 (德, 1888 ~ 1972 年) 在哥廷根纪念希尔伯特诞生 100 周年的演说中指出: "希尔伯特那有感染力的乐观主义, 即使到今天也在数学中保持着他的生命力. 唯有希尔伯特的精神, 才会引导数学继往开来, 不断成功."

希尔伯特 (邮票: 刚果, 2001) 名言 (图片): 我们必须知道, 我们必将知道.

希尔伯特问题未能包括拓扑学、微分几何等在 20 世纪成为前沿学科的领域中的数学问题且很少涉及应用数学. 20 世纪数学的发展远远超出了希尔伯特问题所预示的范围.

周培源 (1902 ~ 1993 年) 曾出席 1928 年博洛尼亚 ICM, 并报告论文 "爱因斯坦引力场中旋转对称物体的引力场", 这或许是中国学者第 1 次参加 ICM.

法国 "斯特拉斯堡大教堂" (图片), 建于 1176 ~ 1439 年, 是中世纪最重要的历史建筑之一, 也是欧洲著名的哥特式教堂, 极具特色的高 142 米的尖塔, 使它负有盛名. 法国知名作家雨果 (1802 ~ 1885 年) 曾以 "集巨大与纤细于一身, 令人惊异的建筑" 来形容这座教堂.

国际数学联盟诞生于 1920 年在法国斯特拉斯堡举行的第 6 届 ICM 上. 由法、英等 11 国代表发起成立了最早的国际数学联盟 (法文缩写 UMI), 推举瓦莱·普桑 (比利时, 1866 ~ 1962 年) 为主席. 由于第一次世界大战后政治气氛的不利影响, 1932 年 UMI 便停止了活动. 1950 年在美国纽约举行的一次特别会议上, 22 国的数学团体重新发起成立国际数学联盟. 1952 年, 在意大利罗马正式举行了成立大会, 斯通 (美, 1903 ~ 1989 年) 当选为主席. 新成立的国际数学联盟 (英文缩写 IMU) 支持有助于数学发展的国际数学研究与数学教育活动, 1962 年以后还负责 ICM 的主办及菲尔兹奖的评选等. IMU 是 ICM 的产物. 今天, IMU 在促进国际数学交流与合作方面发挥着核心作用. 1986 年, 中国数学会加入了 IMU [33].

IMU 电子通讯第 27 期 (2008 年 1 月) 的编辑部前言[3]: 在所有活动中, 由 IMU 支持和协助的 ICM 是最重要的活动. 不必说, 每一届 ICM 应反映当今世界最好的数学工作 —— 这已成为 ICM 的显著特点和悠久传统. 同时我们必须确保每一届 ICM 应该展现所有数学分支及世界不同地区得到的最好工作. 这样, ICM 就名副其实是公认的全世界数学家的最高等级的学术盛会. 自然, ICM 的意义并不

---

[3] 中国数学会通讯, 2008 年第 1 期, 2 ~ 3.

局限于此, 它也提供了一个重要机会, 以精彩场面展示当代数学最为显著而重要的部分, 以及她对人类社会的影响和力量, 而这反过来为数学的进一步发展带来更大的激励.

"国际数学家大会" 邮票: 苏联莫斯科, 1966; 芬兰赫尔辛基, 1978; 波兰华沙, 1982; 日本京都, 1990; 瑞士苏黎世, 1994; 德国柏林, 1998; 中国北京, 2002; 西班牙马德里, 2006; 印度海德拉巴, 2010.

图片 "2002 北京 ICM".

除了 1900 年的大会之外, 值得特别指出的是 1924 年在加拿大多伦多举行的 ICM. 加拿大数学家、教育家, 大会主席菲尔兹 (1863 ~ 1932 年) 几乎单枪匹马地组织了这次大会 (原定在美国纽约举行), 并开始考虑设立一项国际数学奖, 即后来的菲尔兹奖.

菲尔兹 (图片), 1887 年美国霍普金斯大学获得博士学位, 研究方向是常微分方程, 1891 ~ 1902 年在欧洲游学 10 年, 在柏林、哥廷根、巴黎住过, 与当时许多最伟大的数学家都有交往, 主要数学兴趣是代数函数方向, 1902 年起在多伦多大学执教, 不知疲倦地推动数学研究.

菲尔兹强烈主张数学发展应该是国际性的. 当他得知这次大会的经费有结余时, 就萌发了把它作为基金设立一个国际数学奖的念头. 为此, 他积极奔走于欧美各国以谋求广泛支持, 并打算于 1932 年苏黎世 ICM 上提出建议. 但未等到大会开幕, 他就不幸去世了. 去世前他立下遗嘱, 把自己的遗产和剩余的会费托人转交给苏黎世大会. 大会接受了他的建议, 于 1936 年开始颁奖, 定名为 "菲尔兹奖". 1974 年, 温哥华 ICM 正式规定菲尔兹奖只授予 40 岁以下的数学家.

1936 ~ 2021 年, 菲尔兹奖的获奖者已有 61 人. 他们都是数学天空中的灿烂明星. 正如外尔 (德, 1885 ~ 1955 年) 对 1954 年两位获奖者的评价: 他们 "所达到的高度是自己未曾想到的", "自己从未见过这样的明星在数学天空中灿烂升起", "数学界为你们二位所做的工作感到骄傲". 从而证明了菲尔兹奖对青年数学家来说是世界上最高的国际数学奖. 菲尔兹奖有时说为数学界的 "诺贝尔奖".

菲尔兹奖: 一枚金质奖章和 1500 美元奖金[4].

菲尔兹奖章正面 (图片): 阿基米德头像, 及 "超越人类极限, 掌握宇宙世界". 取自罗马诗人马尼利乌斯 (M. Manilius) 写于公元 1 世纪的 《天文学》 中的一句话.

菲尔兹奖章反面 (图片): 月桂树枝和内接于圆柱的球的图形, 及 "聚全球数学家, 授予杰出作品".

1936 年, 阿尔福斯 (芬–美, 1907 ~ 1996 年) (图片) 关于复分析的贡献获奖, 道格拉斯 (美, 1897 ~ 1965 年) (图片) 关于极小曲面的贡献获奖.

---

[4] 2010 年起菲尔兹奖奖金改为 15000 加元.

1983 年, 丘成桐 (中–美, 1949 ~) (图片) 关于微分几何的贡献获奖.

2002 年, 北京 ICM 上江泽民主席与获奖者合影 (图片).

2006 年, 陶哲轩 (澳大利亚, 1975 ~) 关于偏微分方程、组合学、调和分析和加性数论的贡献获奖.

陶哲轩 (图片), 7 岁开始学习微积分 (图片), 8 岁升入中学, 12 岁获奥数金牌, 20 岁获普林斯顿大学博士, 24 岁任美国加利福尼亚大学洛杉矶分校教授, 31 岁获菲尔兹奖.

2006 年 8 月 31 日《南方周末》"陶哲轩: 一个华裔数学天才的传奇".

2014 年, 米尔扎哈尼 (伊朗, 1977 ~ 2017) (图片) 关于黎曼曲面及其模空间的动力学和几何学的贡献获奖.

12.2　纯粹数学的发展

20 世纪数学的特点: 结构数学与统一的数学.

阿蒂亚 (英, 1929 ~ 2019 年) (图片), 1966 年获菲尔兹奖, 2004 年获阿贝尔奖.

阿蒂亚, 1949 年入剑桥大学三一学院学习, 1955 年获博士学位, 1963 ~ 1969 年任牛津大学萨魏里几何讲座教授, 1969 ~ 1972 年任美国普林斯顿高等研究院数学教授, 1973 年回牛津任皇家学会研究教授, 1990~1997 年回剑桥大学任三一学院院长.

阿蒂亚是英国皇家学会会员 (1962), 美国国家科学院和法国科学院外籍院士, 1983 年获爵士称号, 1990 年牛顿数学科学研究所首任所长, 1990 ~ 1995 年任皇家学会会长. 阿蒂亚的最重大贡献是同辛格 (美, 1924 ~) 在 1963 年证明了指标定理, 把拓扑不变量通过解析不变量来表示.

阿蒂亚指出 [5]: "20 世纪的数学大致可以分成两部分. 20 世纪前半叶被我称为专门化的时代, 这是一个希尔伯特的处理办法大行其道的时代, 即努力进行形式化, 仔细地定义各种事物, 并在每一个领域中贯彻始终. 布尔巴基的名字是与这种趋势联系在一起的. 在这种趋势下, 人们把注意力都集中于在特定的时期从特定的代数系统或者其他系统能获得什么. 20 世纪后半叶更多地被我称为'统一的时代', 在这个时代, 各个领域的界限被打破了, 各种技术可以从一个领域应用到另外一个领域, 并且事物在很大程度上变得越来越有交叉性. 我想这是一种过于简单的说法, 但是我认为这简单总结了我们看到的 20 世纪数学的一些方面."

更高度的抽象化是 20 世纪纯粹数学发展的主要趋势, 最初受到两大因素的推动: 集合论观点的渗透、公理化方法的运用. 集合概念及研究的对象被抽象, 公理化方法不仅仅用来阐明建立一个理论的基础, 已成为推动数学研究的具体工具.

5 阿蒂亚. 20 世纪之数学. 数学进展, 2004, 33(1): 26 ~ 40.

这些在 20 世纪逐渐成为数学抽象的范式，导致 20 世纪上半叶，实变函数、泛函分析、抽象代数、拓扑学等具有标志性分支的崛兴，所创造的抽象语言、结构及方法，又渗透到一些经典学科，我们以概率论的发展来说明.

12.2.1　实变函数论

集合论的观点在 20 世纪初首先引起积分学的变革，从而导致了实变函数论的建立.

1854 年，黎曼 (德，1826 ～ 1866 年) 定义了黎曼积分 (图片). 19 世纪末，分析的严格化迫使许多数学家认真考虑所谓 "病态函数"，特别是不连续函数、不可微函数的积分问题. 例如，积分的概念可以怎样推广到更广泛的函数类上？1898 年，博雷尔 (法，1871 ～ 1956 年) (图片) 讨论了实直线子集的测度问题. 1902 年，勒贝格 (法，1875 ～ 1941 年) (图片) 在博士论文《积分，长度与面积》中引入了可数可加性，建立了测度论和积分论，使一些原先在黎曼意义下不可积的函数按勒贝格的意义变得可积了，可以重建微积分基本定理，从而形成一门新的学科：实变函数论.

实变函数论的建立成为分析的 "分水岭". 人们常把勒贝格以前的分析学称为经典分析，而把以由勒贝格积分引出的实变函数论为基础而开拓出来的分析学称为现代分析.

12.2.2　抽象代数学

经典代数学：求解代数方程和代数方程组.

抽象代数学：公理化方法研究具有代数结构的集合.

从伽罗瓦群的概念开始，19 世纪代数学的对象已突破了数的范围，产生了许多的代数系统，还引进了环、格等概念. 人们逐渐认识到这些代数系统中元素本身的内容并不重要，重要的是关联这些元素的运算及其所服从的规则，于是开始了从具体的代数系统到抽象代数系统的过渡. 在 19 世纪，凯莱 (英，1821 ～ 1895 年)、弗罗贝尼乌斯 (德，1849 ～ 1917 年)、韦伯 (德，1842 ～ 1913 年) 等都进行过抽象化的尝试.

抽象代数是希尔伯特的抽象思维及公理方法的产物. 创立者是诺特 (德，1882～1935 年) (图片) 与阿廷 (奥地利，1898 ～ 1962 年) (图片). 范德瓦尔登 (荷，1903～ 1996 年) (图片)《近世代数学》(1930～1931) 一书问世，标志着抽象代数学正式诞生[6]. 此后，抽象代数学成为代数学的主流，不久之后堂而皇之成为代数学的正统，同时确立了公理化方法在代数领域的统治地位.

代数结构的研究对现代数学的发展影响深远，法国布尔巴基学派正是受到抽象代数思想的启示提出了一般的数学结构的观点.

---

[6] 该书 1955 年第 4 版时更名为《代数学》.

诺特,"一个强健壮实但又高度近视的洗衣妇"[34], 受家庭的影响选择数学作为终身事业, 1902 年进入埃尔朗根大学, 1903 年在哥廷根大学学习, 1904 年又回到埃尔朗根大学, 导师是 "不变量之王" 哥尔丹 (德, 1837 ~ 1912 年), 1907 年通过博士论文答辩, 主要讨论不变量的完全系的结构问题.

1916 年, 诺特接受克莱因及希尔伯特的邀请, 来到哥廷根, 从此进入了一个崭新的境界, 以致成为至今为止最伟大的女数学家 (图片).

1916 ~ 1933 年在哥廷根大学. 诺特既有埃尔朗根学派的算术化、形式化功底, 又有哥廷根学派的公理化能力, 1921 年发表《环中的理想论》, 成为抽象代数学的开端, 进而开创 "近世代数", 使其科学的声誉达到顶峰. 1928 年博洛尼亚 ICM 的分组会上, 诺特作了 30 分钟报告. 1932 年苏黎世 ICM 上, 诺特作了 1 小时报告, 受到数学界的普遍赞扬.

诺特刚到哥廷根时, 难以获得 "授课资格". 在回答反对派 "当我们的士兵从战场上回到大学时, 发现他们将在一个女人的脚下学习, 他们会怎么想呢?" 的时候, 希尔伯特 (邮票: 刚果, 2001) 说: "先生们, 我不认为候选人的性别是不能让她当讲师的理由, 大学评议会毕竟不是澡堂." 尽管数学教授们竭力保荐, 此项议案最终还是被否决了. 诺特于 1919 年才持 "非官方讲师" 头衔, 1922 年成为 "非官方教授". 由于对祖国极端歧视妇女的不满, 诺特对当时苏联的社会主义制度特别赞赏.

图片 "诺特和她的学派" (1932).

1933 年 9 月, 诺特到美国宾夕法尼亚州布林莫尔女子学院. 1935 年 4 月, 诺特告别人世, 时年 52 岁[7].

爱因斯坦 (邮票: 摩纳哥, 1979) 在《纽约时报》(1935 年 5 月 4 日) 上发表悼念诺特的文章:"根据现在的权威数学家们的判断, 诺特小姐是自妇女开始受到高等教育以来有过的最杰出的富有创造性的数学天才. 在最有天赋的数学家辛勤研究了几个世纪的代数学领域中, 她发现了一套方法, 当前一代年轻数学家的成长已经证明了这套方法的巨大意义. 通过这种方法, 纯粹数学成为逻辑思想的诗篇, 人们寻找最一般的运算概念, 它将涉及形式关系的尽可能广泛的领域以一种简单的、逻辑的和统一的形式. 在努力达到这种逻辑美的过程中, 你会发现精神的法则对于更深入地了解自然规律是必需的."

1983 年,《诺特论文集》在施普林格出版社出版. 它包括了目前所知的诺特已发表的全部数学论文. 迪厄多内 (法, 1906 ~ 1992 年) 评论道[8]:"考虑到诺特是迄今为止最好的女数学家, 又是 20 世纪最伟大的数学家 (不论性别) 之一, 她的论文集这时才出版是太迟了一点."

---

[7] 联合国教科文组织在设立国际数学日的第 40C/30 号决议中提到 "应当宣传希帕蒂娅、米尔扎哈尼、诺特、热尔曼和杰克逊 (M. W. Jackson) 等古今女性科学家的成功榜样, 在数学科学领域创造有利于性别平等的条件".

[8] Springer 出版社出版的数学家著作集. 数学译林, 1989, 8(4): 370 ~ 380.

12.2.3　拓扑学

1736 年欧拉 (瑞士, 1707 ～ 1783 年) 在论文《与位置几何有关的一个问题的解》解决了柯尼斯堡七桥问题 (图片) [7], 1752 年欧拉给出示性数 (欧拉多面体公式) $V - E + F = 2$ (邮票: 瑞士, 2007) (笛卡儿在 1630 年代提出过类似的公式, 1860 年首次发表, 1895 年庞加莱最先从纯拓扑的角度理解 $V - E + F$ [28]), 1847 年利斯廷 (德, 1808 ～ 1882 年) 出版《拓扑学引论》(图片).

最著名的拓扑变换: 1858 年, 默比乌斯带 (图片; 邮票: 巴西, 1967); 1874 年, 克莱因瓶 (图片).

拓扑学本质上是属于 20 世纪的抽象学科. 1895 ～ 1904 年, 庞加莱 (法, 1854 ～ 1912 年) (图片) 发表一组共 6 篇论文《位置分析》[7], 奠定了组合拓扑学的基础, 如定义了流形、同胚、同调等基本概念, 引进了拓扑不变量, 并在 1904 年的第 6 篇论文中提出了庞加莱猜想, 开创了现代拓扑学的研究.

1914 年, 豪斯多夫 (德, 1868 ～ 1942 年) (图片) 发表《集合论纲要》. 1926 年, 霍普夫 (瑞士, 1894 ～ 1971 年) (图片) 定义了同调群. 1935 年, 胡列维茨 (波, 1904 ～1956 年) 引进了同伦群. 同调论与同伦论一起推动组合拓扑学逐步演变成主要利用抽象代数方法的代数拓扑学. 1942 年, 莱夫谢茨 (俄–美, 1884 ～ 1972 年) 的《代数拓扑学》标志着代数拓扑学的正式形成. 微分拓扑学是研究微分流形和微分映射的拓扑学. 1913 年, 外尔 (德, 1885 ～ 1955 年) 在《黎曼面的思想》中首先给出微分流形的内蕴概念. 1936 年, 惠特尼 (美, 1907 ～ 1989 年) 给出了微分流形的一般定义, 证明了微分流形的嵌入定理, 并讨论了微分映射的奇点理论. 20 世纪 50 年代以后, 迎来了微分拓扑学的快速发展时期.

拓扑学的中心内容是研究拓扑不变量 (图片). 它在 20 世纪数学中占有核心的地位. 迪厄多内 (法, 1906 ～ 1992 年) 在 20 世纪 70 年代曾说: "代数拓扑学与微分拓扑学, 通过它们对于所有其它数学分支的影响, 才真正应该名副其实地称为 20 世纪数学的女王."

12.2.4　概率论

概率论是研究随机现象数量规律的数学分支.

来源: 赌博问题. 1654 年, 帕斯卡 (法, 1623 ～ 1662 年) (邮票: 法, 1962) 与费马 (法, 1601 ～ 1665 年) 通信, 讨论合理分配赌金的 "点问题", 并用组合方法给出正确的解答 (图片) [7]. 1657 年, 惠更斯 (荷, 1629 ～ 1695 年) (邮票: 荷, 1929) 的《论赌博中的计算》是最早的概率论著作, 提出了数学期望.

作为一门独立的数学分支, 真正的奠基人是雅格布·伯努利 (瑞士, 1654 ～ 1705 年), 出版《猜测术》(1713, 遗著) [7], 给出伯努利大数定律 (邮票: 瑞士, 1994). 1718 年, 棣莫弗 (法, 1667 ～ 1754 年) 出版《机会的学说》(1738 年再版), 发现二项分布的极限形式为正态分布.

拉普拉斯 (法, 1749 ~ 1827 年) 1774 年提出古典概率的定义, 1812 年出版《分析概率论》[7], 严格证明了棣莫弗–拉普拉斯积分极限定理 (中心极限定理), 研究了统计问题. 19 世纪后期, 极限理论的发展成为概率论研究的中心课题. 1866 年, 切比雪夫 (俄, 1821 ~ 1894 年) 发表《论均值》[7], 建立了关于独立随机变量序列的大数定律, 得到了切比雪夫中心极限定理.

19 世纪末, 科学家们发现了一些概率论悖论, 揭示出古典概率论中基本概念存在的一些矛盾与含糊不清之处. 拉普拉斯的古典概率定义受到猛烈的批评. 要求对概率论的逻辑基础作出更加严格的定义. 真正严格的公理化概率论只有在测度论与实变函数论的基础上才可能建立.

1905 年, 博雷尔将测度论方法引入概率论问题的研究, 1909 年提出随机变量序列服从强大数定律的条件问题. 柯尔莫哥洛夫 (苏, 1903 ~ 1987 年) 对博雷尔的强大数定律问题给出最一般的结果, 成为以测度论为基础的概率论公理化的前奏. 1933 年, 柯尔莫哥洛夫出版经典性著作《概率论基本概念》, 使概率论成为一门严格的演绎学科, 部分地解决了希尔伯特于 1900 年提出的 23 个问题中的第 6 个问题.

柯尔莫哥洛夫 (图片), 幼年由姨妈抚育, 1920 年进入莫斯科大学, 1922 年成为卢津 (苏, 1883 ~ 1950 年) 的学生, 1929 年研究生毕业, 1931 年任莫斯科大学教授, 1933 年任莫斯科大学数学力学所所长, 1939 年当选苏联科学院院士并任科学院斯捷克洛夫数学所所长, 1980 年获得沃尔夫奖 (没去领奖). 他的研究工作几乎遍及一切数学领域, 主要有调和分析、概率论、遍历论和动力系统, 发表学术论文 488 篇, 是 20 世纪苏联最有影响的数学家、20 世纪为数极少的几个最有影响的数学家之一.

12.3 数学基础大论战

数学的严格基础, 自古希腊以来就是数学家们追求的目标. 第 1、2 次数学危机的克服, 似乎给数学家们带来了一劳永逸的摆脱基础危机的希望. 1900 年, 庞加莱 (法, 1854 ~ 1912 年) 在巴黎 ICM 上宣称: "现在我们可以说, 完全的严格性已经达到." 1903 年, 罗素 (英, 1872 ~ 1970 年) 提出一个简明的集合论悖论, 打破了人们的上述希望, 引起了关于数学基础新的争论.

解决集合论悖论的尝试是从逻辑上去寻找问题的症结. 数学家们对数学运用的逻辑提出了种种观点, 形成了关于数学基础的三大学派.

逻辑代数的发展是数理逻辑. 弗雷格 (德, 1848 ~ 1925 年) (图片), 1879 年《概念语言》提供了数理逻辑的体系, 成为数理逻辑的奠基人和逻辑主义的创始人. 1884 年《算术基础》[7] 作为逻辑的延展建立数学, 其中将算术概念表示为逻辑概念, 用纯逻辑的方法推导出数的定义与规律.

佩亚诺 (意, 1858 ~ 1932 年) (图片), 以简明的符号及公理体系为数理逻辑和数学基础的研究开创了新局面, 1889 年《算术原理新方法》完成了整数的公理化处理, 给出了自然数公理, 1895 ~ 1908 年 5 卷本的《数学公式汇编》试图从逻辑记号的若干基本公理出发, 建立整个数学体系, 给出了 4200 条公式和定理, 希望将数理逻辑的概念应用在数学各分支的所有已知结果上.

12.3.1　逻辑主义

罗素 (英, 1872 ~ 1970 年) (图片), 哲学家、数学家、20 世纪西方最著名、影响最大的社会活动家之一. 受弗雷格和佩亚诺的影响, 1903 年发表的《数学原理》、1910 ~ 1913 年发表的《数学原理》(与怀特黑德 (英, 1861 ~ 1947 年) 合著) 是逻辑主义的权威性论述 (被誉为 "人类心灵的最高成就之一"). "数学就是逻辑", 全部数学可以由逻辑推导出来, 通过符号演算的形式来建立逻辑体系, 实现逻辑彻底的公理化. 逻辑主义对现代数理逻辑有重大贡献, 但按类型论建立数学体系一直未能完成.

罗素被西方称为 "百科全书式的作家", 童年很孤寂, 对数学的迷恋成为他的主要兴趣. 1890 年, 考入剑桥大学三一学院, 获得数学、哲学双学士学位. 1903 年, 以论文《几何学基础》获三一学院研究员职位. 1908 年, 当选皇家学会会员. 1920 年, 来华讲学一年, 任北京大学客座教授, 在中国出版讲稿《罗素五大讲演》(1921), 回国后写了《中国的问题》(1922) 一书, 讨论了中国将在 20 世纪历史中发挥的作用. 1950 年, 瑞典文学院授予罗素诺贝尔文学奖, 以表彰他 "捍卫人道主义理想和思想自由的多种多样、意义重大的作品", 获奖作品《哲学－数学－文学》. 罗素致力于核裁军运动, 发表了著名的《罗素－爱因斯坦宣言》[9], 抗议美国发动的越南战争、苏联入侵捷克、以色列发动中东战争等.

12.3.2　直觉主义

庞加莱曾说: "运用逻辑, 我们证明; 利用直觉, 我们创造." "如果没有直觉的浇灌, 逻辑还是荒漠一片."

受庞加莱的影响, 布劳威尔 (荷, 1881 ~ 1966 年) (图片) 于 1907 年的博士论文《论数学基础》中搭建了直觉主义的框架. 数学独立于逻辑, 数学的基础是一种能使人认识 "知觉单位" 1 以及自然数列的原始知觉, 坚持数学对象的 "构造性" 定义. 不承认仅使用反证法的存在性证明, 在集合论中也只承认可构造的无穷集合 (如自然数列), 导致了对 "排中律" 的否定.

今天, 直觉主义所提倡的构造性数学已成为数学科学中一个重要的群体, 并

---

[9]《罗素－爱因斯坦宣言》(1955): "有鉴于在未来的世界大战中核武器肯定会被运用, 而这类武器肯定会对人类的生存产生威胁, 我们号召世界各政府公开宣布它们的目的不能发展成世界大战, 我们号召, 解决它们之间的任何争执都应该用和平手段."

与计算机科学密切相关. 但严格限制使用 "排中律" 将使古典数学中大批受数学家珍视的东西成为牺牲品. 希尔伯特认为: "禁止数学家使用排中律, 就像禁止天文学使用望远镜一样."

12.3.3　形式主义

希尔伯特问题 (1900): 连续统假设、算术公理的相容性等, 表明希尔伯特对于数学基础的重视与兴趣. 1917 年以后, 关于数学基础的研究是他早年关于几何基础公理化方法的发展与深化.

1922 年, 提出希尔伯特纲领 (图片), 即形式主义纲领. 其主要思想是将数学彻底形式化为一个系统, 必须通过逻辑的方法来进行数学语句的公式表达, 并用形式的程序表示推理, 通过有限的证明方法, 借助超限公理, 导出无矛盾的数学系统. 形式主义与逻辑主义的重要区别在于语句只有逻辑结构而无实际内容, 从公式到公式的演绎过程不涉及公式的任何意义.

1928 年, 希尔伯特提出 4 个实施步骤: 分析的无矛盾性, 选择公理的无矛盾性, 算术及分析形式的完备性, 一阶谓词逻辑的完备性. 专著《数理逻辑基础》(1928) 和《数学基础》(2 卷本, 1934, 1939) 对形式主义纲领作出了全面的论述和系统的总结.

希尔伯特的一些设想得到实现, 这使人们感到形式主义纲领为解决基础危机带来了希望. 1931 年, 哥德尔 (奥地利–美, 1906 ~ 1978 年) 证明了不完备性定理, 揭示了形式主义的内在局限, 明白无误地指出了形式系统的相容性在本系统内不能证明, 使希尔伯特纲领受到了沉重的打击. 但正如哥德尔所说, 希尔伯特有关数学基础的方案 "仍不失其重要性, 并继续引起人们的高度兴趣".

上述三大学派, 在 20 世纪前 30 年间非常活跃, 相对争论异常激烈. 现在看来, 他们虽然都未能对数学基础问题作出令人满意的解答, 但却将人们对数学基础的认识引向了空前的深度. 20 世纪 30 年代, 哥德尔的定理引起震动之后, 关于数学基础的争论渐趋淡化. 数学家们更多地专注于数理逻辑的具体研究.

现代数理逻辑从内容到方法, 主要是 20 世纪关于数学基础的热烈争论中发展起来的, 有四大分支: 公理集合论、证明论、模型论和递归论.

12.3.4　公理集合论

康托尔 (德, 1845 ~ 1918 年) 意识到不加限制地谈论 "集合的集合" 会导致矛盾. 1895 年, 康托尔率先发现 "最大序数" 悖论.

罗素悖论 (1903). 把集合分成两类: 凡不以自身作为元素的集合称为第 1 类集合, 凡以自身作为元素的集合称为第 2 类的集合, 则每个集合或为第 1 类集合或为第 2 类集合. 设 M 表示第 1 类集合全体所成的集合. 若 M 是第 1 类集, 则 $M \notin M$, 由 M 的定义, $M \in M$, 矛盾; 若 M 是第 2 类集, 则 $M \in M$, 仍由 M 的定义, $M \notin M$, 矛盾.

1919 年, 罗素给上述悖论以通俗的形式, 即所谓的 "理发师悖论". 集合论矛盾的出现, 形成第 3 次数学危机, 动摇了整个数学的基础. 为了消除集合论悖论, 产生了集合论的第一个公理系统 —— 策梅洛系统.

策梅洛 (德, 1871 ～ 1953 年) (图片), 公理集合论的主要开创者, 1904 年提出了良序定理、选择公理, 1908 年给出策梅洛系统. 1921 ～ 1923 年, 费伦克尔 (德, 1891 ～ 1965 年) 提出 "替换公理". 1925 年, 冯·诺伊曼 (匈–美, 1903 ～ 1957 年) 提出 "正则公理". 1929 ～ 1930 年, 策梅洛确定为 "策梅洛–费伦克尔公理系统" (ZF 系统, ZFC 系统).

连续统假设是集合论中的一个基本问题 (康托尔, 1878). 在公理集合论出现后, 数学家们很关心它在集合论公理系统中的地位. 连续统假设能否由给定的公理系统形式地得到证明或被否定?

1938 年, 哥德尔 (奥地利–美, 1906 ～ 1978 年) (图片) 证明了选择公理、连续统假设的相容性. 1963 年, 科恩 (美, 1934 ～ 2007 年) (图片) 创造了力迫法, 证明了选择公理、连续统假设的独立性. 因此, 选择公理、连续统假设在 ZF 系统中是一个不可判定的问题. 这两项工作是自从集合论公理化以来基础研究的最重大的进展.

哥德尔, 数学家、逻辑学家和哲学家, 最杰出的贡献是哥德尔不完备性定理和连续统假设的相容性证明. 哥德尔作为亚里士多德、莱布尼茨以来的最伟大的逻辑学家影响将是深远的 [16].

1906 ～ 1924 年: 奥匈帝国布尔诺 (今捷克), 家庭富有, "为什么先生".

1924 ～ 1939 年: 奥地利维也纳, 攻读、修读理论物理、基础数学, 后又转研数理逻辑、集合论, 1930 年获博士学位, 主要靠遗产生活, 1931 年发表哥德尔不完备性定理, 在数学界掀起轩然大波, 后致力于连续统假设和选择公理的研究, 在 1938 年得到了选择公理相容性证明, 又证明了 (广义) 连续统假设的相容性定理, 并于 1940 年发表, 维也纳大学无薪讲师, 3 次赴美国讲学.

1940 ～ 1978 年: 美国普林斯顿, 将注意力投放在哲学, 1948 年加入美国籍, 1953 年成为普林斯顿高等研究院教授, 1951 年获 "爱因斯坦勋章", 1968 年当选英国皇家学会会员, 1975 年获得美国国家科学奖[10]. 哥德尔患过抑郁症, 在普林斯顿的医院绝食而死, 因为他认为那些食物有毒.

1986 年, 牛津大学出版社出版了 5 卷本的《哥德尔全集》.

哥德尔第一不完备性定理: 任意一个包含算术系统的形式系统, 都存在一个命题, 它在这个系统中既不能被证明也不能被否定. 哥德尔第二不完备性定理: 任意一个包含算术系统的形式系统自身不能证明它本身的无矛盾性.

---

[10] 美国国家科学奖设立于 1959 年, 是美国科学和工程领域的最高荣誉, 也称 "总统奖".

"哥德尔不完备性定理" 使数学基础研究发生了划时代的变化, 更是现代逻辑史上一座重要的里程碑.

图片 "20 世纪 50 年代, 爱因斯坦与哥德尔".

提问与讨论题、思考题

12.1 国际数学家大会.

12.2 国际数学年的意义.

12.3 菲尔兹奖.

12.4 20 世纪初纯粹数学发展的特点.

12.5 以抽象代数为例谈谈数学的抽象性.

12.6 代数学的发展经历了哪几个不同的阶段? 在这些不同的阶段中, 代数学的中心问题是什么?

12.7 集合论在现代数学中有何重要意义?

12.8 谈谈公理化运动在您所学过的哪些数学课程中有所体现.

12.9 数学基础的大论战.

12.10 第 3 次数学危机的形成.

12.11 简述现代公理化方法建立的意义.

12.12 找几本数学通史著作, 看看它们是如何对数学发展进行分期的. 您觉得如何?

12.13 在数学国际化中看 "孤独的数学家".

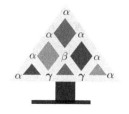

第13讲

20世纪数学：数学研究新成就

介绍 20 世纪的一些重大数学研究成果及数学奖，其中包括 5 位数学家 —— 米塔-列夫勒、庞特里亚金、卢津、陈省身和吴文俊的生平与数学贡献.

13.1　数学研究成果 5 例

介绍四色问题、动力系统、卢津猜想、庞加莱猜想、数论等方面的进展.

13.1.1　四色问题

图是若干给定点及连接两点的线所构成的图形. 图论是以图为研究对象的数学分支. 1936 年, 柯尼希 (匈, 1884 ~ 1944 年) 出版了第一本图论著作《有限图与无限图的理论》, 标志着图论成为一门独立的数学学科.

1736 年和 1781 年, 欧拉 (瑞士, 1707 ~ 1783 年) 分别解决了柯尼斯堡七桥问题与 36 军官问题.

1859 年, 哈密顿 (英, 1805 ~ 1865 年) 旅行路线图, 即周游世界问题 (图片): 用正 12 面体的 20 个顶点代表 20 个城市, 要求从一个城市出发, 经过每个城市恰好一次, 然后回到出发城市 (哈密顿回路).

1852 年 10 月, 英国伦敦大学学院的大学生古德里 (英, 1831 ~ 1899 年) 首先

提出 "四色问题" (图片) [7]: 任何一张地图只用四种颜色就能使具有共同边界的国家着上不同的颜色. 四色问题也称四色猜想.

19 世纪, 英国一些著名数学家对这问题进行研究并引起人们的关注, 如德摩根 (1806 ~ 1871 年) [7]、哈密顿、凯莱 (1821 ~ 1895 年) 等. 1879 年, 凯莱在《英国皇家地理学会学报》上发表《论地图的着色》, 掀起了一场四色问题热. 1879 年, 律师肯普 (英, 1849 ~ 1922 年) (图片) 宣布解决了 "四色问题" 并发表于《美国数学杂志》上. 1890 年, 希伍德 (英, 1861 ~ 1955 年) (图片) 指出了肯普的错误, 证明了 "五色定理", 并一生坚持研究四色问题.

尽管肯普关于 "四色问题" 的证明带有缺憾, 但他在论文中隐约提出 "不可避免性" 与 "可约性" 的概念却是解决这问题的关键所在. 1976 年, 美国伊利诺伊大学的阿佩尔 (美, 1932 ~ 2013 年) 和哈肯 (美, 1928 ~) 利用 "不可避免构形集"、"可约集" 等关键意义的概念, 采用计算机实验方法, 共用了 1200 个机时, 在 IBM 360 计算机上逐个验证了 1936 种构形的可约性, 最终解决了四色问题 (图片). 1977 年, 他们在《伊利诺伊数学杂志》上发表了 148 页的论文《每个平面地图都可四色》.

这种史无前例地使用计算机辅助证明的做法成了争论的焦点. 1997 年, 罗伯逊、桑德斯、西缪尔和托马斯 (N. Robertson, D. Sanders, P. Seymour, R. Thomas) 在《组合论杂志 B 辑》上发表了 43 页的论文《四色定理》(1994 年西缪尔在苏黎世国际数学家大会的 1 小时大会报告中宣布). 该论文是对阿佩尔和哈肯证明的修正, 虽然也使用了计算机, 但它达到了人工复核的标准且在 5 分钟内就能用计算机辅助验证, 肯定了四色定理的正确性. 尽管如此, 隐藏在计算机内部的逻辑步骤还不透明. 2005 年, 贡蒂埃 (G. Gonthier) 获得了四色定理证明中所有的逻辑步骤都写出来的形式证明, 进一步肯定了四色定理确是一个定理[1].

13.1.2 动力系统

描述决定性系统的数学模型都可称为动力系统, 通常所说的动力系统多指由映射迭代生成的系统或常微分系统, 其核心问题是结构的稳定性.

三体问题 (图片): 最简单的例子就是太阳系中太阳、地球和月球的运动问题. 如果不计太阳系其他星球的影响, 那么它们的运动就只是在引力的作用下产生的, 所以就可以把它们的运动看成一个三体问题. n 体问题表述为: 在 3 维空间中给定 n 个质点, 如果在它们之间只有万有引力的作用, 那么在给定它们的初始位置和速度的条件下, 它们会怎样在空间中运动?

三体问题与瑞典和挪威国王的奖金.

1885 年, 在刚创刊不久的瑞典《数学学报》上出现了一则引人注意的通告: 为了庆祝瑞典和挪威国王奥斯卡二世 (1872 ~ 1907 年在位) 在 1889 年的 60 岁生日,

---

[1] 王献芬, 胡作玄. 四色定理的三代证明. 自然辩证法通讯, 2010, 32(4): 42 ~ 48.

《数学学报》将举办一次数学问题比赛, 悬赏 2500 瑞典克郎和一块金牌.

比赛的题目有 4 个, 其中第 1 个就是找到 n 体问题的所有解. 参加比赛的各国数学家必须在 1888 年 6 月 1 日前把他们的参赛论文寄给杂志的创办人和主编米塔–列夫勒. 论文的评审委员会由魏尔斯特拉斯、埃尔米特和米塔–列夫勒 3 人组成.

米塔–列夫勒 (瑞典, 1846 ~ 1927 年) (图片), 数学家, 生于斯德哥尔摩, 1872 年获博士学位, 不久去德国以魏尔斯特拉斯为师, 1877 年任赫尔辛基大学教授, 1881 年回到斯德哥尔摩任新成立的霍格斯柯拉大学 (即后来的斯德哥尔摩大学) 教授 (后任校长), 1882 年创办《数学学报》, 自任主编 45 年, 1883 年破格聘请俄国女数学家科瓦列夫斯卡娅为斯德哥尔摩大学讲师, 以后又聘请她为教授. 米塔–列夫勒主要研究函数的一般理论, 推广了魏尔斯特拉斯的亚纯函数表示公式, 对解析函数论作出了贡献, 其中阐述了著名的米塔–列夫勒定理. 据说, 因米塔–列夫勒的名声和贡献之大, 以致诺贝尔 (瑞典, 1833 ~ 1896 年) 在设立科学奖时, 故意不设诺贝尔数学奖, 原因是两人交恶, 怕设立数学奖第 1 次就极有可能为米塔–列夫勒所获 [34].

这次比赛在当时轰动一时, 虽然奖金不高, 但崇高的荣誉是当时罕见的, 最后只有四五个数学家真正交了他们的答卷. 虽然还是没有人能完整地解决任何一个问题, 但是所有评委一致认为其中一份答卷对于 n 体问题的解决作出了关键的贡献, 应该把奖颁给这位数学家. 魏尔斯特拉斯 (图片) 在评审报告中写道[15]: "它的发表将在天体力学史上开创一个新的时代." 这位获胜者就是庞加莱 (图片)[2]. 庞加莱关于常微分方程定性理论的一系列课题, 成为动力系统理论的出发点.

伯克霍夫 (美, 1884 ~ 1944 年) (图片), 1912 年起以三体问题为背景, 拓展了动力系统的研究, 1913 年解决了 "庞加莱的最后问题" (由两个同心圆构成的圆环保持面积不变, 且在两同心圆上方向相反的一对一连续映射, 一定在圆环内至少有两个不动点), 1927 年出版《动力系统》.

图片 "爱因斯坦与伯克霍夫".

1937 年, 庞特里亚金 (苏, 1908 ~ 1988 年) (图片) 提出结构稳定性的概念, 要求在微小扰动下保持相图 (拓扑结构) 不变, 使动力系统的研究向大范围转化. 此后, 动力系统以庞特里亚金、斯梅尔 (美, 1930 ~) 等的工作为代表.

庞特里亚金 (图片), 生于莫斯科, 13 岁时因爆炸事故双目失明, 母亲帮助他自学数学, 1925 年进入莫斯科大学数学力学系, 1929 年毕业后成为拓扑学家亚历山德罗夫 (苏, 1896 ~ 1982 年) 的研究生, 两年后在该校任教, 1935 年任莫斯科大学教授, 1939 年到斯捷克洛夫数学研究所从事数学研究, 同年被选为苏联科学院通讯院士, 1958 年成为院士. 他早期研究拓扑学, 拓扑群的庞特里亚金对偶定理、庞

---

[2] 庞加莱的 3 卷本著作《天体力学的新办法》(1892, 1893, 1899) 再次探讨了稳定性问题, 对 20 世纪的动力学产生了极大影响, 被誉为自牛顿以来在天体力学方面取得的最伟大的进步 [12].

特里亚金示性类都是十分重要的工作, 所著《连续群》已于 1957 年译为中文出版. 20 世纪 50 年代开始研究振动理论和最优控制理论, 以庞特里亚金的极值原理著称于世. 庞特里亚金曾任国际数学联盟副主席 (1970 ～ 1974 年).

斯梅尔 (图片), 有著名的 "斯梅尔马蹄" (图片), 1966 年获菲尔兹奖, 2006 年获沃尔夫奖.

20 世纪 30 年代后的发展方向: 结构稳定性、拓扑学方法、代数几何方法.

动力系统的研究由于拓扑方法和分析方法的有力结合而取得了重大进步, 借助于计算机模拟又引发具有异常复杂性的混沌理论与分形理论.

图片 "蝴蝶效应".

爱德华·诺顿·洛伦茨 (美, 1917 ～ 2008 年): "一只蝴蝶在巴西轻拍翅膀, 可以导致一个月后德克萨斯州的一场龙卷风." (图片)

洛伦茨 (图片), 气象学家、美国国家科学院院士、混沌理论之父、蝴蝶效应的发现者. 1963 年, 提出 "混沌理论", 被认为是 "对基础科学产生了深远的影响, 是继牛顿之后让人类对自然的看法发生了翻天覆地的变化", 其主要精神是, 在混沌系统中, 初始条件的微小变化, 可能造成后续长期而巨大的连锁反应. 他的理论最为人称道的是 1972 年提出的 "蝴蝶效应", 比喻长时期大范围天气预报往往因一点点微小的因素造成难以预测的严重后果.

洛伦茨发现 "混沌理论" 颇具戏剧性效果, 也可以算是混混沌沌中发现的. 1961 年冬季的一天, 洛伦茨在计算机上进行关于天气预报的计算. 为了考察一个很长的序列, 他走了一条捷径, 没有令计算机从头运行, 而是从中途开始. 他把上次的输出直接输入作为计算的初值, 然后他下楼去喝咖啡. 1 小时后他回来时, 发生了出乎意料的事, 他发现天气变化同上一次的模式迅速偏离, 在短时间内, 相似性完全消失了. 进一步的计算表明, 输入的细微差异可能很快导致输出的巨大差别.

图片 "洛伦茨吸引子".

关于混沌, 目前尚没有一致性的定义. 可通俗地理解为, 混沌是由确定性规则生成的、对初始条件具有敏感依赖性的回复性非周期运动. 1975 年, 李天岩 (1945 ～ 2020 年) 和约克 (美, 1941 ～) 首先给出了混沌的一种数学定义. 李–约克定理 (1975): 周期 3 蕴涵混沌.

沙克夫斯基 (乌克兰, 1936 ～) (图片) 定理 (1964): 线段上的连续自映射 f 若有 3 周期点, 则 f 有任意周期点.

图片 "谢尔品斯基地毯"、"生长动态映射的迭代".

1967 年, 芒德布罗 (法–美, 1924 ～ 2010 年) (图片) 在《科学》杂志上发表文章 "英国的海岸线有多长? 统计自相似性与分数维数", 引起了几何中空间维数概念从整数维数到分数维数的飞跃.

英国从东德文郡到多塞特郡的一段蜿蜒 150 多公里的海岸线, 是英国最壮观的海岸线, 也是世界上最奇妙的自然景观之一, 还是世界上唯一能展现地球近两亿年历史的地方. 2001 年 12 月, 这段海岸线被列入世界自然遗产名单, 称为 "侏罗纪海岸" (图片).

芒德布罗认为海岸线长度的超常误差与海岸线形状的不规则有关, 由于这种不规则, 不同的测量尺度将得出不同的测量结果. 芒德布罗采用科赫 (瑞典, 1870 ~ 1924 年) (图片) 于 1904 年发现的一种曲线 —— "科赫曲线" (图片), 也称 "雪花曲线" (图片; 邮票: 保加利亚, 1971), 作为思考海岸线问题的数学模型. 容易看出, 科赫曲线的长度是无穷大, 而它所包围的面积则是一个有限数. 这种奇怪的现象是由边界曲线的 "无限折曲" 引起的. 正是通过对这种 "无限折曲" 过程的深入研究, 芒德布罗引进了分数维数的概念. 对于科赫曲线, 其维数 $D = \log 4 / \log 3 \approx 1.2618$.

科赫曲线只是具有分数维数的几何图形的一个例子. 1975 年, 芒德布罗正式将具有分数维数的图形称为分形, 建立了以这类图形为对象的数学分支 —— 分形几何 (图片), 并出版法文专著《分形对象》(英文增补本专著《分形: 形、机遇与维数》于 1977 年出版), 指出大量的物理与生物现象都产生分形, 其实质是集合的自相似性质, 引起了普遍的关注. 1993 年, 芒德布罗获得了沃尔夫物理学奖.

图片 "M 集"、"茹利雅集分形图" (邮票: 以色列, 1997)、"闪烁"、"凤凰诞生".

13.1.3　卢津猜想

傅里叶 (法, 1768 ~ 1830 年) (图片)《热的解析理论》(1822) 开创了三角级数的新天地. 19 世纪, 狄利克雷 (德, 1805 ~ 1859 年)、黎曼 (德, 1826 ~ 1866 年)、康托尔 (德, 1845 ~ 1918 年) 等数学家研究了傅里叶级数的收敛性等问题.

傅里叶级数的和 (图片). 1876 年, 杜·布瓦·瑞芒 (德, 1831 ~ 1889 年) (图片) 表明存在连续函数的傅里叶级数, 它在许多点上发散. 1904 年, 费耶 (匈, 1880 ~ 1959 年) (图片) 指出在齐撒罗 (意, 1859 ~ 1906 年) 求和意义下每一连续函数 f 的傅里叶级数逐点收敛于 f.

1913 年, 卢津 (苏, 1883 ~ 1950 年) (图片) 猜想: $L^2[0, 2\pi]$ 可积函数 f 的傅里叶级数几乎处处收敛于 f.

卢津, 莫斯科数学学派的中心人物, 实变函数论的开创者、奠基人之一.

1901 年, 卢津进入莫斯科大学数学专业学习. 教授们的精彩讲课激起了卢津的创造欲望. 他说: "还是在头半年, 完全从另一方面, 我突然发现数学不是背诵业已形成的真理和无数个久已给出答案的问题的解答体系, 而是主动创造的辽阔领域. 我总是把学者进行创作生活的状况, 跟哥伦布被派去寻找新大陆、并且每个瞬间都可能有重大发现的心情加以比较. 在我面前, 数学已不再是完备的科学, 而是具有充满诱人秘密的前景的创造性的科学." 卢津在叶戈罗夫 (俄, 1869 ~

1931 年) 的指导下研究数学. 这时, 他被一个刚刚传播到莫斯科大学来的新数学领域 —— 实变函数论中的问题吸引住了.

1906 年, 卢津大学毕业后留校任教, 后被派往哥廷根和巴黎进修, 发表了近 10 篇论文. 1914 年, 卢津回到莫斯科大学任副教授. 1915 年, 他完成了硕士学位论文 "积分与三角级数". 在 1916 年春的论文答辩中, 由于这篇论文的杰出贡献, 委员们一致同意破例授予他博士学位. 卢津, 1917 年任莫斯科大学教授, 1927 年当选为苏联科学院通讯院士, 1929 年成为苏联科学院正式院士 (邮票: 俄, 2000). 1928 年, 他在博洛尼亚 ICM 上当选为 IMU 副主席 (1928 ~ 1932 年), 还作了 "论集论的道路" 的大会讲演.

卢津在数学上的创造性贡献主要是实变函数论, 以 1915 年的学位论文成就最高. 他从刻画可测函数入手, 解决了实变函数论积分学的基本问题, 并进而发展可测函数的三角级数论.

卢津很善于讲课, 具有吸引别人来从事科学研究的特殊才能, 在他周围聚集着一批批才华横溢的青年学生, 把他的思想和方法应用于其他数学领域, 对苏联和世界现代数学的发展产生了巨大影响.

1950 年 2 月 28 日, 因心脏病发作, 卢津逝世.

1923 年, 柯尔莫哥洛夫 (苏, 1903 ~ 1987 年) (图片) 发现: $L^1[0, 2\pi]$ 可积函数的傅里叶级数可以处处发散. 据柯尔莫哥洛夫说, 这个级数是他当列车售票员时在火车上想出的.

1966 年, 卡尔松 (瑞典, 1928 ~) 肯定回答了卢津猜想.

卡尔松 (图片), 1950 年获得博士学位. 当他还是一名学生时就发现了这个问题, 并买了济格蒙德 (波–美, 1900 ~ 1992 年) 的《三角级数》(1935) 一书. 1951 年, 在哈佛大学见到济格蒙德时, 谈到了卢津猜想, 并希望能做一个反例, 济格蒙德说, "的确, 您应该试一试!" 卡尔松试着做了几年, 后来就忘了它, 但以后又想起了它. 20 世纪 60 年代初, 他突然意识到他所要构造的反例的方法行不通. 于是, 他试图正面证明. 从那时开始, 大概只用了两年就证明了卢津猜想. 卡尔松于 1978 ~ 1982 年任 IMU 主席, 获得了 1992 年的沃尔夫奖和 2006 年的阿贝尔奖.

1967 年, 亨特 (美, 1937 ~ 2009 年) 更进一步证明: 如果 $f \in L^p[0, 2\pi]$, 其中 $1 < p < \infty$, 则 f 的傅里叶级数几乎处处收敛于 f. 这样就漂亮而完整地结束了傅里叶级数论中最重要的一章.

13.1.4　庞加莱猜想

数学家们已经知道: 任意一个 2 维单连通闭曲面都与球面 S^2 同胚. 1904 年, 庞加莱 (法, 1854 ~ 1912 年) (图片) 猜想: 单连通的 3 维闭流形同胚于 S^3. 以后人们又将庞加莱的猜想推广到 n 维情形, 形成广义庞加莱猜想.

1961 年, 斯梅尔 (美, 1930 ~) (图片) 证明了 $n > 4$ 的庞加莱猜想, 但这方法用于解决 3 维或 4 维情形时却显得无力. 1966 年, 斯梅尔获得了菲尔兹奖.

1977 年, 瑟斯顿 (美, 1946 ~ 2012 年) 提出了 3 维流形分类的几何化猜想, 这猜想的成立将导出庞加莱猜想. 1983 年, 瑟斯顿获得了菲尔兹奖.

1982 年, 唐纳森 (英, 1957 ~) (图片) 发表了 4 维流形拓扑结构的论文. 其后, 弗里德曼 (美, 1951 ~) (图片) 证明了 $n = 4$ 的庞加莱猜想. 1986 年, 唐纳森和弗里德曼获得了菲尔兹奖.

2002 年 11 月, 2003 年 5 月和 2003 年 7 月, 几乎与世隔绝地工作的佩雷尔曼 (俄, 1966 ~) (图片) 在网络论文库上先后张贴 3 篇文章, 对猜想的证明做出了奠基性工作.

佩雷尔曼的文章公布三四年后, 数学家们终于相信他证明出了庞加莱猜想. 2006 年, 3 个独立的小组写出报告填补了佩雷尔曼证明中缺失的关键细节. 一篇出自密歇根大学的克莱纳和洛特, 另一篇出自哥伦比亚大学的摩根和中国数学家田刚 (1958 ~), 第 3 篇文章的作者是美国里海大学的曹怀东与中山大学的朱熹平. 这 3 篇文章每篇都超过 300 页.

2006 年 8 月的马德里 ICM 上, 佩雷尔曼获得了菲尔兹奖, 但他拒绝出席领奖.

2006 年 9 月 7 日《南方周末》"庞加莱猜想余波未了"、2006 年 9 月 17 日《南方周末》"数学鬼才佩雷尔曼".

庞加莱猜想获破解, 荣誉归属已无悬念. 这无疑是数学史上的一个华彩乐章. 2006 年 12 月, 美国《科学》杂志评出年度十大科学进展, 庞加莱猜想名列第一 (图片).

13.1.5　数论

留给 20 世纪的经典数论问题: 素数判定、费马大定理 (1670)、哥德巴赫猜想 (1742)、孪生素数猜想 (1849)、黎曼假设 (1859).

1. 费马大定理

费马 (法, 1601 ~ 1665 年) (图片) 断言 [7]: 当 $n \geqslant 3$ 时, 方程 $x^n + y^n = z^n$ 没有非零整数解 (邮票: 法, 2001).

1770 年, 欧拉 (瑞士, 1707 ~ 1783 年) 在《代数指南》中给出了 $n = 3, 4$ 情形的证明 [7]. 1823 年, 勒让德 (法, 1752 ~ 1833 年) (图片) 证明了 $n = 5$ 的情形. 1980 年以前, 数学家们对个别情形进行了广泛的证明.

两个相关的重要猜想. 1922 年, 莫德尔 (英, 1888 ~ 1972 年) 猜想: 方程 $x^n + y^n = 1$ 至多有有限个有理数解. 1955 年, 谷山丰 (日, 1927 ~ 1958 年) (图片) 和志村五郎 (日, 1930 ~ 2019 年) (图片) 提出 "异想天开" 的谷山–志村猜想: 有理数域上的椭圆曲线都是模曲线.

1983 年, 法尔廷斯 (德, 1954 ~) (图片) 证明了莫德尔猜想. 1985 年, 费雷 (德,

1944 ~) 提出了谷山–志村猜想与费马大定理之间的关系. 1986 年, 里贝特 (美, 1948 ~) 证明了 "谷山–志村猜想导出费马大定理". 1986 年夏季的一个傍晚, 怀尔斯 (英, 1953 ~) 听到了里贝特证明的结果, 决定攻克费马大定理.

7 年之后, 怀尔斯怀着年轻时的梦想来到了剑桥. 1993 年 6 月 23 日, 怀尔斯在剑桥大学牛顿数学研究所举行的学术报告会上, 报告了他的研究成果. 在怀尔斯两个半小时的发言结束时, 他平静地宣布: "因此, 我证明了费马大定理." 此话如一声惊雷, 大厅里鸦雀无声, 半分钟后雷鸣般的掌声似乎要掀翻大厅的屋顶, 因为世纪性的科学成就诞生了. 这一成果被列入 1993 年世界科学十大成就之一. 但是怀尔斯的长达 200 页的论文送交审查时, 却被发现其证明有漏洞. 1994 年 9 月, 怀尔斯和泰勒 (英, 1962 ~) 完成了谷山–志村猜想中一个特殊情形的证明, 即证明了谷山–志村猜想对于半稳定的椭圆曲线成立, 而与费马大定理相关的那条椭圆曲线恰好是半稳定的. 1995 年 5 月, 怀尔斯和泰勒 (图片) 的论文发表于美国《数学年刊》. 1999 年, C. Breuil, B. Conrad, F. Diamond 和泰勒最终证明了谷山–志村猜想.

怀尔斯证明了费马定理时已超过了 40 岁, 似乎无资格获得菲尔兹奖. 但在 1998 年柏林 ICM 上, 他获得了菲尔兹特别贡献奖. 怀尔斯说[3]: 那段特殊漫长的探索已经结束了, 我的心已归于平静.

"国际数学年" (邮票: 捷, 2000).

2. 哥德巴赫猜想

1742 年, 哥德巴赫 (德, 1690 ~ 1764 年) 提出猜想 [7]: (1) 每个大于 4 的偶数是两个奇素数之和; (2) 每个大于 7 的奇数是 3 个奇素数之和. 从 (1) 可以推出 (2) 成立.

1912 年, 在剑桥 ICM 上朗道 (德, 1877 ~ 1938 年) (图片) 说: "即使要证明下面比较弱的命题也是十分困难的: 存在一个正整数 k, 使得每个大于 2 的整数都是不超过 k 个素数之和."

1920 年, 哈代 (英, 1877 ~ 1947 年) 和李特尔伍德 (英, 1885 ~ 1977 年) 首先将他们创造的圆法应用于数论的研究, 取得了进展. 1937 年, 维诺格拉多夫 (苏, 1891 ~ 1983 年) (图片) 利用圆法和他创立的指数和估计法, 对于大奇数证明了三素数定理. 这是关于哥德巴赫猜想的第一个实质性突破. 1941 年, 苏共中央总书记斯大林 (苏, 1879 ~ 1953 年) 给维诺格拉多夫颁发了 10 万卢布的斯大林奖金. 2013 年, 法国国家科学研究院和巴黎高等师范学院的数论专家贺欧夫各特 (H. A. Helfgott, 秘, 1977 ~) 在线发表两篇论文, 宣布证明了三素数定理.

偶数哥德巴赫猜想的进展主要是依靠改进筛法取得的. 现代意义的筛法起源于古老的埃拉托色尼筛法. 埃拉托色尼 (公元前 276 ~ 前 194 年) 是古希腊数学

3 西蒙·辛格著, 薛密译. 费马大定理 —— 一个困惑了世间智者 358 年的谜. 上海译文出版社, 2008.

家、地理学家、天文学家, 曾任亚历山大图书馆馆长, 其贡献主要是设计出经纬度系统, 计算出地球的直径 ($R = 6266.7$ km).

　　1919 年, 布伦 (挪, 1885 ~ 1978 年) 首先对埃拉托色尼筛法作了改进, 利用他的新筛法证明了 "9 + 9", 开辟了应用筛法研究数论的新途径. 以后大约半个世纪的时间内, 数学家们利用各种改进的筛法对于较少的 k, l 及 $k + l$, 步步为营地向最终目标逼近.

　　例如, 1940 年, 布赫什塔布 (苏, 1905 ~ 1990 年) 证明了 "4 + 4". 1948 年, 雷尼 (匈, 1921 ~ 1970 年) (图片) 证明了 "1 + c". 1957 年, 王元 (中, 1930 ~ 2021 年) (图片) 证明了 "2 + 3". 1962 年, 王元和潘承洞 (中, 1934 ~ 1997 年) (图片) 证明了 "1 + 4". 1965 年, 布赫什塔布、邦别里 (意, 1940 ~) (图片) 独立地证明了 "1 + 3".

　　1966 年, 陈景润 (中, 1933 ~ 1996 年) (图片) 宣布了 "1 + 2", 并于 1973 年发表了全部证明 (邮票 "哥德巴赫猜想的最佳结果": 中, 1999).

　　2000 年 1 月 29 日《科技日报》"业余研究哥德巴赫猜想无人喝彩".

　　高斯: "数学中的一些美丽定理具有这样的特性: 它们极易从事实中归纳出来, 但证明却隐藏的极深."

13.2　数　学　奖

　　第 8 讲介绍了阿贝尔奖, 第 12 讲介绍了菲尔兹奖. 本讲介绍沃尔夫奖、邵逸夫奖和新千年数学奖.

13.2.1　沃尔夫奖

　　沃尔夫奖是 1976 年由犹太人发明家里卡多 · 沃尔夫 (德 – 古巴, 1887 ~ 1981 年) (图片) 在以色列设立的, 1978 年首次颁奖. 授奖学科为物理学、数学、化学、医学和农学五个奖, 1981 年增设艺术奖. 奖金金额为沃尔夫基金的年息, 每年颁发一次.

　　沃尔夫是德国出生的外交家和慈善家, 后移居古巴, 曾出任古巴驻以色列大使, 1981 年在以色列去世. 他因发明从炼钢废渣中回收铁的方法而获得巨大财富. 1975 年, 他以 "为了人类的利益促进科学和艺术" 为宗旨, 发起成立沃尔夫基金会 (图片), 征得沃尔夫家族成员捐赠的基金共 1000 万美元.

　　1978 年, 盖尔范德 (苏, 1913 ~ 2009 年) (图片) 关于泛函分析、群表示论的贡献获数学奖, 西格尔 (德, 1896 ~ 1981 年) (图片) 关于数论、多复变函数的贡献获数学奖.

　　1984 年, 陈省身 (中–美, 1911 ~ 2004 年) (图片) 关于微分几何的贡献获数学奖. 2010 年, 丘成桐 (中–美, 1949 ~) (图片) 关于微分几何的贡献获数学奖.

　　在沃尔夫奖的其他奖项中, 1978 年吴健雄 (中–美, 1912 ~ 1997 年) 获首届沃尔夫物理学奖. 2004 年, 袁隆平 (中, 1930～2021 年) 获沃尔夫农业奖.

13.2.2　邵逸夫奖

2002 年 11 月, 邵逸夫 (1907～2014 年) (图片) 先生在香港设立邵逸夫奖, 旨在表彰在学术研究或应用领域取得突破性成果, 并对人类生活产生深远影响的科学家, 设天文学、生命科学与医学、数学科学 3 个奖项, 每年颁奖一次, 每项奖金 100 万美元. 杨振宁 (中–美–中, 1922～) 曾任评审委员会主任 (图片).

"邵逸夫奖" (图片) 的巨额奖金足以媲美被视为国际最高自然科学奖项的 "诺贝尔奖", 因而被称为 "21 世纪东方的诺贝尔奖".

2004 年, 陈省身 (中–美, 1911～2004 年) (图片) 关于微分几何首获邵逸夫数学奖.

陈省身 (图片), 1911 年 10 月生于浙江省嘉兴市, 1930 年毕业于南开大学, 1934 年毕业于清华大学研究生院 (我国本土培养的第一位硕士), 1934～1936 年就读于德国汉堡大学, 1937 年任昆明西南联合大学教授, 1943 年任美国普林斯顿高等研究院研究员, 1946 年任中央研究院数学研究所代所长, 1949 年任美国芝加哥大学教授, 1960 年任美国加利福尼亚大学伯克利分校教授, 1981～1984 年任美国国立伯克利数学科学研究所首任所长, 1984～1992 年任南开数学研究所所长, 1992 年起任南开数学研究所名誉所长.

图片 "江泽民会见陈省身".

陈省生担任世界许多科学团体的院士: 中央研究院院士 (1948), 美国国家科学院院士 (1961), 英国皇家学会国外会员 (1985), 意大利林琴科学院外籍院士 (1988), 法兰西学院外籍院士 (1989), 中国科学院外籍院士 (1994).

陈省生获得的一些重要奖励: 美国国家科学奖 (1975), 德国洪堡奖 (1982), 美国斯蒂尔奖 (1983), 以色列沃尔夫奖 (1984), 香港邵逸夫奖 (2004).

图片 "美国国家科学奖奖章".

2004 年 11 月 2 日, 国际小天体命名委员会宣布 (29552) 号小行星为陈省身星, 以表彰陈省身对全人类的贡献 (图片).

2004 年 12 月 3 日, 陈省身在天津逝世 (图片). "行星起巨星落, 南开百年一哭", 南开大学数千名学生烛光守夜, 缅怀国际数学大师陈省身先生 (图片).

2005 年 12 月, 南开数学研究所更名为陈省身数学研究所.

2009 年 6 月 2 日, 国际数学联盟与陈省身奖基金会在香港宣布设立 "陈省身奖", 旨在表彰终身成就卓越的数学家, 支持数学学科的发展, 并纪念陈省身教授. "陈省身奖" (图片) 每 4 年评选一次, 每次获奖者为一人, 从 2010 年起在每届的国际数学家大会上颁发, 获奖者除获奖章外, 还将获得 50 万美元的奖金[4]. 2010 年 8 月, 尼伦伯格 (加–美, 1925～2020 年) 因其在奠定非线性椭圆偏微分方程现代理

---

[4] 数学译林, 2009 年第 2 期, 183～184.

论的贡献以及其对大量学生和博士后在该领域的指导工作而成为陈省身奖的首位
获得者 (图片).

图片 "陈省身夫妇纪念碑" (南开大学, 2011).

2005 年, 怀尔斯 (英, 1953 ~) 因为解决费马问题获邵逸夫数学奖.

2006 年, 吴文俊 (1919 ~ 2017 年) 因为数学机械化的贡献获邵逸夫数学奖.

吴文俊 (图片), 1919 年 5 月生于上海, 1940 年上海交通大学毕业后到中学任
教, 1946 年到中央研究院数学研究所工作, 1947 年赴法国留学, 获法国国家博士
学位, 1951 年回国, 先后在北京大学和中国科学院工作.

吴文俊是著名数学家, 中国数学机械化研究的创始人之一, 中国科学院院士,
发展中国家科学院院士[5], 曾任中国数学会理事长 (1985 ~ 1987 年). 在拓扑学、
自动推理、机器证明、代数几何、中国数学史、对策论等研究领域均有杰出的贡
献. 他的 "吴方法" 在国际机器证明领域产生巨大的影响, 有广泛重要的应用价
值. 当前国际流行的主要符号计算软件都实现了吴文俊的算法. 曾获得首届国家
自然科学一等奖 (1956)、发展中国家科学院数学奖 (1990)、首届香港求是科技基
金会杰出科学家奖 (1994)、首届国家最高科学技术奖 (2000)、第 3 届邵逸夫数学
奖 (2006)、"人民科学家" 国家荣誉称号 (2019).

图片 "2000 年获得国家最高科学技术奖"、"2008 年胡锦涛会见吴文俊".

13.2.3　新千年数学奖

克莱数学促进会于 1998 年由波士顿实业家克莱 (L. T. Clay) 创立, 旨在增进
并传播数学知识的非政府的、非营利的基金会.

克莱认为: "数学具体体现了人类知识的精华, 数学的影响遍及人类活动的每
一领域, 数学思维的前沿在当今以极其深刻的方式逐步形成. 数学知识的基本进
展与所有科学领域的发现密切相关. 数学的技术应用支持着我们的日常生活, 包
括我们的交流和传播能力, 我们的健康和幸福, 我们的安全以及我们全球的繁荣
昌盛. 当今数学的进展仍然是形成我们的未来世界的主要因素. 为对数学真理的
范围做出正确的评价将考验人类心智的能力."

2000 年 5 月, 为了颂扬新千禧年的数学, 克莱数学促进会在法兰西学院举行
一项特别活动, 公布了新千年 7 个经典问题的悬赏征解, 每个问题的奖金都是 100
万美元.

(1) P 与 NP 问题: P 等于 NP 吗? 一个问题称为是 P 的, 如果它可以通过

---

　　[5] 发展中国家科学院 (也称第三世界科学院, The Third World Academy of Sciences, 简称 "TWAS")
是在巴基斯坦物理学家、诺贝尔物理学奖获得者阿布杜斯·萨拉姆 (1926 ~ 1996 年) 教授的倡议下于 1983 年
11 月创建的, 总部设在意大利的里雅斯特, 是一个非政府、非政治和非营利性的国际科学组织. 中国是 TWAS 的
首批成员. TWAS 设立的奖项主要有: 5 项基础科学奖 (数学奖、物理奖、化学奖、生物奖和基础医学奖) 和 2 项
应用科学奖等, 以奖励发展中国家学者在科学研究方面取得的成就. 以上奖项每年评选一次, 获奖者可得一枚奖章
(铸有获奖者的主要贡献) 和 1 万美元奖金.

运行多项式次 (即运行时间至多是输入量大小的多项式函数) 的一种算法获得解决. 一个问题称为是 NP 的, 如果所提出的解答可以用多项式次算法来检验.

(2) 黎曼猜想: 黎曼 ζ 函数的每个非平凡零点有等于 1/2 的实部.

(3) 庞加莱猜想: 任何单连通闭 3 维流形同胚于 3 维球.

(4) 霍奇猜想: 任何霍奇类关于一个非奇异复射影代数簇都是某些代数闭链类的有理线性组合.

(5) 伯奇和斯温纳顿–德维尔猜想: 对于建立在有理数域上的每一条椭圆曲线, 它在 1 处的 L 函数变为零的阶等于该曲线上有理点的阿贝尔群的秩.

(6) 纳维–斯托克斯方程组: (在适当的边界及初始条件下) 对 3 维纳维–斯托克斯方程组证明或反证其光滑解的存在性.

(7) 杨–米尔斯理论: 证明量子杨–米尔斯场存在, 并存在一个质量间隙.

克莱数学促进会科学顾问委员会成员怀尔斯 (英, 1953 ~) 在发布此千禧年悬赏问题的记者招待会上说: "我们相信, 作为 20 世纪未解决的重大数学问题, 第 2 个千年的悬赏问题令人瞩目. 有些问题可以追溯到更早的时期, 这些问题并不新, 它们已为数学界所熟知. 但我们希望, 通过悬赏征求解答, 使更多的听众深刻地认识这些问题, 同时也把在做数学的艰辛中所获得的兴奋和刺激带给更多听众. …… 我们坚信, 这些悬赏问题的解决, 将类似地打开我们不曾想象到的数学新世界."

2010 年 3 月, 克莱数学促进会公布首个新千年数学奖奖给解决庞加莱猜想的佩雷尔曼. 2010 年 6 月, 克莱数学促进会在巴黎海洋研究所举行首个新千年数学奖颁发仪式, 佩雷尔曼没有出席.

2012 年 3 月 15 日《南方周末》"十万亿个证据不如一个证明 —— 猜猜黎曼猜想的命运".

注: 诺贝尔奖

诺贝尔奖是以瑞典著名化学家、工业家、硝化甘油炸药发明人诺贝尔 (1833~1896 年) 的部分遗产作为基金创立的.

诺贝尔在逝世的前一年留下遗嘱: 将部分遗产 (3100 万瑞典克朗, 当时合 920 万美元) 作为基金, 以其每年的利润和利息分设物理、化学、生理或医学、文学及和平五项奖金, 授予世界各国在这些领域对人类作出重大贡献的个人或组织. 1969 年开始颁发诺贝尔经济学奖. 诺贝尔奖没设数学奖[6].

1900 年瑞典政府批准设置诺贝尔基金会, 并于 1901 年 12 月 10 日 (诺贝尔逝世 5 周年纪念日) 首次颁发诺贝尔奖. 此后, 除因战时中断外, 每年的这一天分别在瑞典首都斯德哥尔摩和挪威首都奥斯陆举行授奖仪式 (1814 ~ 1905 年, 挪威划

---

[6] 季理真. 为何没有诺贝尔数学奖. 见: 数学与人文第十八辑: 数学的应用. 高等教育出版社, 2015, 140 ~ 159 页.

归瑞典, 组成挪威–瑞典联盟).

有 9 位中国或华人科学家获得诺贝尔科技类奖.

李政道: 1926 年生于上海, 1957 年获诺贝尔物理学奖, 时年 31 岁.

杨振宁: 1922 年生于安徽, 1957 年获诺贝尔物理学奖, 时年 35 岁.

丁肇中: 1936 年生于美国, 美籍华人, 1976 年获诺贝尔物理学奖, 时年 40 岁.

李远哲: 1936 年生于台湾, 美籍华人, 1986 年获诺贝尔化学奖, 时年 50 岁.

朱棣文: 1948 年生于美国, 美籍华人, 1997 年获诺贝尔物理学奖, 时年 49 岁.

崔　琦: 1939 年生于河南, 美籍华人, 1998 年获诺贝尔物理学奖, 时年 59 岁.

钱永健: 1952 年生于美国, 美籍华人, 2008 年获诺贝尔化学奖, 时年 56 岁.

高　锟: 1933 年生于上海, 2018 年去世, 英籍和美籍华人, 2009 年获诺贝尔物理学奖, 时年 76 岁.

屠呦呦: 1930 年生于浙江, 中国中医科学院终身研究员兼首席研究员, 2015 年获诺贝尔生理学或医学奖, 时年 85 岁[7].

提问与讨论题、思考题

13.1 "蝴蝶效应".

13.2 分形几何的应用.

13.3 "庞加莱猜想" 的风波.

13.4 业余研究 "哥德巴赫猜想".

13.5 介绍一个您能大致理解的 20 世纪数学研究成果.

13.6 设立数学奖反映了 "数学研究的功利性".

13.7 介绍一个数学奖及它的几位获奖者.

13.8 再谈您的理解: 数学是什么?

13.9 "数学问题是推动数学发展的动力", 谈谈您的理解.

13.10 再论数学问题及其解决对数学发展的重要性.

13.11 诺贝尔奖不设数学奖, 谈谈您的看法.

13.12 您从数学史中学到了什么非数学的内容?

13.13 "不了解数学史就不可能全面了解数学科学", 谈谈您的理解.

---

[7] 屠呦呦是第一位获得诺贝尔科技类奖项的中国本土科学家, 曾获国家最高科学技术奖 (2016 年度, 国务院), 改革先锋称号 (中医药科技创新的优秀代表, 2018 年 12 月, 中共中央、国务院), 共和国勋章 (2019 年 8 月, 全国人民代表大会常务委员会).

第14讲

20世纪数学: 数学中心的迁移

　　纵观近代科学以来的历史, 在生产发展、社会变革、思想解放等诸多因素的影响和作用下, 世界科学活动中心曾相继停留在几个不同的国家[1]. 其转移的格局大体是: 意大利 → 英国 → 法国 → 德国 → 美国. 科学活动中心的转移, 实际上就是科学人才中心的转移. 从科学中心区停留的时间跨度, 大致的分划是意大利 1540 ～ 1610 年, 英国 1660 ～ 1730 年, 法国 1770 ～ 1830 年, 德国 1810 ～ 1920 年, 美国 1920 ～ .

　　本讲介绍 20 世纪有影响的 4 个数学学派及美国数学的兴盛, 其中包括 2 位数学家 —— 巴拿赫、切比雪夫的生平与数学贡献.

14.1　数学中心的迁移

　　就数学来说, 一个国家和民族一旦成为世界科学活动的中心区, 这个国家和民族就会数学人才辈出.

　　事实上, 欧洲的文艺复兴运动带来了意大利科学的春天, 意大利成为近代科学活动的第一个中心. 继多才多艺的达·芬奇 (1452 ～ 1519 年) 之后, 近代科学的先

　　[1] 主要参考人民教育出版社网站中课程教材研究所的高中数学栏目中的课外阅读材料 "世界数学中心的转移", 见 http://www.pep.com.cn/gzsx/jszx/kwyd/kwdw/200603/t20060302-248309.htm.

驱者伽利略 (1564 ∼ 1642 年) 在这个科学活动中心区应运而生, 意大利产生了一大批杰出的数学家, 著名的有塔尔塔利亚 (约 1500 ∼ 1557 年)、卡尔达诺 (1501∼1576 年)、费拉里 (1522 ∼ 1565 年)、邦贝利 (1526 ∼ 1572 年)、卡瓦列里 (1598∼1647 年), 等等.

17 世纪英国的资产阶级革命迎来了第 2 个科学活动中心. 在这个中心区, 英国造就了以近代科学奠基人牛顿 (1643 ∼ 1727 年) 为代表的一大批杰出的数学家, 就微积分这一数学领域而言, 在这个时期作出重大贡献的除了牛顿, 还有沃利斯 (1616 ∼ 1703 年)、巴罗 (1630 ∼ 1677 年)、泰勒 (1685 ∼ 1731 年) 和麦克劳林 (1698 ∼ 1746 年) 等著名数学家.

18 世纪法国的启蒙运动及资产阶级大革命促进了法国科学的繁荣, 巴黎成为当时世界学术交流的中心. 在良好的学术环境中, 法国的数学人才群星般地闪现, 著名的有达朗贝尔 (1717 ∼ 1783 年)、拉格朗日 (1736 ∼ 1813 年)、 蒙日 (1746∼1818 年)、拉普拉斯 (1749 ∼ 1827 年)、勒让德 (1752 ∼ 1833 年)、卡诺 (1753 ∼ 1823 年)、傅里叶 (1768 ∼ 1830 年)、泊松 (1781 ∼ 1840 年)、彭赛列 (1788 ∼ 1867 年)、柯西 (1789 ∼ 1857 年)、伽罗瓦 (1811 ∼ 1832 年) 等, 其取得的成果占当时世界重大数学成果总数的一半以上.

德国科学技术的起步比英国和法国都要晚, 但在法国自 1830 年 7 月革命以后科学技术发展开始走向相对低潮的时候, 德国的经济和社会变革却使它的科学技术迅速崛起. 19 世纪 60 年代, 德国的经济实力超过了英国和法国. 1871 年统一战争的胜利, 标志着近代德国已跻身于资本主义强国之列.

就数学而言, 首先是 "欧洲数学之王" 高斯 (1777 ∼ 1855 年) 的堂堂雄姿, 出现在 19 世纪世界数学史的地平线上, 数学的花朵从法国逐渐移植到德国. 魏尔斯特拉斯 (1815 ∼ 1897 年) 等建立了一个影响达半个世纪的柏林学派. 高斯所开创的哥廷根大学的科学传统, 经狄利克雷 (1805 ∼ 1859 年)、黎曼 (1826 ∼ 1866 年) 之手, 后在克莱因 (1849 ∼ 1925 年) 的领导下得到了充分的发扬. 在这个科学活动中心区, 仅有德国数学家作出的重大成果, 就占当时世界重大数学成果总数的 42% 以上, 杰出的数学家多如繁星.

综上所述, 数学中心的转移格局及时间跨度与科学中心区的转移格局及时间跨度大致相当.

图表 [16] "牛顿以来 250 年间生于英德法的著名数学家"、"牛顿以来 250 年间生于其他地区的著名数学家".

14.2   20 世纪的一些数学团体

介绍哥廷根学派、波兰数学学派、苏联数学学派、布尔巴基学派、美国数学的贡献.

14.2.1 哥廷根学派

图片 "德国地图".

我们曾在前面提到过一些普鲁士或德国的城市, 如柏林、莱比锡、埃尔朗根、汉诺威、波恩、柯尼斯堡等. 现在再来看看位于德国中部的小城哥廷根.

哥廷根大学 (图片) 创立于 1734 年, 高斯于 1807～1855 年任哥廷根大学天文学、数学教授, 后狄利克雷于 1855～1859 年、黎曼于 1846～1866 年在哥廷根工作. 1886 年, 克莱因来到哥廷根, 开创了哥廷根学派 40 年的伟大基业, 成就了希尔伯特 (1862～1943 年) 时代.

图片 "20 世纪初世界数学中心: 哥廷根数学研究所".

20 世纪初, 世界上学数学的学生都受到同样的劝告 [4]: "打起你的背包来, 到哥廷根去!"

哥廷根学派是在世界数学科学的发展中长期占主导地位的学派, 该学派坚持数学的统一性, 对世界数学的发展产生过极其深远的影响. 这个学派之所以能取得如此的成就, 有它深刻的社会原因: 罕见的全才为学术带头人, 汇集富有开拓精神的学术骨干, 创造自由、平等、协作的学术空气等.

图表 "在哥廷根工作的一些数学家".

闵可夫斯基 (德, 1864～1909 年): "一个人哪怕只是在哥廷根作短暂的停留, 呼吸一下那里的空气, 都会产生强烈的工作欲望."

图表 "在哥廷根学习或访问过的一些数学家".

希特勒上台后, 由于纳粹政府的反动政策日益加剧, 许多科学家被迫移居外国, 盛极一时的哥廷根学派衰落了. 1943 年, 希尔伯特在哥廷根与世长辞, 战争阻碍了人们对这位当代数学大师的及时悼念.

曾炯之 (1898～1940 年) 为诺特 (德, 1882～1935 年) 唯一的中国学生, 1933 年他在诺特的指导下获得博士学位.

图片 "曾炯之、姜立夫、陈省身在哥廷根 (1934)".

14.2.2 波兰数学学派

图片 "波兰地图".

提起波兰, 人们自然会想到哥白尼 (1473～1543 年)、肖邦 (1810～1849 年) 和居里夫人 (玛丽·居里, 波裔法籍, 1867～1934 年).

1772～1795 年, 波兰曾被沙俄、普鲁士和奥匈帝国 3 次瓜分 (1772 年, 1793 年, 1795 年), 直至第一次世界大战后始复国 (图片).

第一次世界大战给波兰带来了巨大的变化. 1917 年波兰数学会在克拉科夫成立, 1918 年亚尼谢夫斯基 (1888～1920 年) (邮票: 波, 1982) 发表了纲领性文件《波兰数学的需求》[34], 他指出, "要把波兰的科学力量集中在一块相对狭小的领域里, 这个领域应该是波兰数学家共同感兴趣的, 而且还是波兰人民已经取得世所公认成就的领域." 亚尼谢夫斯基是波兰学派最初的倡导者和组织者, 他的远见卓识和非凡的组织才能, 为波兰学派的形成提供了正确的指导方针.

20 世纪 20 年代起, 波兰数学家迅速兴起, 形成了华沙学派、利沃夫学派, 成为举世瞩目的大事 [34].

1. 华沙学派

研究重点是点集拓扑、集论、数学基础和数理逻辑. 1920 年, 第 1 卷《数学基础》的出版, 是华沙学派形成的标志. 他们采纳了两个有益建议: 一是为了扩大波兰数学的国际影响, 毅然用外文发表论文; 二是接受勒贝格 (法, 1875 ~ 1941 年) 的建议, 不仅登载集合论方面的论文, 而且刊登集合论应用的论文.《数学基础》前几卷质量都很高, 不久便成为一份真正的国际性数学杂志.

带头人: 谢尔品斯基 (1882 ~ 1969 年) (邮票: 波, 1982), 马祖尔克维奇 (1888 ~ 1945 年) (图片).

有影响的数学家: 萨克斯 (1897 ~ 1942 年), 库拉托夫斯基 (1896 ~ 1980 年), 塔尔斯基 (1902 ~ 1983 年), 博苏克 (1905 ~ 1982 年).

2. 利沃夫学派

研究重点是泛函分析. 1929 年, 第 1 卷《数学研究》的出版, 标志着学派的诞生, 主要刊登泛函分析方面的文章. 到 "苏格兰咖啡馆" 喝咖啡、讨论问题成为他们独特的研究方式.

带头人: 巴拿赫 (1892 ~ 1945 年) (邮票: 波, 1982), 斯坦因豪斯 (1887 ~ 1972 年) (图片).

有影响的数学家: 马祖尔 (1905 ~ 1981 年), 奥尔利奇 (1903 ~ 1990 年), 绍德尔 (1899 ~ 1943 年).

巴拿赫 (图片), 生于波兰的克拉科夫, 1910 年中学毕业后自学数学, 后就读于利沃夫工学院[2], 1917 年发表关于傅里叶级数收敛的论文 (与斯坦因豪斯合作, 第 1 篇论文), 1920 年任利沃夫工学院助教, 取得博士学位, 1927 年任利沃夫工学院教授, 形成利沃夫学派, 1929 年创办刊物《数学研究》, 1932 年出版《线性算子论》, 成为现代泛函分析的奠基人, 1936 年奥斯陆 ICM 上作大会报告, 1939 年任波兰数学会主席, 1939 ~ 1941 年出任利沃夫大学校长, 德国占领乌克兰期间 (1941 ~ 1944 年), 为维持生计, 充当一名寄生虫饲养员, 后得胃癌去世.

斯坦因豪斯 [16]: "他 (巴拿赫) 最重要的功绩乃是从此打破了波兰人在精确科学方面的自卑心理…… 他把天才的火花和惊人的毅力与热情熔为一体."

---

[2] 利沃夫, 1867 ~ 1918 年属奥匈帝国, 第一次世界大战后归波兰, 1939 年划入苏联的乌克兰. 1991 年, 乌克兰独立.

1937 年, 在波兰数学家会议上通过了《论波兰数学的现状与需求》[34], 宣布 "波兰数学的第一个发展阶段已经完成······ 今后, 一方面要继续保持已取得的一些领域的领先地位, 另一方面要加强代数、几何等薄弱学科的研究工作, 并把应用数学的水平提高到能够回答其他学科所提出问题的水准."

1939 年, 德国军队占领了波兰全境. 1944 年, 苏军与波军进入波兰, 宣告波兰新国家的诞生. 但第二次世界大战使波兰失去了一代人, 波兰已没有像巴拿赫那样声誉卓著的大师了.

第二次世界大战流亡的部分数学家: 塔尔斯基 (1902 ~ 1983 年) (图片), 乌拉姆 (1909 ~ 1984 年) (图片), 艾伦伯格 (1913 ~ 1998 年) (图片).

现波兰的数学仍相当发达,《数学基础》和《数学研究》仍继续出版. 1983 年, ICM 在华沙举行.

14.2.3 苏联数学学派

苏联, 1917 ~ 1991 年.

1724 年, 圣彼得堡科学院成立[3]. 哥德巴赫 (德, 1690 ~ 1764 年), 尼古拉第二·伯努利 (瑞士, 1695 ~ 1726 年), 丹尼尔·伯努利 (瑞士, 1700 ~ 1782 年), 欧拉 (瑞士, 1707 ~ 1783 年) 等都到圣彼得堡工作过.

图片 "圣彼得堡欧拉国际数学研究所", 成立于 1988 年.

俄国资本主义的发展, 与西欧各国相比发展较晚, 科学技术的发展也相应地较慢. 但是, 俄国的数学却有相当的基础. 19 世纪的代表人物是罗巴切夫斯基 (1792 ~ 1856 年)、奥斯特罗格拉茨基 (1801 ~ 1862 年) 和切比雪夫 (1821 ~ 1894 年), 杰出女数学家柯瓦列夫斯卡娅 (1850 ~ 1891 年).

19 世纪下半叶, 出现了切比雪夫为首的圣彼得堡学派, 也称切比雪夫学派. 切比雪夫 (图片) 的左脚生来有残疾, 因而童年时代经常独坐家中, 养成了在孤寂中看书和思索的习惯, 并对数学产生了强烈的兴趣, 1841 年毕业于莫斯科大学, 1850 年任圣彼得堡大学副教授, 1859 年当选为圣彼得堡科学院院士, 1860 年晋升为教授, 1877 年当选英国皇家学会会员, 在圣彼得堡大学一直工作到 1882 年, 一生发表了 70 多篇科学论文, 内容涉及数论、概率论、函数逼近论、积分学等方面.

切比雪夫培养了一些优秀的学生, 如李雅普诺夫 (1857 ~ 1918 年) 和马尔可夫 (1856 ~ 1922 年), 前者以研究微分方程的稳定性理论著称于世, 后者以马尔可夫过程扬名世界, 还有斯捷克洛夫 (1864 ~ 1926 年) 等. 维诺格拉多夫 (1891 ~ 1983 年)、伯恩斯坦 (1880 ~ 1968 年) 都是这个学派的直接继承者.

进入 20 世纪以后, 形成了莫斯科学派. 叶戈罗夫 (1869 ~ 1931 年) 是莫斯科

---

[3] 圣彼得堡科学院是俄罗斯帝国女皇叶卡捷琳娜一世 (1725 ~ 1727 年在位) 按彼得大帝 (1689 ~ 1725 年在位) 的遗嘱建立的. 1917 年俄国十月革命胜利后, 科学院成为国家科学组织并于 1925 年更名为苏联科学院. 1991 年苏联解体后, 前苏联科学院重新更名为俄罗斯科学院.

学派的创始人, 1901 年获莫斯科大学博士学位, 导师布加耶夫 (1837 ~ 1903 年) (图片), 他们造就了繁荣的莫斯科数学学派.

函数论: 叶戈罗夫 (1869 ~ 1931 年) (图片)、卢津 (1883 ~ 1950 年) (图片).

拓扑学: 亚历山德罗夫 (1896 ~ 1982 年) (图片)、乌雷松 (1898 ~ 1924 年)、庞特里亚金 (1908 ~ 1988 年).

解析数论: 维诺格拉多夫 (1891 ~ 1983 年).

概率与随机过程: 柯尔莫哥洛夫 (1903 ~ 1987 年)、辛钦 (1894 ~ 1959 年).

泛函分析: 盖尔范德 (1913 ~ 2009 年)、克赖因 (1907 ~ 1989 年).

微分方程: 彼德罗夫斯基 (1901~1973 年)(图片)、索伯列夫 (1908~1989 年).

线性规划: 坎托罗维奇 (1912 ~ 1986 年).

最杰出的代表人物: 柯尔莫哥洛夫 (图片)、盖尔范德 (图片).

1966 年, ICM 在莫斯科召开 (邮票: 苏, 1966).

图片 "20 世纪世界数学中心: 莫斯科大学". 1755 年建校, 现校园建于 1949 ~ 1953 年, 32 层的主楼包括 55 米的尖顶在内, 总高 240 米, 两侧为 18 层的副楼, 各装有直径 9 米的大钟.

数学事业后继有人. 一些前苏联或俄罗斯数学家获得沃尔夫奖或菲尔兹奖.

图片 "斯捷克斯洛夫数学研究所", 成立于 1934 年.

14.2.4　布尔巴基学派

20 世纪上半叶法国数学三元老: 阿达马 (1865 ~ 1963 年) (图片)、嘉当 (1869~ 1951 年) (图片)、博雷尔 (1871 ~ 1956 年) (图片). 1930 年, 皮卡 (1856 ~ 1941 年) 74 岁, 阿达马 65 岁, 嘉当 61 岁, 博雷尔 59 岁, 弗雷歇 (1878 ~ 1973 年) 52 岁.

20 世纪 30 年代后期, 法国数学期刊上发表了若干数学论文, 署名为尼古拉·布尔巴基. 1939 年, 尼古拉·布尔巴基出版了现代数学的综合性丛书《数学原本》的第 1 卷. 到底谁是布尔巴基? 没有一个寻找布尔巴基的人真正遇见过他, 于是布尔巴基成了法国数学界的一个谜.

布尔巴基学派的形成.

在第一次世界大战中, 巴黎高等师范学校的优秀学生们有 2/3 是被战争毁掉的. 20 世纪 20 年代, 一些百里挑一的天才人物进入高等师范学校. 但他们碰到的都是些著名的老头子, 这些学者对 20 世纪数学的整体发展缺乏清晰的认识.

这个时期, 法国人还固步自封, 对突飞猛进的哥廷根学派的进展不甚了解, 对新兴的莫斯科学派和波兰学派就更是一无所知, 只知道栖居在自己的函数论天地中. 虽然函数论是重要的, 但毕竟只代表数学的一部分.

进入高师的年轻人, 把触角伸向 "函数论王国" 之外, 深刻认识到了法国数学同世界先进水平的差距. 这就会使法国 200 多年的优秀数学传统中断, 因为从费马到庞加莱这些最伟大的数学家都总是具有博大全才的数学家的名声. 恰恰是这些有远见的青年人, 使法国数学在第二次世界大战之后又能保持先进水平, 而且影响着 20 世纪中叶以后现代数学的发展.

可以说, 当时打开那些年轻人通往外在世界的通道只有阿达马和茹利雅 (1893~1978 年) 相继主持的讨论班. 这批年轻人决心像范德瓦尔登 (荷, 1903~1996 年) 整理代数学那样, 以书的形式来概括现代数学的主要思想, 而这也正是布尔巴基学派及其主要著作《数学原本》(图片) 产生的起源.

图片 "布尔巴基会议 (1939, 1951)".

布尔巴基学派的数学工作及影响.

布尔巴基成员力图把整个数学建立在集合论的基础上. 1935 年底, 布尔巴基的成员们一致同意以数学结构作为分类数学理论的基本原则. "数学结构" 的观念是布尔巴基学派的重大发明. 这一思想的来源是公理化方法, 他们认为全部数学基于三种母结构: 代数结构、序结构、拓扑结构. 数学的分类不再划分成代数、数论、几何、分析等分支, 而是依据结构的相同与否来分类.

正如布尔巴基学派所言: "从现在起, 数学具有了几大类型的结构理论所提供的强有力的工具, 它用单一的观点支配着广大的领域, 它们原先处于完全杂乱无章的状况, 现在已经由公理方法统一起来了." "由这种新观点出发, 数学结构就构成数学的唯一对象, 数学就表现为数学结构的仓库." 《数学原本》以他的严格准确而成为一部新的经典著作.

布尔巴基学派的主要代表人物: 韦伊 (1906 ~ 1998 年) (图片)、迪厄多内 (1906~1992 年) (图片)、H. 嘉当 (1904 ~ 2008 年) (图片)、谢瓦莱 (1909 ~ 1984 年) (图片)、德尔萨特 (1903 ~ 1968 年) (图片).

在 20 世纪 50 ~ 60 年代, 结构主义观点盛极一时, 而在 60 年代中期, 布尔巴基的声望达到了顶峰. 布尔巴基讨论班的议题无疑都是当时数学的最新成就. 在国际数学界, 布尔巴基的几位成员都有着重要的影响, 连他们的一般报告和著作都引起很多人注意.

在 20 世纪的数学发展过程中, 布尔巴基学派起着承前启后的作用. 他们把人类长期积累起来的数学知识按照数学结构整理成为一个井井有条、博大精深的体系. 这个体系连同他们对数学的贡献, 已经无可争辩地成为当代数学的一个重要组成部分, 并成为蓬勃发展的数学科学的主流.

布尔巴基学派的衰落.

客观世界是五花八门、千变万化的, 其中特别是那些与实际关系密切, 与古典数学的具体对象有关的学科及分支, 很难利用结构观念一一加以分析, 更不用说公理化了. 布尔巴基学派只对抽象的数学结构感兴趣, 而对对象本身究竟是数、形, 还是运算并不关心.

在 20 世纪 70 年代获得重大发展的是分析数学、应用数学、计算数学等分支.

这样, 就促使数学的发展由布尔巴基所指引的抽象的、结构主义的道路转向具体的、构造主义的、结合实际的、结合计算机的道路, 从而结束了布尔巴基学派那灿烂辉煌的黄金时代.

图表 "法国数学家获奖简况".

14.2.5　美国数学

$1876 \sim 1883$ 年, 西尔维斯特 (英, $1814 \sim 1897$ 年) 任美国霍普金斯大学第一任数学教授, 其间于 1878 年创办了《美国数学杂志》. 1888 年, 美国数学会成立. 范因 (美, $1858 \sim 1928$ 年) 于 1885 年获得德国莱比锡大学博士, 立志将普林斯顿大学建成世界数学中心.

图表 [16] "$1885 \sim 1910$ 年间获博士学位的部分美国数学家".

图片 "普林斯顿大学".

普林斯顿高等研究院 (IAS).

图片 "20 世纪世界数学中心: 普林斯顿高等研究院".

最早到 IAS 的 6 位教授: 1930 年维布伦 (美, $1880 \sim 1960$ 年), 1933 年爱因斯坦 (德–美, $1879 \sim 1955$ 年), 1934 年外尔 (德, $1885 \sim 1955$ 年), 1934 年亚历山大 (美, $1888 \sim 1971$ 年), 1934 年冯 · 诺伊曼 (匈–美, $1903 \sim 1957$ 年), 1935 年莫尔斯 (美, $1892 \sim 1977$ 年).

"爱因斯坦与世界物理年" (邮票: 多哥, 1979; 西, 2005).

IAS 设有数学学部、自然科学学部、历史研究学部、社会科学学部. "一个智慧之岛, 这里的学术成就以它自己的独特方式得到回报."

IAS 成立 70 周年报告《高等研究院的数学学部》(2002): "在数学学部的永久成员身上, 你可以感受到一股强烈的自豪感和归属感, 他们执著于数学事业的发展和 IAS 数学精神的培育. 他们这种对事业的执著和追求将确保研究院永远是数学界令人神往的场所." 超过 5000 人的前成员, 19 位诺贝尔奖得主, 44 位菲尔兹奖得主中有 32 位是其教授或成员.

图片 "照耀世界的自由女神"[4].

战后数学的特点之一: 到美国去.

扎里斯基 (苏, $1899 \sim 1986$ 年) 1927 年到霍普金斯大学: 代数几何.

冯 · 诺伊曼 (匈, $1903 \sim 1957$ 年) (邮票: 美, 2005) 1930 年到普林斯顿: 数学, 物理, 计算机.

外尔 (德, $1885 \sim 1955$ 年) 1933 年到普林斯顿: 数学, 数学物理.

诺特 (德, $1882 \sim 1935$ 年) 1933 年到布林莫尔: 代数.

卢伊 (德, $1904 \sim 1988$ 年) 1933 年到布朗大学: 偏微分方程.

---

4 1886 年 7 月 4 日, 美国 100 周年国庆日时作为法国献给美国的礼物, 像高 46 米, 连同底座总高约 100 米, 法国雕塑家奥古斯梯 · 巴陶第 ($1834 \sim 1904$ 年) 设计, 坐落在纽约港港口的自由岛上.

库朗 (德, 1888 ~ 1972 年) 1934 年到纽约大学: 数理方程, 应用数学.

乌拉姆 (波, 1909 ~ 1984 年) 1935 年到普林斯顿: 拓扑学.

爱尔特希 (匈, 1913 ~ 1996 年) 1938 年到普林斯顿: 数论, 组合数学.

艾伦伯格 (波, 1913 ~ 1998 年) 1939 年到普林斯顿: 代数拓扑.

塔尔斯基 (波, 1902 ~ 1983 年) 1939 年到哈佛大学: 集合论, 数理逻辑.

西格尔 (德, 1896 ~ 1981 年) 1940 年到普林斯顿: 数论, 多复变函数.

波利亚 (匈, 1887 ~ 1985 年) 1940 年到斯坦福大学: 数学教育.

哥德尔 (奥, 1906 ~ 1978 年) 1940 年到普林斯顿: 数学, 逻辑学, 数学哲学.

韦伊 (法, 1906 ~ 1998 年) 1941 年到哈佛大学: 数学, 数学史.

陈省身 (中, 1911 ~ 2004 年) 1943 年到普林斯顿: 微分几何.

樊畿 (中, 1914 ~ 2010 年) 1945 年到普林斯顿: 泛函分析.

阿尔福斯 (芬, 1907 ~ 1996 年) 1946 年到哈佛大学: 复分析.

华罗庚 (中, 1910 ~ 1985 年) 1946 年到普林斯顿: 解析数论.

赛尔伯格 (挪, 1917 ~ 2007 年) 1947 年到普林斯顿: 解析数论, 抽象调和分析.

......

图表 "在美国的数学家获菲尔兹奖简况".

提问与讨论题、数学史论述题

14.1 哥廷根学派繁荣的原因分析.

14.2 波兰数学学派的兴衰.

14.3 布尔巴基学派的贡献.

14.4 谈结构主义思想对现代数学发展的影响.

14.5 试分析: 前苏联解体对苏联数学学派的影响.

14.6 如何从数学史的角度认识数学?

14.7 您对 "数学史演讲" 的建议.

下列数学史论述题.

14.8 数的概念的发展与人类认识能力提高的关系.

14.9 探讨古代埃及和古代巴比伦的数学知识在现代社会中的意义.

14.10 为什么毕达哥拉斯学派关于不可公度量的发现会在数学中产生危机?

14.11 芝诺悖论与微积分的创立、发展.

14.12 试论数学悖论对数学发展的影响.

14.13 欧几里得《几何原本》中的代数.

14.14 欧几里得《几何原本》与公理化思想.

14.15 欧几里得《几何原本》与现在的中学教材中初等几何知识的比较.

14.16　为什么古希腊人在算术与代数学上少有创造?

14.17　无所不在的斐波那契数列.

14.18　黄金分割引出的数学问题.

14.19　文艺复兴运动与东西方数学的融合.

14.20　达·芬奇与数学.

14.21　非十进制计数的利与弊.

14.22　十进制小数的历史.

14.23　分析人类文明史中的种种计数法, 谈谈十进制位值制的重要性.

14.24　数学符号的价值.

14.25　古代历法: 为农业服务? 为星占学服务?

14.26　试论《九章算术》的流传.

14.27　分析《算经十书》中一些典型数学问题及其解法.

14.28　圆周率的历史作用.

14.29　"圆" 中的数学文化.

14.30　明代中国商业算术处于突出地位的原因.

14.31　概述宋元四大数学家的数学业绩及其历史意义.

14.32　分析近代中国数学落后的原因.

14.33　古代东方数学的特点分析.

14.34　何为算法思想? 用中国传统数学中的典型算法说明算法思想.

14.35　您是如何认识古代西方数学与古代东方数学的?

14.36　微积分的理论基础对于 19 世纪微积分的进一步发展有什么样的作用? 试举例予以说明.

14.37　追寻从牛顿, 经麦克劳林, 一直到魏尔斯特拉斯的关于极限概念的演进.

14.38　第 1 次数学危机及其克服.

14.39　第 2 次数学危机及其克服.

14.40　第 3 次数学危机及其克服.

14.41　试分析近代科学的特征之一: 自然的数学化.

14.42　试分析近代科学的特征之一: 研究的方法论化.

14.43　数学对天文学的推动.

14.44　数学对力学的推动.

14.45　数学文化对人类思想解放的影响.

14.46　数学是一种文化: 历史的理解.

14.47　数学对当代社会文化的影响.

14.48　数学对当代社会经济发展的影响.

14.49 试论数学的发展对人类社会进步的推动作用.

14.50 函数概念的发展.

14.51 数学中空间概念的发展.

14.52 曲线概念的发展.

14.53 数学中无穷思想的发展.

14.54 代数学思想是如何演进的?

14.55 谈谈集合论产生的背景. 集合语言是最基本的数学语言吗?

14.56 试比较魏尔斯特拉斯、戴德金和康托尔的实数构造方法.

14.57 数学家的不幸.

14.58 数学家的幸运.

14.59 为什么在古代问津数学的女性这么少?

14.60 小学时期所了解的数学史.

14.61 中学时期所了解的数学史.

14.62 数学史中学数学.

14.63 通过具体案例, 谈谈数学史知识对中学数学教学的意义与作用.

14.64 数学史学习与素质教育、应试教育的关系.

14.65 结合自己专业特点, 谈一谈数学史的教育价值.

参 考 文 献

[1] 李文林. 数学史概论. 第 3 版. 北京: 高等教育出版社, 2011.

[2] 中国大百科全书编辑委员会. 中国大百科全书 (数学卷). 北京: 中国大百科全书出版社, 1988.

[3] 程民德, 何思谦. 数学辞海 (6 卷本). 中国科学技术出版社、东南大学出版社、山西教育出版社, 2002.

[4] 胡作玄. 近代数学史. 济南: 山东教育出版社, 2006.

[5] 梁宗巨. 世界数学通史 (上册). 沈阳: 辽宁教育出版社, 2001.

[6] 李文林. 文明之光 —— 图说数学史. 济南: 山东教育出版社, 2005.

[7] 李文林. 数学珍宝 —— 历史文献精选. 北京: 科学出版社, 1998.

[8] Kline M. Mathematical Thought from Ancient to Modern Times. New York: Oxford University Press, 1972 (中译本: 克莱因 M. 古今数学思想. 北京大学数学系数学史翻译组译. 上海: 上海科学技术出版社, 1979 ~ 1981, 4 卷本).

[9] 钱宝琮. 中国数学史. 北京: 科学出版社, 1964.

[10] 徐品方, 张红. 数学符号史. 北京: 科学出版社, 2006.

[11] 叶叔华. 简明天文学词典. 上海: 上海辞书出版社, 1986.

[12] Stillwell J. Mathematics and its History. New York: Springer New York Inc., 2001 (中译本: 斯狄瓦 J. 数学及其历史. 袁向东, 冯绪宁译. 北京: 高等教育出版社, 2011).

[13] 吴国盛. 什么是科学. 广州: 广东人民出版社, 2016.

[14] 胡翌霖. 过时的智慧. 上海: 上海教育出版社, 2016.

[15] Bell E T. Man of Mathematics. New York: Dover Publications, 1963 (中译本: 贝尔 E T. 数学精英. 徐源译. 北京: 商务印书馆, 1991).

[16] 吴文俊. 世界著名数学家传记 (上、下册). 北京: 科学出版社, 1995.

[17] 郭书春. 中国科学技术史: 数学卷. 北京: 科学出版社, 2010.

[18] 郭书春. 中国科学技术典籍通汇: 数学卷 (5 册本). 开封: 河南教育出版社, 1993.

[19] 吴文俊. 中国数学史大系 (10 卷本). 北京: 北京师范大学出版社, 1998 ~ 2002.

[20] 阮元等. 畴人传汇编. 扬州: 广陵书社, 2009.

[21] 梁宗巨, 王青建, 孙宏安. 世界数学通史 (下册). 沈阳: 辽宁教育出版社, 2001.

[22] 钮卫星. 天文学史. 上海: 上海交通大学出版社, 2011.

[23] Eves H. An Introduction to the History of Mathematics. 6 th ed. Philadelphia: Saunders College Publishing, 1990 (伊夫斯 H. 数学史概论. 修订本. 欧阳绛译. 太原: 山西经济出版社, 1993).

[24] 庄瓦金. 数学史导引. 长春: 吉林大学出版社, 2006.

[25] 郭金彬, 王渝生. 自然科学史导论. 福州: 福建教育出版社, 1988.

[26] 吴国盛. 科学的历程. 第 2 版. 北京: 北京大学出版社, 2002.

[27] 胡作玄, 邓明立. 20 世纪数学思想. 济南: 山东教育出版社, 1999.

[28] 杨静, 潘丽云, 刘献军, 郭书春. 大众数学史. 济南: 山东科学技术出版社, 2015.

[29] 田淼. 中国数学的西化历程. 济南: 山东教育出版社, 2005.

[30] 张奠宙. 中国近现代数学的发展. 石家庄: 河北科学技术出版社, 2000.

[31] 杨乐, 李忠. 中国数学会 60 年. 长沙: 湖南教育出版社, 1996.

[32] 程民德. 中国现代数学家传 (5 卷本). 南京: 江苏教育出版社, 1994 ~ 2002.

[33] Lehto O. Mathematics Without Borders —— A History of the International Mathematical Union. New York: Springer-Verlag New York, Inc., 1998 (中译本: 奥利·莱赫托. 数学无国界 —— 国际数学联盟的历史. 王善平译. 上海: 上海教育出版社, 2002).

[34] 张奠宙. 20 世纪数学经纬. 上海: 华东师范大学出版社, 2002.

[35] 张奠宙, 赵斌. 20 世纪数学史话. 上海: 知识出版社, 1984.

[36] 胡作玄. 布尔巴基学派的兴衰. 上海: 知识出版社, 1984.

[37] Wilson R J. Stamping Through Mathematics. New York: Springer-Verlag New York, Inc., 2001 (中译本: 威尔逊 R J. 邮票上的数学. 李心灿, 邹建成, 郑权译. 上海: 上海科技教育出版社, 2002).

[38] 郭金彬, 孔国平. 中国传统数学思想史. 北京: 科学出版社, 2004.

[39] 郑英元. 邮票上的数学故事. 上海: 华东师范大学出版社, 2012.

[40] 奥迪弗雷迪 P. 世纪数学 —— 过去 100 年间 30 个重大问题. 胡作玄等译. 上海: 上海科学技术出版社, 2012.

[41] 张顺燕. 数学的源与流. 第 2 版. 北京: 高等教育出版社, 2003.

[42] 中国科学院自然科学史研究所. 中国古代重要科技发明创造. 北京: 中国科学技术出版社, 2016.

人名索引

A

阿贝尔 (N. H. Abel, 挪, 1802～1829), 92–94

阿波罗尼乌斯 (Apollonius of Perga, 希腊, 约公元前 262～约前 190), 17, 19, 20, 22, 42, 57, 68, 69

阿达马 (J. Hadamard, 法, 1865～1963), 117, 122, 168

阿德拉德 (Adelard of Bath, 英, 约1090～约1150), 46

阿蒂亚 (M. F. Atiyah, 英, 1929～2019), 141

阿尔贝蒂 (L. B. Alberti, 意, 1404～1472), 57

阿尔方索 (El Sabio Alfonso, 西, 约1221～1284), 63

阿尔福斯 (L. V. Ahlfors, 芬-美, 1907～1996), 116, 140, 171

阿甘德 (阿尔冈, R. Argand, 瑞士, 1768～1822), 96

阿基米德 (Archimedes of Syracuse, 希腊, 公元前287～前212), 17, 19, 42, 66, 84, 92

阿卡狄乌斯 (F. Arcadius, 东罗马, 377/378～408), 21

阿拉果 (D. F. J. Arago, 法, 1786～1853), 84, 120

阿利斯塔克 (Aristarchus, 希腊, 公元前3世纪), 52

阿佩尔 (K. Appel, 美, 1932～2013), 151

阿廷 (E. Artin, 奥地利, 1898～1962), 142

阿耶波多第一 (Āryabhata I, 印度, 476～约550), 38

阿育王 (Ashoka, 印度, 约公元前304～前232), 9

埃尔米特 (C. Hermite, 法, 1822～1901), 95

埃拉托色尼 (Eratosthenes, 希腊, 公元前276～前194), 157

艾布·阿拔斯 (Abu al-Abbas, 阿拉伯, 约702～754), 40

艾伦伯格 (S. Eilenberg, 波, 1913～1998), 167, 171

艾约瑟 (J. Edkins, 英, 1823～1905), 127, 128

爱尔特希 (P. Erdös, 匈, 1913～1996), 84, 117, 171

爱因斯坦 (A. Einstein, 德－美, 1879～1955), 53, 74, 143, 148, 170

安蒂丰 (Antiphon the Sophist, 希腊, 约公元前480～前411), 16, 19

安培 (A. M. Ampére, 法, 1775～1836), 120

奥尔利奇 (W. Orlicz, 波, 1903～1990), 166

奥雷姆 (N. Oresme, 法, 约1323～1382), 68

奥马·海亚姆 (Omar Khayyám, 阿拉伯, 1048～1131), 42, 68

奥马尔一世 (Omar I, 阿拉伯, 约591～644), 23

奥斯卡二世 (Oscar II, 挪威－瑞典, 1829～1907), 151

奥斯特罗格拉茨基 (M. V. Ostrogradski, 俄, 1801～1862), 106, 167

B

巴赫曼 (P. Bachmann, 德, 1837～1920), 113

巴罗 (I. Barrow, 英, 1630～1677), 71, 72, 75, 127, 164

巴拿赫 (S. Banach, 波, 1892～1945), 166

巴塔尼 (al-Battānī, 阿拉伯, 858～929), 42, 56

巴歇 (C. G. Bachet, 法, 1581～1638), 99

白晋 (J. Boavet, 法, 1656～1730), 125

术 语 索 引

邮 票 索 引

后 记 一

20 世纪 80 年代中期, 我读了张奠宙、赵斌的《二十世纪数学史话》和胡作玄的《布尔巴基学派的兴衰》, 对数学史产生了最初的兴趣, 并学习了 M. 克莱因的名著《古今数学思想》. 我长期在高等专科学校从事数学教学工作, 如何教好数学, 并引导同学们认识数学、了解数学、热爱数学、欣赏数学尤显迫切与重要. 这一直是我认真思考并努力实践的方向. 2002 年, 伴随着北京国际数学家大会的召开, 及 R. J. 威尔逊的《邮票上的数学》在中国出版, 重新燃起了我对数学史的热情. 2002 年夏季, 我在福建省宁德市中学数学骨干教师培训班上, 结合胡作玄、邓明立的《20 世纪数学思想》, 作了我的首场数学史演讲. 2003 年秋季起, 我在宁德师范高等专科学校开设 "数学史" 课程, 主要以李文林的《数学史教程》或《数学史概论》为教材, 引起了同学们的强烈反响, 也促使我再次反思数学史在数学教育及宣扬数学思想中的作用. 以此动机, 我在国内的高校和中学作了几十场的数学史专题演讲.

我曾做过多次的问卷调查, 不要说刚跨入大学的中学毕业生, 就是大学数学专业的毕业生, 甚至研究生, 对于数学学科发展的历程也知之甚少. 尽管学了不少数学知识, 但即使对近代以前的数学发展之路也了解不多, 把数学与文化相隔离甚至相对立者为数不少. 原因之一可能在于我们把 "数学史" 作为一门课程, 作为一个研究方向, 强调其理论性、学术性及思想性, 而忽略了其必备的科学素养与人文知识之功效, 致使初学者难以持续, 学习者兴趣不高, 自学者寥寥无几.

"国际数学年" 确立的 "使数学及其对世界的意义被社会所了解, 特别是被公众所了解" 的宗旨是本演讲追求的目标.

本书是一本科普读物, 当然可作为数学史课程的教材, 但又有别于一般的教材, 更适合于不同层次的公众了解数学进程的需要, 起点不高 (大部分内容只要具备高中以上数学知识就可阅读), 内容广泛. 它既讲述了初等数学的发展, 各个历史时期中国数学的状况, 又重点介绍了在传统的几何、代数、三角的基础上发展起来的近代数学的主要成就, 同时以通俗的语言介绍了近现代一些数学分支的精彩片段. 本书的另一突出特点是配有光盘, 各讲均有作者在多年演讲基础上不断充实、努力完善的多媒体课件, 增强了可读性、趣味性与实用性. 本人不敢奢望它能使您感受到 "充满阳光的数学", 但它会把您从所谓 "枯燥无味的数学" 中解脱出来, 回到 "没有眼泪的数学", 并与您一同进入一个如诗如画的境界, 对历代数学家所建立的无与伦比的大厦既敬仰又亲切.

虽然作者对于数学史有浓厚的兴趣, 并且在资料收集、手稿修改和课件制作等方面花费了不少时间, 但毕竟只是学习数学史过程中的一名新兵和 "业余爱好者", 所以对于古今中外的数学史少有钻研, 既缺少第一手的数学史资料, 又在浩如烟海的数学史文献中涉猎极少, 对于一些有争议或不一致的意见尚难鉴别, 所以本书定有不少的疏漏与失当. 此外, 本人学识粗浅, 对于历史与文化缺乏了解, 材料的取舍未必能起到反映数学的主流思想和重要成就的目的, 不足之处在所难免, 望同行学长和读者批评、指正 (可来函或发 E-mail 至 shoulin60@163.com).

本书中外国数学家的中文译名主要参考全国自然科学名词审定委员会公布的《数学名词》(科学出版社, 1993)、《中国大百科全书 (数学卷)》和《数学辞海》, 感谢责任编辑张扬先生的辛勤工作.

本书的出版受到福建省自然科学基金 (项目编号: 2009J01013) 的资助. 南京大学师维学教授设计了文档格式, 宁德师范高等专科学校郑春燕讲师编排了全书的索引并做了部分文字编辑工作, 特此致谢. 同时, 特别感谢参考文献的各位作者, 他们为我完成本演讲提供了丰富的史料.

谨以本书献给我在宁德师专最尊敬的老师黄子卿 (1938 ~ 1996 年) 副教授.

作　者

2009 年 7 月于宁德师范高等专科学校

数学研究所

后　记　二

　　本书自 2010 年 1 月出版以来, 我已在宁德师范学院、闽南师范大学开设过 "数学史" 课 4 次, "数学之旅" 课 3 次, 同时在福建省多所高校及中学作数学史讲座, "数学史" 课程也于 2010 年 6 月被评为福建省精品课程.

　　国内外的数学史书大都内容丰富、长篇巨著, 本书只能算是一数学史的小册子. 每一讲所提供的内容仅是数学的发展线索, 要在 90 分钟内品味博大精深的数学成就其本身就是给主讲者出的一道题, 所以第 2 版的纸质内容比初版精减了些, 光盘课件也作了相应的调整, 一则为教师及同学使用本书提供了较广阔的准备空间, 二则也保证了初版独立存在的价值. 此外, 一些读者对于光盘中展示的邮票表示了极大的兴趣, 所以第 2 版新增了邮票索引, 在此特别感谢威尔逊的《邮票上的数学》, 因为部分珍贵的邮票来自该书.

　　如何使用本书给学生授课? 在数学专业中, 我采用过两种方式: 一是教师全程主讲为主 (约占 80%), 提问部分数学史问题为辅 (约占 20%); 二是教师讲解部分较专业的数学史内容 (约占 50%), 同学讲解、教师点评部分较基本的数学史内容 (约占 50%). 在非数学专业中, 我采用过三种方式: 一是教师讲解部分较专业的数学史内容 (约占 65%), 同学讲解、教师点评部分较基本的数学史内容 (约占 35%); 二是不按书中安排好的演讲次序, 以 12 个专题为线索与同学交流, 其中教师主讲、点评与同学讲述各占 80% 与 20%; 三是教师选讲 12 个专题中的 7～8 个专题 (约占 50%), 同学选讲、教师点评部分较基本的数学史内容 (约占 50%). 无论哪种方式, 均在课程结束前安排 15% 的时间用于同学报告学期论文及教师点评.

　　12 个专题的简要内容如下, 光盘课件也已准备就绪, 希望有时机以《数学之旅》为名出版, 其实每一专题都是一个独立的讲座材料:

　　第 1 专题: 河谷晨曦, 介绍数学的起源与早期发展, 部分材料来自第 1 讲.

　　第 2 专题: 喷薄出海, 介绍古代西方数学的代表 —— 古代希腊数学, 部分材料来自第 2 讲.

　　第 3 专题: 日照东方, 介绍古代东方数学的代表 —— 中国传统数学, 部分材料来自第 3 讲.

　　第 4 专题: 方程曲直, 介绍 16～19 世纪关于代数方程根式解的进展, 部分材料来自第 5、8 讲.

　　第 5 专题: 巅峰对决, 介绍牛顿、莱布尼茨关于微积分的工作及优先权的争论, 部分材料来自第 6、7 讲.

第 6 专题: 云雾几何, 介绍欧几里得第五公设的发展及非欧几何的创立, 部分材料来自第 9 讲.

第 7 专题: 西学东渐, 介绍西方数学传入中国的历程, 部分材料来自第 5、7、9 讲.

第 8 专题: 天上人间, 介绍哥白尼革命、经典力学及天体力学的创立, 部分材料来自第 5、6、7、10 讲.

第 9 专题: 灿烂星空, 介绍菲尔兹奖、阿贝尔奖和沃尔夫奖的一些获奖者及他们的工作, 部分材料来自第 11、12 讲.

第 10 专题: 繁花似锦, 介绍 19 ~ 20 世纪世界数学中心的迁移及一些数学学派, 部分材料来自第 13 讲.

第 11 专题: 红颜薄命, 介绍历史上几位著名的女数学家, 部分材料来自第 2、8、10、11 讲.

第 12 专题: 数学人生, 介绍几位数学家的曲折人生, 部分材料来自第 11、13 讲.

授课方式不同, 效果亦有差别. 强调了数学史的科学性, 课堂的气氛及同学的参与度较差; 突出了同学们的主动性, 课程的完整性及应掌握的知识受到限制. 如何融科学性与生动性于一体? 此外, 同学们的兴趣与要求不尽相同, 寻求更适合的教学方式是给主讲者出的另一道题. 3000 年的数学史, 无论哪位教师都难以在少学时的课程中做出全面的介绍, 教师应当做出选择. 本人希望通过教师 10 多个小时的热情讲解、针对性强的点评及同学们的主动参与, 与大家一同分享数学的魅力, 感受数学的作用, 进而达到相识数学、体会数学与品味数学.

第 2 版的出版受到宁德师范学院服务 "海西" 项目 (编号: 2011H301) 及本人所主持的国家自然科学基金项目 (编号: 10971185) 的资助. 特别感谢中国科学院数学与系统科学研究院李文林研究员及东华大学人文学院徐泽林教授的鼎力推荐.

作　者

2012 年 3 月于宁德师范学院

数学研究所

后 记 三

本书第 2 版出版至今已近 10 年, 我在数学史的教学与学习过程中认识到第 2 版的一些不足, 所以着手第 2 版的修订工作.

由于 20 世纪前的中国数学与欧洲数学具有不同的发展道路, 第 3 版最大的变化是把近代以来的西方数学与中国数学分开讲述. 此外, 我们删除了与数学史无关的演讲 "数学论文写作初步" (第 2 版第 14 讲). 在第 2 版出版时, 我就希望出版一本 12 个专题的《数学之旅》. 由于《数学之旅》仍是以数学史为主的演讲, 为了避免取材的重复, 我们不计划出版该书, 但在本次修订时精选了如下 9 讲的多媒体课件附于本书的光盘中: 喷薄出海、日照东方、物数程之、巅峰对决、云雾几何、素数之恋、天上人间、灿烂星空、数学人生. 这些课件是我在《数学史演讲录》的基础上, 经过 10 多年的教学与演讲的提炼而形成的成果, 每讲 90 分钟, 希望能引起读者的兴趣.

第 3 版的出版得到国家自然科学基金项目 (编号: 11801254, 12171015) 的资助, 修订工作得到河南省黄淮学院数学与统计学院姚华博士的帮助, 特此致谢!

谨以本书的再版祝贺我在宁德师专的老师刘卓雄先生 80 寿辰.

作 者
2021 年 12 月于宁德师范学院
数学研究所